JN274183

伴侶動物医療のための
鑑別診断

竹村直行　監訳

文永堂出版

Differential Diagnosis in Small Animal Medicine

By

Alex Gough
MA VetMB CertSAM CertVC MRCVS

Blackwell Publishing

© 2007 by Alex Gough

Blackwell Publishing editorial offices:
Blackwell Publishing Ltd, 9600 Garsington Road, Oxford OX4 2DQ, UK
  Tel: +44 (0)1865 776868
Blackwell Publishing Professional, 2121 State Avenue, Ames, Iowa 50014-8300, USA
  Tel: +1 515 292 0140
Blackwell Publishing Asia Pty Ltd, 550 Swanston Street, Carlton, Victoria 3053, Australia
  Tel: +61 (0)3 8359 1011

The right of the Author to be identified as the Author of this Work has been asserted in accordance with the Copyright, Designs and Patents Act 1988.

All rights reserved. No part of this publication may be reproduced, stored in a retrieval system, or transmitted, in any form or by any means, electronic, mechanical, photocopying, recording or otherwise, except as permitted by the UK Copyright, Designs and Patents Act 1988, without the prior permission of the publisher.

Designations used by companies to distinguish their products are often claimed as trademarks. All brand names and product names used in this book are trade names, service marks, trademarks or registered trademarks of their respective owners. The Publisher is not associated with any product or vendor mentioned in this book.

This publication is designed to provide accurate and authoritative information in regard to the subject matter covered. It is sold on the understanding that the Publisher is not engaged in rendering professional services. If professional advice or other expert assistance is required, the services of a competent professional should be sought.

First published 2007 by Blackwell Publishing Ltd

3   2008

ISBN 978-1-4051-3252-7

Library of Congress Cataloging-in-Publication Data
  Gough, Alex.
  Differential diagnosis in small animal medicine / by Alex Gough.
    p. ; cm.
  Includes bibliographical references and index.
    ISBN 978-1-4051-3252-7 (pbk. : alk. paper) 1. Dogs – Diseases – Diagnosis – Handbooks, manuals, etc. 2. Cats – Diseases – Diagnosis – Handbooks, manuals, etc. 3. Diagnosis, Differential – Handbooks, manuals, etc. I. Title.
  [DNLM: 1. Animal Diseases – diagnosis – Handbooks. 2. Diagnosis, Differential – Handbooks. SF 748 G692d 2006]
    SF991.G672 2006
    636.089'6075 – dc22
                           2006013926

A catalogue record for this title is available from the British Library

Set in 9/11.5 pt Sabon
by SNP Best-set Typesetter Ltd., Hong Kong
Printed and bound in Malaysia
by Vivar Printing Sdn Bhd.

The publisher's policy is to use permanent paper from mills that operate a sustainable forestry policy, and which has been manufactured from pulp processed using acid-free and elementary chlorine-free practices. Furthermore, the publisher ensures that the text paper and cover board used have met acceptable environmental accreditation standards.

For further information, visit our subject website: www.BlackwellVet.com

イントロダクション

　本書は，私が一般市場で入手できる書籍には欠けていると感じていたものを埋めるために書かれています．難しい症例に取り組む一方で，今分かっている臨床的な情報から鑑別診断リストを作るための，シンプルで使いやすい参考図書が常々欲しいと思っていました．残念ながら，私は必要とする情報を全て集めようとして，しばしば複数のテキストブックを調べている自分に気付きました．そこで私は，一般的な疾患とそうでない疾患も含め，診療で遭遇する大多数の症状からなる，鑑別診断を行うための使いやすい参考図書を自分で書くことに決めたのです．本書は，獣医学生，一般臨床家，大学のインターン，レジデント，そして私のように，こうしたリストを完全に頭の中にしまっておけない人達にぜひ使っていただきたいと考えています．私がそうであるように，他の先生方のお役に立てることを願っています．

　鑑別診断リストは臨床診断のための問題指向性アプローチにおける最も重要な側面の1つです．問題指向性アプローチについて耳慣れない方のために簡単な概略をご紹介します．

　その名の通り，問題指向性医療管理（POMN）は患者に起こっている個々の問題に焦点を当てます．鑑別診断リストは，病歴，身体検査，画像検査，臨床病理検査などから患者に見つかった1つ1つの問題に対して作成しなければなりません．これは，表面的にはさほど"全体的"ではないように思えるかもしれませんが，実際には，患者の問題を個別に考えていくことで患者の全体像を評価することになり，単に1つの病態が全ての所見の原因になっていると思い込むような罠にはまらずに済むのです．

　問題指向性アプローチは詳細な病歴の聴取から始まります．その場合，飼い主が主な問題として受け止めているのは何かを見出すことが重要です．何といっても，一般に飼い主は自分の動物のことを臨床家以上によく分かっています．しかし，病歴には飼い主が重要だと思っていなくても関連性のある徴候が存在することもあります．ですから，症例にとって重要となり得る全ての質問を系統的に尋ねなければ，貴重な情報を見逃すことに繋がりかねません．付録Aに記しているチェックリスト形式を利用すると補助として役立つでしょう．

　どの症例にも，直接関連しないと思われるような体器官系も含めて詳細な身体検査を実施すべきです．この場合も同様に付録AとBに記載されているチェックリストや形式が確実な系統的アプローチの実践に役立ちます．

　病歴聴取が終わり，身体検査が完了したら，臨床家は発見した問題を1つずつ列挙していきます．問題には，運動不耐性，瘙痒症，発熱，心雑音といった所見があるかもしれません．そして次に，問題ごとの鑑別診断リストを作成します．このリストは，その動物にとって適切でなくてはいけません．例えば犬に猫白血病ウイルスの可能性があるというリストは的外れです！

　病態を可能性の高い順に，または少なくとも一般的なものと非一般的なものに分類するように試みる必要があります．本書ではより一般的な病態には星印（*）を付記していますが，真の発生率に関する客観的データは非常に少ないため，発生率の推定は極めて主観的なものであり，著者の地理的位置や経験している症例数に影響されています．病態がどれほど一般的なのかという点とその地域での発生率を熟知していると，鑑別リストの優先順位をつけやすくなります．次に，考えられる順番をざっと考慮して診断検査を選択していきます．ただし，副腎皮質機能低下症のようにまれではあるものの生命に直結する疾患は，調査を進める早い段階でルールアウトすべきです．一部の権威ある人々は，まず病歴と身体検査での徴候を重視すべきであり，"過剰な検査"は費用が掛かるだけでなく患者にも有害となる恐れがあると明確に指摘しています（Chesney 2003）．

　しかしながら，これは著者の意見ですが，その疾患の確率やどの程度一般的な疾患であるかを重視し過ぎてしまう傾向もあります．まだ新人の獣医師であれば，大学で勉強したばかりの珍しくまれな疾患を探すでしょう．経験を積んだ臨床獣医師ならば，"よく見られるのは一般的な病気"であることを思い出し，検査は一般的に遭遇する疾患に関する項目だけに絞ることを提案するでしょう．理想的なアプローチとはおそらくその中間だと思われます．

　よく見られるのは一般的な病気である，というのは確かにその通りですが，一般的ではない問題は比較的多く遭遇するというのも事実です．仮説を例にあげてみましょう．ある一般的な問題が，よく見ら

れる疾患のAとBによって80％の頻度で起こり，20％はC〜Zまでのまれな疾患によって起こるものとします．C〜Zはそれぞれ同じ頻度で起こるとすれば，1つの疾患がその問題の原因となるのは約0.9％であり，かなりまれであると言えます．しかし，その問題の5つの症状のうち1つがまれな疾患によるものであれば，それを探索していくとまれな疾患が一般的に診断されるのです．問題指向性アプローチはこのようなまれな疾患を見落としません．

著者によっては症例に対する最初のアプローチを別の方法で分類することを好んでおり，SOAP（主観的，客観的，評価，計画）アプローチの一部として患者を主観的および客観的評価で記述しています．しかし，詳細な病歴や身体検査に従って最初の鑑別リストを作るという点では同じです．

鑑別診断リストを作成できたら，そこで臨床家は確定診断を下すために必要な検査を適切に選択する立場にあります．診断検査の選択に優先順位をつけることで，飼い主の費用的な負担を減らし，患者に不適切または不必要な検査を実施せずに済みます．検査は次のような要因によって優先順位がつけられます．ルールアウトまたはルールインする疾患の数，検査の感度と特異度，患者へのリスク／有益性の比率，飼い主への費用面での負担／有益性の比率，検査を行う疾患の発生率または流行度，検査を行う疾患の重要性（例：副腎皮質機能低下症はまれですが，診断できなかった場合の結果は深刻となり得ます）．

最初の検査結果が得られた時点で獣医師は確定診断を下せることがあります．しかし多くの場合，ここで鑑別リストを作り直し，更に適切な検査を選択することが必要になります．鑑別リストはその問題に対する1つの診断が下せるまで，必要であれば何度でも作成し直します．通常は1つの診断で全ての問題が十分に繋がります．しかし，特に老齢患者では，併発疾患によって複数の診断が必要になることが多いものです．

明確な診断が得られない，または患者が予測通りに治療に反応しないといった問題のある場合，病態はしばしば進行しており，再び始めの病歴と身体検査に戻ることが有益なことがあります．しかし，感度と特異度がともに100％という完璧な検査は存在しないため，"明確な"診断の多くは実際のところいくらかの疑問が残されています．臨床家は，新たな証拠が明らかになれば当初の診断を覆すことも恐れてはなりません．どの症例も正しく診断できないのはどうも臨床的な能力が劣っているためではないかと思い悩む人達は，カリフォルニア大学の獣医学校で行われた最近の研究内容（Kent et al. 2004）を読んで勇気を取り戻すべきでしょう．この論文では，1989年〜1999年の間に獣医科付属病院で治療を受けた623頭の犬の臨床診断と死後剖検による診断を比較しています．剖検診断はそれが正確な診断であると仮定すると，約3分の1の症例が臨床診断とは違っていました．

本書は7つのパートで構成されています．パート1は病歴聴取の際に明らかにしやすい症状を扱っています．パート2では身体検査で遭遇する徴候について説明しています．パート3は画像検査所見，パート4は臨床病理学的所見，そしてパート5は電気生理学的所見についてです．パート6は一般的な診断手技についていくつか概説し，パート7ではよく見られる臨床的発現の診断を補助するアルゴリズムを記載しています．4つの付録では診断調査のためのチェックリストを掲載し，参考図書の紹介がそれに続きます．

個々のリストは，例えば，DAMNIT-Vによる構成のように，著者が理論的に感じられるように分類しています．DAMNIT-Vは疾病の原因となり得る様々な病的プロセスを覚えやすくするための記憶術です．

D－変性性
A－奇形（本書では通常，先天性としてあげられている）
M－代謝性
N－栄養学的
I－炎症性，感染性，免疫介在性，医原性，特発性
T－外傷性，中毒
V－血管系

ただし，このようなカテゴリー分類は全ての症例に適切であるとは限りません．このリストは主にアルファベット順に構成されています（注：日本語版では，基本的に原文の順番通りに並べています．見やすさを考慮して，場合によっては五十音順に並べ変えています）．より一般的に見られる疾病は星印（*）が付記されています．しかし，上述したように，ある疾病を一般的なものと見なすかどうかは大部分が

主観的意見によるものです．そのような疾病のうち，圧倒的に犬に見られるか，もっぱら犬のみに見られるものは（犬）の印を，猫の場合は（猫）の印が付けてあります．

本書の情報源は極めて広範囲に渡っています．参考図書であげている数多くのテキストブックからも調べましたが，多くは獣医学ジャーナルやカンファレンスのプロシーディングによる情報を活用しており，これらの情報源に記載されているリストの数を大きく増やす必要がありました．

リストの中には明らかに脱落している項目もありますが，本書が事実上は小動物獣医学を総括していることを含めて，著者は努めて包括的であることに留意しました．本書に関する脱落，訂正，ご意見などがあれば，参考資料も併せてEメールでalex.gough@btconnect.com.まで是非お寄せ下さい．

本書にコメントを頂いた，Simon Platt BVM&S DipACVIM DipECVN MRCVS, Chris Belford BVScDVScFACVs, Rose McGregor BVSc CertVD CertVC MRCVS, Mark Bush MA VetMB CertSAS MRCVS に心より感謝申し上げます．同じくコメントを下さった，Alison Thomas BVSc CertSAM MRCVS, Mark Maltman BVS c CertSAM CertVC MRCVS, Panagiotis Mantis DVM DipECVDIMRCVS, Axiom Laboratories, Stuart Caton BA VetMB CertSAM MRCVS, Tim Knott BSc BVSc CertVetOphth MRCVS, Lisa Philips CertVRBVetMed MRCVS, Roderick MacGregor BVM&S CertVetOphth CertSAS MRCVS, Mark Owen BVSc CertSAO MRCVS にも感謝申し上げます．どのような間違いも全て私自身のものであり，彼らによるものではありません．最後に，このプロジェクトで全面的に支援して下さった Blackwell Publishing の Samantha Jackson にも御礼申し上げます．

記号

* ＝より一般的に見られる疾病
（犬）＝もっぱら犬のみ，または圧倒的に犬で多く見られる疾病
（猫）＝もっぱら猫のみ，または圧倒的に猫で多く見られる疾病
q.v. ＝この疾病に関するさらに詳しい情報は本書のどこかにあります—索引を参照のこと

参考文献

Chesney, C. (2003) Overdiagnosis in the veterinary field? *JSAP*, 44:421.

Kent, M. S., et al. (2004) Concurrence between clinical and pathologic diagnoses in a veterinary medical teaching hospital: 623 cases (1989 and 1999). *JAVMA*, 224:403-406.

忍耐強く私を支えてくれた *Naomi* と *Abigail*, そして我が生涯の友，*Mac* に捧ぐ．

監訳者序文

　私たちは問診と身体検査を通じて追加すべき検査を検討しながら診察しています．このプロセスでは誰もが無意識に鑑別リストを頭の中で作成しているのは当然のことです．この鑑別リストの作成には様々な条件が不可欠ですが，迅速性という要因も私は非常に重要だと思います．

　これまでにも鑑別診断に関するテキストは出版されてきました．そして，著者のお言葉にもあるように，これまでのテキストに纏わるある種の不満を払拭するために，本書は作られました．その不満とは例えば「身体所見の鑑別リストと画像診断の鑑別リストは別々のテキストに掲載されている」という事実です．問診，身体検査，血液検査，尿検査，画像診断（特にX線検査および超音波検査），心電図検査など，私たちが日常的に実施する各種検査から得られる所見に関する鑑別リストを1冊にまとめたことが，本書の最大の特徴と言えます．

　診察室や医局といった直ぐにアクセスできる場所に本書をおいて頂ければ，何冊もの本を広げずに短時間で鑑別リストを作成する補助になると確信します．

　反面で本書に欠点があることを私は否定しません．特に，鑑別リストの大部分がアルファベット順に記載されていることには注意が必要でしょう．多発疾病順に記載すると使いやすいと思いますが，この点に関しては読者の皆様からご意見を頂き今後の参考にしたいと思います．

　本書をご一読頂ければお気づきになると思いますが，鑑別リストに「大麻」，「プラスチック爆弾」といった物騒な原因が散見されます．このような原因は我々日本人獣医師にとって無縁であって欲しいと痛感したのと同時に，諸外国の実情を垣間見た思いがしたことを付記しておきます．

　本書の翻訳は診療に加えて育児で多忙を極める三浦あかね先生（神奈川県開業）にお願いしました．非常に短時間で良質な翻訳をして下さったことに敬意を表したいと思います．文永堂出版の松本　晶，木村美佐子両氏には裏方として様々な点で配慮頂きました．

　最後に，本書が多くの病院に加えて，大学病院で実習を受ける学生諸君に活用されることで，我が国の伴侶動物医療に貢献することを切望します．

平成22年1月
研究室にて
竹村直行

◆監訳◆

竹村直行　　　日本獣医生命科学大学獣医高度医療学教室

◆翻訳◆

三浦あかね　　アン・ベット・クリニック

目　次

PART 1　病歴徴候 ……………………………………………………………………… 1
1.1　全般的，全身的および代謝性の病歴徴候 …………………………………… 1
　　1.1.1　多尿／多飲 ……………………………………………………………… 1
　　1.1.2　体重減少 ………………………………………………………………… 3
　　1.1.3　体重増加 ………………………………………………………………… 4
　　1.1.4　多　食 …………………………………………………………………… 4
　　1.1.5　食欲不振／食欲欠乏 …………………………………………………… 5
　　1.1.6　成長不良 ………………………………………………………………… 7
　　1.1.7　失神／虚脱 ……………………………………………………………… 8
　　1.1.8　虚　弱 …………………………………………………………………… 11
1.2　胃腸管／腹部の病歴徴候 ……………………………………………………… 14
　　1.2.1　流涎／過流涎 …………………………………………………………… 14
　　1.2.2　悪心／嘔気 ……………………………………………………………… 16
　　1.2.3　嚥下困難 ………………………………………………………………… 17
　　1.2.4　吐　出 …………………………………………………………………… 18
　　1.2.5　嘔　吐 …………………………………………………………………… 19
　　1.2.6　下　痢 …………………………………………………………………… 24
　　1.2.7　メレナ …………………………………………………………………… 28
　　1.2.8　吐　血 …………………………………………………………………… 30
　　1.2.9　血　便 …………………………………………………………………… 31
　　1.2.10　便秘／重度の便秘症 ………………………………………………… 32
　　1.2.11　しぶり（テネスムス）／排便困難 ………………………………… 34
　　1.2.12　便失禁 ………………………………………………………………… 35
　　1.2.13　膨満／鼓腸症 ………………………………………………………… 35
1.3　心肺の病歴徴候 ………………………………………………………………… 36
　　1.3.1　咳 ………………………………………………………………………… 36
　　1.3.2　呼吸困難／頻呼吸 ……………………………………………………… 38
　　1.3.3　くしゃみおよび鼻からの分泌物 ……………………………………… 38
　　1.3.4　鼻出血 …………………………………………………………………… 39
　　1.3.5　喀　血 …………………………………………………………………… 40
　　1.3.6　運動不耐性 ……………………………………………………………… 42
1.4　皮膚の病歴徴候 ………………………………………………………………… 43
　　1.4.1　瘙　痒 …………………………………………………………………… 43
1.5　神経の病歴徴候 ………………………………………………………………… 45
　　1.5.1　発　作 …………………………………………………………………… 45
　　1.5.2　振戦／震え ……………………………………………………………… 48
　　1.5.3　運動失調／固有受容感覚欠如 ………………………………………… 50
　　1.5.4　不全麻痺／麻痺 ………………………………………………………… 58
　　1.5.5　昏睡／昏迷 ……………………………………………………………… 61
　　1.5.6　行動の変化－全般的な変化 …………………………………………… 64
　　1.5.7　行動の変化－特定の行動学的問題 …………………………………… 66
　　1.5.8　難　聴 …………………………………………………………………… 67
　　1.5.9　多病巣性神経学的疾患 ………………………………………………… 68
1.6　病歴による眼の徴候 …………………………………………………………… 70

1.6.1　失明 / 視覚障害 ··· 70
　　1.6.2　流涙症 / 涙液過剰 ··· 73
1.7　病歴による筋骨格系の徴候 ·· 74
　　1.7.1　前肢の跛行 ·· 74
　　1.7.2　後肢の跛行 ·· 77
　　1.7.3　多発性の関節 / 肢の跛行 ··· 81
1.8　病歴による生殖器系の徴候 ·· 82
　　1.8.1　無発情 ··· 82
　　1.8.2　不規則な性周期 ·· 83
　　1.8.3　正常に発情する雌犬の不妊症 ·· 84
　　1.8.4　雄の不妊症 ·· 85
　　1.8.5　腟 / 外陰部の分泌物 ··· 87
　　1.8.6　流　産 ··· 87
　　1.8.7　難　産 ··· 88
　　1.8.8　新生子死亡 ·· 89
1.9　病歴による泌尿器系の徴候 ·· 90
　　1.9.1　頻尿 / 排尿困難 / 有痛性排尿困難 ······································ 90
　　1.9.2　多尿 / 多飲 ·· 91
　　1.9.3　無尿 / 乏尿 ·· 91
　　1.9.4　血　尿 ··· 91
　　1.9.5　尿失禁 / 不適切な排尿 ··· 93

PART 2　身体徴候 ·· 95

2.1　一般的 / その他の身体徴候 ·· 95
　　2.1.1　体温の異常－高体温症 ·· 95
　　2.1.2　体温の異常－低体温症 ·· 99
　　2.1.3　リンパ節の腫脹 ··· 100
　　2.1.4　広範性疼痛 ··· 101
　　2.1.5　末梢浮腫 ·· 102
　　2.1.6　高血圧 ··· 103
　　2.1.7　低血圧 ··· 104
2.2　胃腸管 / 腹部の身体徴候 ··· 106
　　2.2.1　口腔病変 ·· 106
　　2.2.2　腹部拡大 ·· 108
　　2.2.3　腹　痛 ··· 108
　　2.2.4　会陰部の腫脹 ·· 110
　　2.2.5　黄　疸 ··· 111
　　2.2.6　触診による肝臓の異常 ··· 113
2.3　心肺の身体徴候 ·· 114
　　2.3.1　呼吸困難 / 呼吸速拍 ·· 114
　　2.3.2　蒼　白 ··· 119
　　2.3.3　ショック ·· 119
　　2.3.4　チアノーゼ ··· 120
　　2.3.5　腹　水 ··· 122
　　2.3.6　末梢浮腫 ·· 122
　　2.3.7　異常な呼吸音 ·· 123
　　2.3.8　異常な心音 ··· 124
　　2.3.9　心拍数の異常 ·· 128
　　2.3.10　頸静脈拡張 / 肝頸静脈逆流陽性 ·· 130
　　2.3.11　頸静脈波の要素 ··· 130

		2.3.12	動脈拍動の変化	130

2.4 皮膚の徴候 ………………………………………………………………… 132
- 2.4.1 鱗 屑 ……………………………………………………………… 132
- 2.4.2 膿疱と丘疹（粟粒性皮膚炎を含む）……………………………… 134
- 2.4.3 結 節 ……………………………………………………………… 135
- 2.4.4 色素異常（被毛または皮膚）……………………………………… 137
- 2.4.5 脱 毛 ……………………………………………………………… 139
- 2.4.6 糜爛 / 潰瘍性皮膚疾患 …………………………………………… 140
- 2.4.7 外耳炎 ……………………………………………………………… 141
- 2.4.8 足皮膚炎 …………………………………………………………… 143
- 2.4.9 爪の疾患 …………………………………………………………… 145
- 2.4.10 肛門嚢 / 肛門周囲疾患 …………………………………………… 146

2.5 神経学的徴候 ……………………………………………………………… 147
- 2.5.1 脳神経（CN）の反応異常 ………………………………………… 147
- 2.5.2 前庭疾患 …………………………………………………………… 149
- 2.5.3 ホルネル症候群 …………………………………………………… 153
- 2.5.4 半側無視（hemineglect）症候群（前脳機能不全）……………… 153
- 2.5.5 脊髄疾患 …………………………………………………………… 153

2.6 眼の徴候 …………………………………………………………………… 156
- 2.6.1 レッドアイ ………………………………………………………… 156
- 2.6.2 角膜混濁 …………………………………………………………… 159
- 2.6.3 角膜潰瘍 / 糜爛 …………………………………………………… 160
- 2.6.4 水晶体病変 ………………………………………………………… 161
- 2.6.5 網膜病変 …………………………………………………………… 162
- 2.6.6 眼内出血 / 前房出血 ……………………………………………… 164
- 2.6.7 前眼房の外観異常 ………………………………………………… 164

2.7 筋骨格系の徴候 …………………………………………………………… 165
- 2.7.1 筋肉の萎縮または肥大 …………………………………………… 165
- 2.7.2 開口障害（ロックジョー）………………………………………… 166
- 2.7.3 虚 弱 ……………………………………………………………… 167

2.8 泌尿生殖器系の身体的徴候 ……………………………………………… 167
- 2.8.1 触診による腎臓の異常 …………………………………………… 167
- 2.8.2 膀胱の異常 ………………………………………………………… 169
- 2.8.3 触診による前立腺の異常 ………………………………………… 170
- 2.8.4 触診による子宮の異常 …………………………………………… 170
- 2.8.5 精巣の異常 ………………………………………………………… 170
- 2.8.6 陰茎の異常 ………………………………………………………… 171

PART 3　X線および超音波画像検査の徴候 …………………………………… 172

3.1 胸部X線 …………………………………………………………………… 172
- 3.1.1 肺の不透過性を亢進させるアーチファクトの原因 …………… 172
- 3.1.2 気管支パターンの増強 …………………………………………… 172
- 3.1.3 肺胞パターンの増強 ……………………………………………… 174
- 3.1.4 間質パターンの増強 ……………………………………………… 177
- 3.1.5 血管パターンの増強 ……………………………………………… 179
- 3.1.6 血管パターンの減弱 ……………………………………………… 180
- 3.1.7 心陰影が正常な場合がある心疾患 ……………………………… 181
- 3.1.8 心陰影の拡大 ……………………………………………………… 181
- 3.1.9 心陰影のサイズ減少 ……………………………………………… 183
- 3.1.10 肋骨の異常 ………………………………………………………… 183

		3.1.11	食道の異常	184

　　　3.1.11　食道の異常　184
　　　3.1.12　気管の異常　186
　　　3.1.13　胸　水　188
　　　3.1.14　気　胸　189
　　　3.1.15　横隔膜の異常　190
　　　3.1.16　縦隔の異常　191
　3.2　腹部 X 線　194
　　　3.2.1　肝　臓　194
　　　3.2.2　脾　臓　196
　　　3.2.3　胃　197
　　　3.2.4　腸　管　199
　　　3.2.5　尿　管　205
　　　3.2.6　膀　胱　205
　　　3.2.7　尿　道　208
　　　3.2.8　腎　臓　208
　　　3.2.9　腹腔内コントラストの消失　211
　　　3.2.10　前立腺　213
　　　3.2.11　子　宮　213
　　　3.2.12　腹腔内のマス　213
　　　3.2.13　腹部の石灰沈着 / 鉱質性密度　214
　3.3　骨格の X 線検査　215
　　　3.3.1　骨　折　215
　　　3.3.2　長骨形状の変化　216
　　　3.3.3　小人症　217
　　　3.3.4　骨化 / 成長板閉鎖の遅延　217
　　　3.3.5　X 線不透過性の増強　217
　　　3.3.6　骨膜反応　218
　　　3.3.7　骨のマス　218
　　　3.3.8　骨減少症　219
　　　3.3.9　骨融解　220
　　　3.3.10　混合性の骨融解 / 骨形成性病変　221
　　　3.3.11　関節の変化　222
　3.4　頭部および頚部の X 線像　224
　　　3.4.1　上顎の X 線不透過性 / 骨性増殖の増加　224
　　　3.4.2　上顎の X 線不透過性の減弱　224
　　　3.4.3　下顎の X 線不透過性 / 骨増殖の増加　225
　　　3.4.4　下顎の X 線不透過性の減弱　225
　　　3.4.5　鼓室包の X 線不透過性の増強　225
　　　3.4.6　鼻腔の X 線不透過性の減弱　226
　　　3.4.7　鼻腔の X 線不透過性の増強　226
　　　3.4.8　前頭洞の X 線不透過性の増強　227
　　　3.4.9　咽頭の X 線不透過性の増強　228
　　　3.4.10　頭部および頚部軟部組織の肥厚　229
　　　3.4.11　頭部および頚部軟部組織の X 線不透過性の減弱　229
　　　3.4.12　頭部および頚部軟部組織の X 線不透過性の増強　229
　3.5　脊椎の X 線像　230
　　　3.5.1　椎体の形状と大きさの正常および先天性の変化　230
　　　3.5.2　椎体の形状と大きさの後天性の変化　231
　　　3.5.3　椎体の X 線不透過性の変化　232
　　　3.5.4　椎間腔の異常　233

3.5.5　脊髄のX線造影検査（脊髄造影） ································· 234
3.6　胸部の超音波画像 ··· 236
　　　3.6.1　胸　水 ··· 236
　　　3.6.2　縦隔のマス ·· 237
　　　3.6.3　心膜液 ··· 237
　　　3.6.4　心腔径の変化 ··· 238
　　　3.6.5　左心室駆出期指数の変化 ·· 241
3.7　腹部の超音波画像 ··· 242
　　　3.7.1　腎疾患 ··· 242
　　　3.7.2　肝胆管疾患 ·· 244
　　　3.7.3　脾臓疾患 ·· 247
　　　3.7.4　膵臓疾患 ·· 248
　　　3.7.5　副腎疾患 ·· 249
　　　3.7.6　膀胱疾患 ·· 249
　　　3.7.7　胃腸管疾患 ·· 251
　　　3.7.8　卵巣と子宮の疾患 ··· 253
　　　3.7.9　前立腺の疾患 ··· 253
　　　3.7.10　腹　水 ·· 254
3.8　その他の領域の超音波画像 ·· 256
　　　3.8.1　精　巣 ··· 256
　　　3.8.2　眼 ··· 257
　　　3.8.3　頚　部 ··· 258

PART 4　検査所見 ··· 260
4.1　生化学的所見 ··· 260
　　　4.1.1　アルブミン ·· 260
　　　4.1.2　アラニントランスフェラーゼ ······································· 261
　　　4.1.3　アルカリフォスファターゼ ·· 262
　　　4.1.4　アンモニア ·· 264
　　　4.1.5　アミラーゼ ·· 264
　　　4.1.6　アスパラギン酸アミノトランスフェラーゼ ····················· 265
　　　4.1.7　ビリルビン ·· 266
　　　4.1.8　胆汁酸/動的胆汁酸試験 ·· 267
　　　4.1.9　C反応蛋白 ··· 268
　　　4.1.10　コレステロール ··· 268
　　　4.1.11　クレアチニン ·· 269
　　　4.1.12　クレアチンキナーゼ ·· 269
　　　4.1.13　フェリチン ··· 270
　　　4.1.14　フィブリノーゲン ·· 270
　　　4.1.15　葉　酸 ··· 271
　　　4.1.16　フルクトサミン ··· 271
　　　4.1.17　ガンマグルタミルトランスフェラーゼ ·························· 271
　　　4.1.18　ガストリン ··· 272
　　　4.1.19　グロブリン ··· 273
　　　4.1.20　グルコース ··· 274
　　　4.1.21　鉄 ··· 276
　　　4.1.22　乳酸脱水素酵素 ··· 276
　　　4.1.23　リパーゼ ·· 277
　　　4.1.24　トリグリセリド ··· 278
　　　4.1.25　トリプシン様免疫活性 ·· 279

	4.1.26	尿 素	279
	4.1.27	ビタミン B_{12}（コバラミン）	282
	4.1.28	亜 鉛	282

4.2 血液学的所見 … 282
- 4.2.1 再生性貧血 … 282
- 4.2.2 再生像が乏しい／非再生性貧血 … 285
- 4.2.3 多血症 … 288
- 4.2.4 血小板減少症 … 289
- 4.2.5 血小板増加症 … 292
- 4.2.6 好中球増加症 … 293
- 4.2.7 好中球減少症 … 294
- 4.2.8 リンパ球増加症 … 295
- 4.2.9 リンパ球減少症 … 295
- 4.2.10 単球増加症 … 296
- 4.2.11 好酸球増加症 … 297
- 4.2.12 好酸球減少症 … 298
- 4.2.13 肥満細胞血症 … 298
- 4.2.14 好塩基球増加症 … 298
- 4.2.15 頬粘膜出血時間の延長（一次止血の異常）… 299
- 4.2.16 プロトロンビン時間の延長（外因系および共通経路の異常）… 300
- 4.2.17 部分トロンボプラスチン時間または活性化凝固時間の延長（内因系および共通経路の異常）… 300
- 4.2.18 フィブリン分解産物の増加 … 301
- 4.2.19 フィブリノーゲン濃度の減少 … 301
- 4.2.20 アンチトロンビンⅢ濃度の減少 … 301

4.3 電解質および血液ガス所見 … 302
- 4.3.1 総カルシウム … 302
- 4.3.2 クロール … 305
- 4.3.3 マグネシウム … 306
- 4.3.4 カリウム … 307
- 4.3.5 リン酸 … 309
- 4.3.6 ナトリウム … 310
- 4.3.7 pH … 312
- 4.3.8 PaO_2（動脈血酸素分圧）… 314
- 4.3.9 総 CO_2（tCO_2）… 315
- 4.3.10 重炭酸 … 315
- 4.3.11 塩基過剰（ベースエクセス）… 315

4.4 尿検査所見 … 315
- 4.4.1 比重の変化 … 315
- 4.4.2 尿の化学的異常 … 317
- 4.4.3 尿沈渣の異常 … 321
- 4.4.4 感染の因子 … 323

4.5 細胞学的所見 … 324
- 4.5.1 気管／気管支肺胞洗浄 … 324
- 4.5.2 鼻腔洗浄液の細胞診 … 326
- 4.5.3 肝臓の細胞診 … 327
- 4.5.4 腎臓の細胞診 … 328
- 4.5.5 皮膚掻爬／被毛引き抜き／テープ押圧検査 … 329
- 4.5.6 脳脊髄液（CSF）分析 … 329
- 4.5.7 皮膚／皮下マスの細針吸引 … 331

4.6	ホルモン / 内分泌試験		332
	4.6.1	サイロキシン	332
	4.6.2	上皮小体ホルモン	333
	4.6.3	コルチゾール（基準値または ACTH 刺激試験後）	334
	4.6.4	インスリン	335
	4.6.5	ACTH	335
	4.6.6	ビタミン D（1,25 ジヒドロキシコレカルシフェロール）	335
	4.6.7	テストステロン	336
	4.6.8	プロゲステロン	336
	4.6.9	エストラジオール	337
	4.6.10	心房性ナトリウム利尿ペプチド	337
	4.6.11	改良水制限試験（多尿 / 多飲の検査）	337
4.7	糞便検査所見		338
	4.7.1	糞便中の血液	338
	4.7.2	糞便寄生虫	338
	4.7.3	糞便培養	339
	4.7.4	糞便真菌感染	339
	4.7.5	未消化食物の残渣	339

PART 5　電気的診断検査　341

5.1	心電図（ECG）所見		341
	5.1.1	P 波の変化	341
	5.1.2	QRS 群の変化	342
	5.1.3	P-R 間隔の変化	343
	5.1.4	S-T 部分の変化	345
	5.1.5	Q-T 間隔の変化	346
	5.1.6	T 波の変化	346
	5.1.7	基線の変化	346
	5.1.8	調律の変化	347
	5.1.9	心拍数の変化	350
5.2	筋電図所見		352
5.3	神経伝導速度所見		352
5.4	脳波検査所見		353

PART 6　診断検査　354

6.1	細針吸引（FNA）		354
6.2	気管支肺胞洗浄		355
6.3	消化器（GI）内視鏡バイオプシー		355
6.4	心電図（ECG）		356
6.5	磁気共鳴画像（MRI）		357
	6.5.1	脳	357
	6.5.2	脊髄	357
	6.5.3	鼻腔	358
6.6	超音波ガイド下バイオプシー		358
6.7	脳脊髄液（CSF）採取		359
6.8	骨髄吸引		359
6.9	胸腔，心膜，膀胱，および腹腔穿刺術		360
	6.9.1	胸腔穿刺	360
	6.9.2	心膜穿刺	361
	6.9.3	膀胱穿刺	362

目次

- 6.9.4 腹腔穿刺/診断的腹膜洗浄 ················ 362
- 6.10 血圧測定 ············ 363
  - 6.10.1 中心静脈圧 ············ 363
  - 6.10.2 ドプラ法による間接血圧測定法 ············ 364
- 6.11 動的検査 ············ 365
  - 6.11.1 ACTH刺激試験 ············ 365
  - 6.11.2 低用量デキサメサゾン抑制試験（LDDST） ············ 365
  - 6.11.3 胆汁酸刺激試験 ············ 366
- 6.12 血液学的テクニック ············ 366
  - 6.12.1 生理食塩水凝集試験 ············ 366
  - 6.12.2 血液塗抹の準備 ············ 367
  - 6.12.3 頬粘膜出血時間 ············ 367
  - 6.12.4 動脈血の採血 ············ 368
- 6.13 水制限試験 ············ 368
- 6.14 連続血糖値曲線 ············ 369
- 6.15 皮膚掻爬 ············ 370
- 6.16 シルマー涙液試験 ············ 370
- 6.17 鼻腔洗浄液細胞診/鼻腔バイオプシー ············ 370
- 6.18 X線造影検査 ············ 371
  - 6.18.1 バリウム食/嚥下 ············ 371
  - 6.18.2 静脈性尿路造影 ············ 372
  - 6.18.3 膀胱造影 ············ 373
  - 6.18.4 脊髄造影 ············ 374
- 6.19 造影エコー検査 ············ 375
- 6.20 脳神経（CN）検査 ············ 375

PART 7　診断アルゴリズム ············ 377

- 7.1 徐脈 ············ 378
- 7.2 頻脈 ············ 379
- 7.3 低アルブミン血症 ············ 380
- 7.4 非再生性貧血 ············ 381
- 7.5 再生性貧血 ············ 382
- 7.6 黄疸 ············ 383
- 7.7 低カリウム血症 ············ 384
- 7.8 高カリウム血症 ············ 385
- 7.9 低カルシウム血症 ············ 386
- 7.10 高カルシウム血症 ············ 387
- 7.11 全身性高血圧症 ············ 388

付録A：病歴の記録 ············ 389
付録B：身体検査記録 ············ 391
付録C：神経学的検査チャート ············ 393
付録D：心臓科診察フォーム ············ 396

参考図書および参考文献 ············ 399

索引 ············ 401

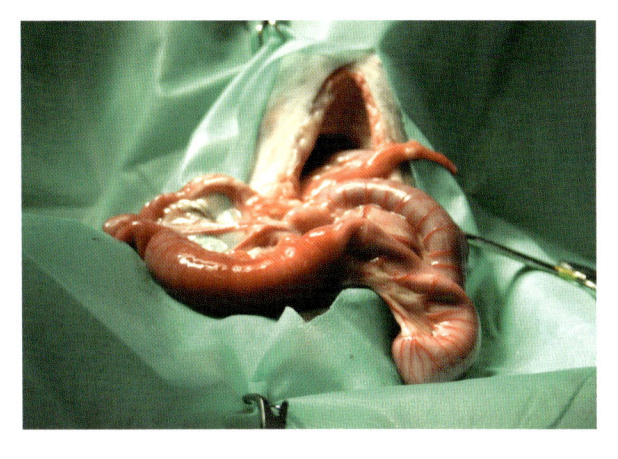

図版 1.2(a) 猫の重積. Downs Referral, Bristol の許可を得て掲載.

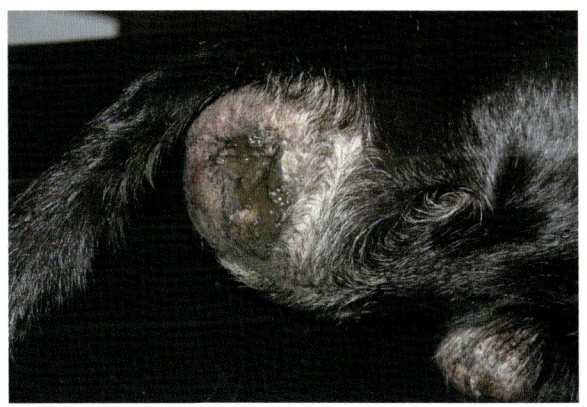

図版 1.2(b) 慢性便秘症を起こしていた犬の大型会陰ヘルニア. Downs Referral, Bristol の許可を得て掲載.

図版 1.5(a) 頭蓋内の占拠病変によって頭部を押しつける行動を示しているダルメシアン. Downs Referral, Bristol の許可を得て掲載.

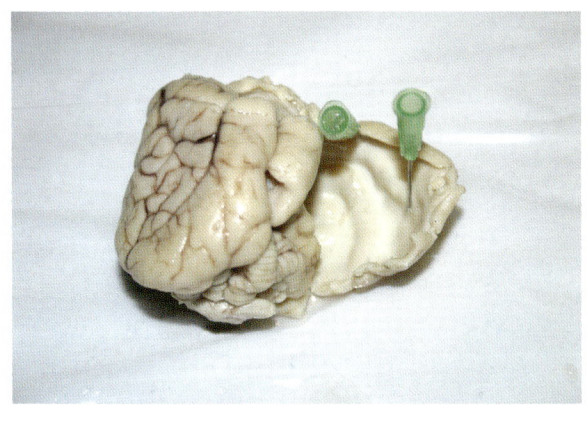

図版 1.5(b) 多くの頭蓋内神経症状を呈していた犬の脳の死後剖検. 側脳室は著しく拡張し, 大脳皮質は非常に菲薄である. Downs Referral, Bristol の許可を得て掲載.

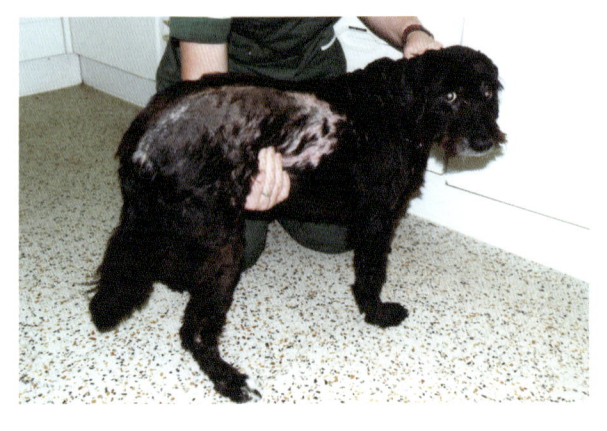

図版 2.4 重度のノミ寄生に続発した脱毛症.

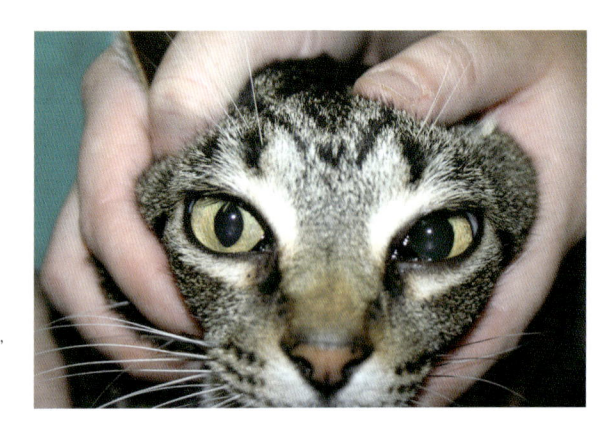

図版 2.5(a) 猫の瞳孔不同症. Downs Referral, Bristol の許可を得て掲載.

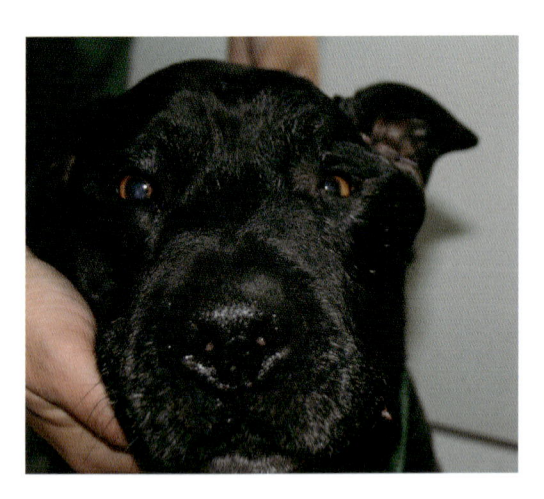

図版 2.5(b) 三叉神経の悪性神経鞘腫による片側性咀嚼筋委縮. Downs Referral, Bristol の許可を得て掲載.

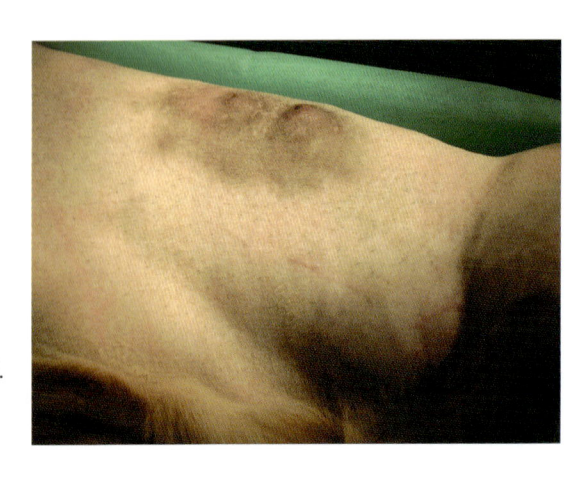

図版 2.5(c) ローデシアン・リッジバックの皮膚様洞. Downs Referral, Bristol の許可を得て掲載.

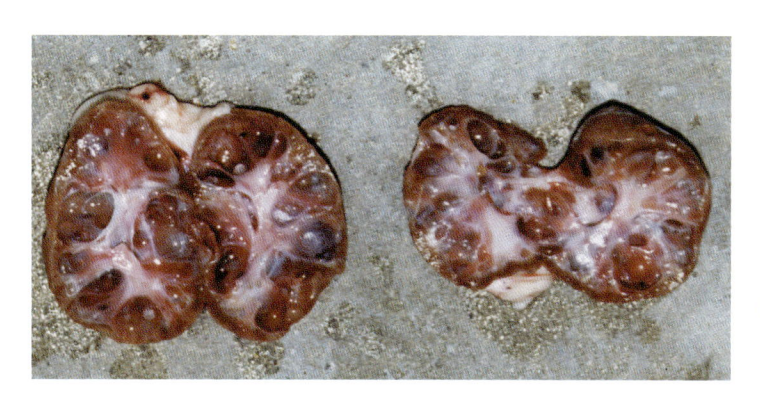

図版 2.8 多嚢胞性腎疾患のペルシャ猫における腎臓の死後剖検.

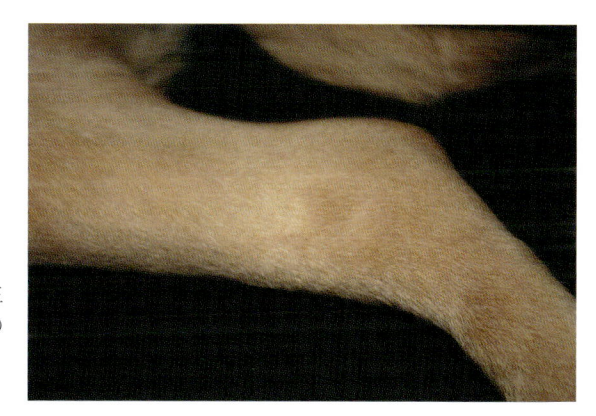

図版 4.1(a) 低アルブミン血症により末梢浮腫を生じた犬の（肢の）くぼみ．Downs Referral, Bristol の許可を得て掲載．

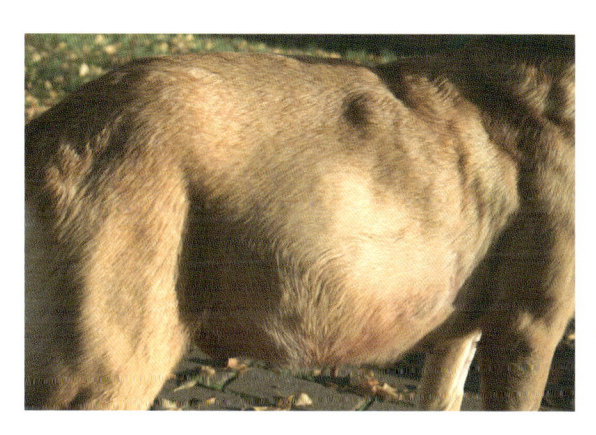

図版 4.1(b) 肝硬変による腹水のため腹部が膨満している犬．Downs Referral, Bristol の許可を得て掲載．

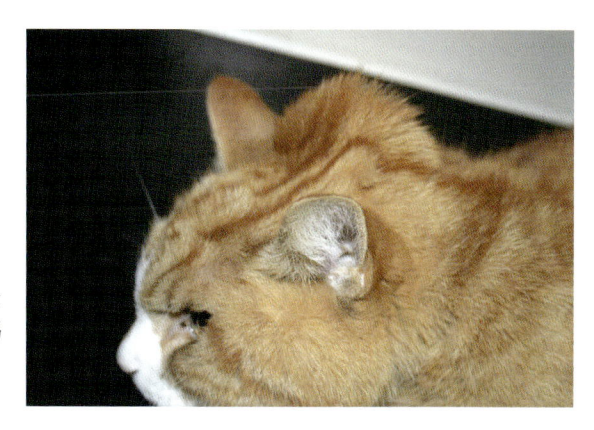

図版 4.1(c) 重度な脱水のため皮膚がテント状になっている猫．Downs Referral, Bristol の許可を得て掲載．

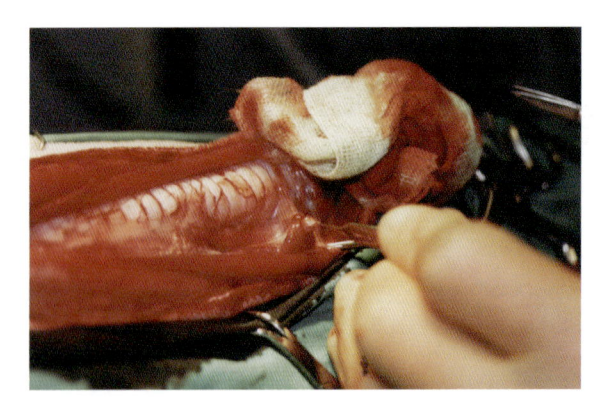

図版 4.3 高カルシウム血症の犬の上皮小体腺腫．Downs Referral, Bristol の許可を得て掲載．

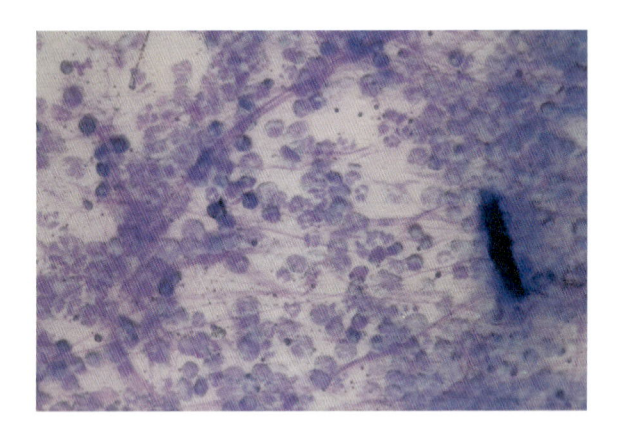

図版 4.5 好酸球性気管支炎の犬の気管支肺胞洗浄から検出された大量の好酸球．Abbey Veterinary Services の許可を得て掲載．

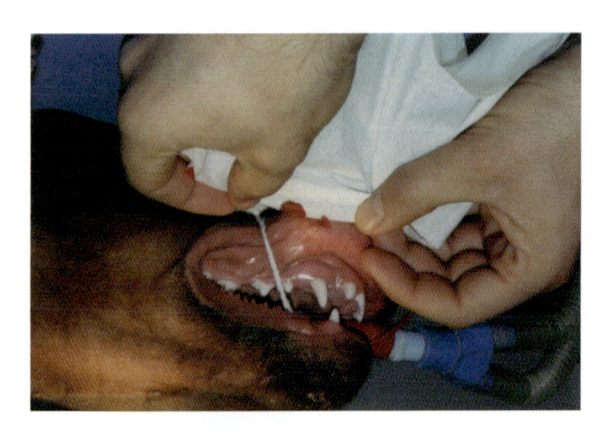

図版 6.12 頬粘膜出血時間の測定．

PART 1
病歴徴候

1.1 全般的，全身的および代謝性の病歴徴候
1.1.1 多尿 / 多飲

生理的
　運動
　環境温度の上昇
食事
　塩分摂取量の増加
　高度な低蛋白食
電解質異常
　高カルシウム血症（q.v.）
　低カリウム血症（q.v.）
　高ナトリウム血症（q.v.）
内分泌疾患
　末端肥大症
　糖尿病*
　尿崩症
　　・中枢性
　　・腎性
　副腎皮質機能亢進症*
　甲状腺機能亢進症*（猫）
　副腎皮質機能低下症（犬）
　インスリノーマ
　クロム親和性細胞腫
　原発性高アルドステロン症
　原発性上皮小体機能亢進症
肝胆管疾患（例）
　肝臓腫瘍*（q.v.）
　肝炎 / 胆管肝炎*（q.v.）
感染性疾患（例）
　毒血症（例）
　　・子宮蓄膿症
その他
　ADH 受容体の先天的欠損
　視床下部疾患
　心膜液
　多血症
　心因性
腫瘍*
腎疾患
　急性腎不全*（q.v.）

慢性腎不全*（q.v.）
糸球体腎炎
尿道閉塞後
原発性腎性糖尿
腎盂腎炎
腎髄質の洗い出し

薬物／毒素
アミノフィリン
コルチコステロイド
酢酸デルマジノン
利尿剤
エチレングリコール
インドメタシン
リチウム
NPK ファーティライザー（肥料）
パラコート
フェノバルビタール
臭化カリウム
プリミドン
プロリゲストン
テルフェナジン
テオフィリン
ビタミンD殺鼠剤

注意：多尿および多飲は，どちらかがもう一方を引き起こすため，ここではごく少数の例外を除いて一

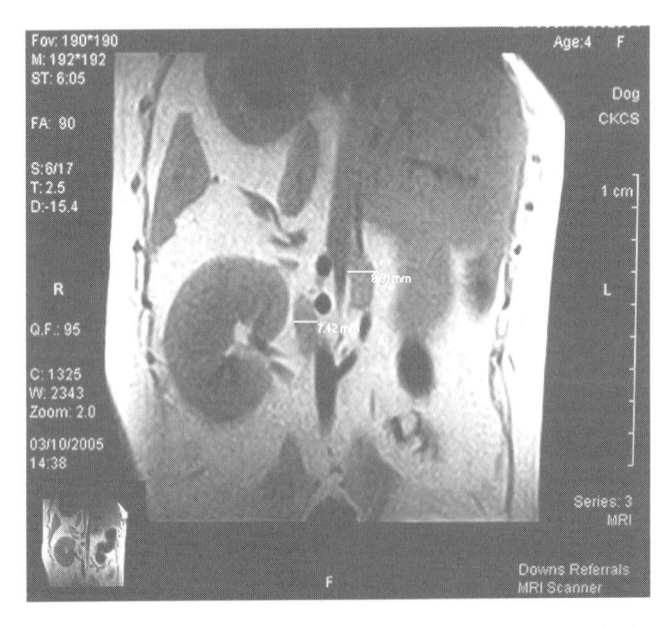

図 1.1 下垂体依存性副腎皮質機能亢進症の犬の副腎の背側 T1 強調 MR 像．軽度の両側性腫大が認められる．Downs Referrals, Bristol の許可を得て掲載．

緒に扱っている．このような例外には，閉塞性下部尿路疾患または乏尿性腎不全における多飲，そして，急速に脱水が進行する水分摂取量と一致しない多尿があげられる．実際には，これらの状況に遭遇することはほとんどない．

参考文献
Garrett, L. D. (2003) Insulinomas: A review and what's new. *Proceedings, ACVIM,* 2003.
Lunn, K. F. (2005) Avoiding the water deprivation test. *Proceedings, ACVIM,* 2005.
Tobias, et al. (2002) Pericardial disorders: 87 cases of pericardial effusion in dogs (January 1, 1999 to December 31, 2001). *Proceedings, ACVIM,* 2002.

1.1.2 体重減少

栄養摂取量の減少
　食欲不振（q.v.）
　食事
　　・質の悪い食事
　　・量の少ない食事
　嚥下困難（q.v.）

栄養喪失の増加
　火傷
　慢性失血
　　・鼻出血（q.v.）
　　・吐血（q.v.）
　　・血尿（q.v.）
　　・メレナ（q.v.）
　糖尿病*
　滲出液（q.v.）
　ファンコニ症候群（犬）
　腸管寄生虫*
　腫瘍
　蛋白喪失性腸症*
　蛋白喪失性腎症

栄養消費の増加
内分泌疾患（例）
　甲状腺機能亢進症*（猫）
*腫瘍**
生理的
　寒冷環境
　運動
　発熱（q.v.）
　泌乳
　妊娠*
同化不良
　心不全*
　膵外分泌不全
　肝不全/胆汁塩欠乏*（q.v.）
　副腎皮質機能低下症（犬）
　腫瘍*
　腎不全*（q.v.）
　小腸疾患*（q.v.）

吐出および嘔吐（q.v.）

参考文献

Rutz, G. M., et al. (2001) Pancreatic acinar atrophy in German Shepherds. *Compend Contin Educ Pract Vet*, 23:347-56.

1.1.3　体重増加

液体貯留
　腹水*（q.v.）
　末梢浮腫（q.v.）
　胸水
体脂肪の増加
過食
　退屈
　過剰な食欲（一部の品種では正常）*
　高カロリー食
　食事の与え過ぎ*
内分泌疾患
　末端肥大症
　副腎皮質機能亢進症*
　性腺機能低下症
　甲状腺機能低下症*（犬）
　インスリノーマ
器官の大きさの増加
　肝腫大*（q.v.）
　腎腫大（q.v.）
　脾腫大*（q.v.）
　子宮の拡大（q.v.）
　　・妊娠*
　　・子宮蓄膿症*
腫瘍
　大きな腹部マス（しばしば体調不良を伴う）*
　薬物（例）
　　・コルチコステロイド

参考文献

Garrett, L. D. (2003) Insulinomas: A review and what's new. *Proceedings, ACVIM*, 2003.
Peterson, M. E., et al. (1990) Acromegaly in 14 cats. *JVIM*, 4:192-201.

1.1.4　多　食

行動 / 心因性
　一部の品種では正常*
　退屈
生理的
　寒冷環境
　運動の増加
　泌乳*
　妊娠*

同化不良*
栄養喪失の増加
栄養消費の増加
食事
    嗜好性の高い食事*
    質の悪い食事
内分泌疾患
    糖尿病*
    副腎皮質機能亢進症*
    甲状腺機能亢進症*（猫）
    インスリノーマ
その他
    腹膜心膜横隔膜ヘルニア
薬物／毒素
    アミノフィリン
    ベンゾジアゼピン
    大麻
    シプロヘプタジン
    酢酸デルマジノン
    グルココルチコイド
    フェノバルビタール
    臭化カリウム
    プリミドン
    プロリゲストン

参考文献

Garrett, L. D. (2003) Insulinomas: A review and what's new. *Proceedings, ACVIM*, 2003.

Rexing, J. F. & Coolman, B. R. (2004) A peritoneopericardial diaphragmatic hernia in a cat. *Vet Med*, 99:314-18.

1.1.5　食欲不振／食欲欠乏

食物の捕捉困難
    盲目（q.v.）
ミオパシー（例）
    咀嚼筋炎
    破傷風
開口時の顎の疼痛（例）
    下顎または上顎の骨折
    眼球後部の膿瘍
    頭蓋骨骨折
    軟部組織損傷
    顎関節疾患
三叉神経の疾患（例）
    腫瘍
    三叉神経炎
咀嚼困難
    歯牙疾患*
    舌疾患
    口腔腫瘍*

口腔潰瘍（例）
- 腐食性または酸性物質の摂取*
- 腎疾患

嚥下困難

咽頭疾患
　異物*
　腫瘍
　神経学的疾患
　潰瘍

食道疾患（例）
　異物*
　腫瘍
　潰瘍
　巨大食道症
　狭窄
　血管輪異常

一次性食欲不振
　頭蓋内疾患（例）
- 視床下部腫瘍

二次性食欲不振
　無嗅覚症
- 慢性鼻炎（q.v.）
- 鼻腔腫瘍
- その他の鼻腔疾患
- 神経学的疾患

　内分泌疾患（例）
- 糖尿病性ケトアシドーシス
- 副腎皮質機能低下症（犬）

　発熱*（q.v.）
　胃腸管疾患（q.v.）（例）
- 胃炎
- 炎症性腸疾患*

　心疾患（例）
- 心不全*

　肝疾患*（q.v.）
　感染性疾患*
　代謝異常（例）
- 高カルシウム血症（q.v.）
- 低カリウム血症（q.v.）

　疼痛*
　膵臓疾患*（例）
- 膵炎

　呼吸器疾患（例）
- 気道疾患*（q.v.）
- 横隔膜ヘルニア
- 胸水*（q.v.）
- 肺炎（q.v.）

　腎疾患*（q.v.）
　薬物
- アセタゾラミド

- アミオダロン
- アンフォテリシンB
- ベサネコール
- ブロモクリプチン
- ブトルファノール
- 強心配糖体
- クロラムブシル
- ジアゾキシド
- ドキソルビシン
- フェンタニル
- ヒドララジン
- イトラコナゾール
- ケトコナゾール
- メルファラン
- メチマゾール
- ミトタン
- ニコチンアミド
- オキシテトラサイクリン（猫）
- ペニシラミン
- テオフィリン
- トリメトプリム / スルホンアミド（猫）

食事
最近の食事の変更*
嗜好性の悪い食事*

行動 / 心因性*
生活パターンの変化
新しい家族
新しい家
新しいペット

参考文献

Forman, M. A., et al (2004) Evaluation of serum feline pancreatic lipase immunoreactivity and helical computed tomography versus conventional testing for the diagnosis of feline pancreatitis. *JVIM*, 18:807-15.

1.1.6 成長不良

体調良好
軟骨異栄養症（多くの品種で正常）*（犬）
内分泌疾患
- 先天性低ソマトトロピン症（下垂体性小人症）
- 先天性甲状腺機能低下症
- 副腎皮質機能亢進症

体調不良
食事不耐性
膵外分泌不全*

不十分な栄養摂取
食欲不振（q.v.）
質の悪い食事
不十分な食事

心疾患（例）
　先天性
　心内膜炎
肝障害（例）
　肝炎（q.v.）
　門脈体循環シャント
食道障害（例）
　巨大食道症（q.v.）
　血管輪異常（例：右大動脈弓遺残）
胃腸管疾患（例）
　ヒストプラズマ症
　閉塞（例）
　　・異物*
　　・腸重積*
　寄生虫*
腎疾患
　先天性腎疾患
　糸球体腎炎
　腎盂腎炎
炎症性疾患
内分泌疾患
　尿崩症
　糖尿病*
　副腎皮質機能低下症（犬）

参考文献

Chastain, C. B., et al. (2001) Combined pituitary hormone deficiency in German shepherd dogs with dwarfism. *Sm Anim Clin Endocrinol*, 11:1-4.

1.1.7 失神／虚脱（表1.1参照）

心血管系の機能不全
　心筋不全
　心筋梗塞
　ショック（q.v.）
徐脈性不整脈（q.v.）（例）
　高度第2度房室ブロック
　洞不全症候群（犬）
　第3度房室ブロック
頻脈性不整脈（q.v.）
　上室頻拍*
　心室頻拍*
血流障害
　先天性（例）
　　・大動脈弁狭窄（犬）
　　・肺動脈弁狭窄（犬）
　肥大型閉塞性心筋症
　心膜液*（犬）
　肺高血圧症
　動脈閉塞（例）

表 1.1 痙攣と失神の鑑別

	失神	痙攣（全身的）
誘発する出来事／タイミング	運動，興奮，ストレス，咳，排尿，排便，	安静時または覚醒時が多い
前兆	急性虚脱，よろめく，鳴く	不安，注意を引こうとする行動
発作時の症状	通常，四肢は脱力しているが，硬直することもある	顎運動，流涎過剰，間代―強直性の四肢の動き，または四肢の硬直
	持続時間は 1 分未満	持続時間はしばしば 1 分を超える
	排尿／排便は稀である	排尿および／または排便が起こる
	一般に意識はあるが意識を失うこともある	意識は喪失する
	心調律または心拍数の異常は触診／聴取されることもされないこともある	洞頻脈が多い
発作後	急速に回復する	ゆっくりと回復する 発作後の見当識障害が長く続く

この表では，全身的な痙攣発作と失神発作の鑑別法を示している．しかし，両者は多くの事柄が重複している．失神発作は痙攣と関連することがある．痙攣は運動時に発生する場合がある．強直性間代性の動きは痙攣で常に観察されるとは限らない．

- 腫瘍
- 血栓症

低酸素性疾患
一酸化炭素ヘモグロビン血症
メトヘモグロビン血症

呼吸器疾患
上部気道（例）
- 短頭種の閉塞性気道症候群
- 喉頭麻痺
- 気管虚脱
- 気管閉塞

下部気道（例）
- 肺炎
- 細気道疾患

換気灌流不適合（例）
- 肺虚脱

胸膜／胸部疾患（例）
- 胸水
- 気胸
- 肋骨骨折

心臓の右左短絡（例）
逆短絡の動脈管開存症
重度の貧血

神経学的機能不全
脳幹疾患

舌咽頭神経障害
　　排尿関連性虚脱
　　ナルコレプシー / カタプレキシー
　　痙攣（q.v.）
　　嚥下関連性虚脱
び漫性大脳機能不全（例）
　　脳障害
　　出血
　　水頭症
　　炎症
　　浮腫
　　占拠性病変
　　外傷
下位運動ニューロン障害
　　内分泌性神経症（例）
　　　・糖尿病*
　　　・副腎皮質機能亢進症
　　　・甲状腺機能低下症*（犬）
　　腰仙椎疾患
　　腫瘍随伴性性神経症（例）
　　　・インスリノーマ
　　末梢神経腫瘍
　　多発性神経症
　　多発性神経根神経障害
神経筋接合部障害
　　ボツリヌス症
　　重症筋無力症
上位運動ニューロン障害
　　中枢性前庭疾患
　　小脳疾患
　　大脳疾患
　　末梢性前庭疾患
　　脊髄疾患
その他
　　頚動脈洞刺激（例）
　　　・腫瘍
　　　・首輪による締め付け
　　過換気
　　体位性低血圧
　　咳嗽性失神
代謝性
　　糖尿病性ケトアシドーシス
　　高カルシウム血症 / 低カルシウム血症（q.v.）
　　高ナトリウム血症 / 低ナトリウム血症（q.v.）
　　高体温症 / 低体温症（q.v.）
　　低血糖症（q.v.）
　　低カリウム血症（q.v.）
　　重度のアシドーシス（q.v.）
　　重度のアルカローシス（q.v.）

ミオパシー
  コルチコステロイドミオパシー
  労作性ミオパシー
  低カルシウム性ミオパシー
  低カリウム性ミオパシー
  悪性高体温症
  ミトコンドリアミオパシー
  筋ジストロフィー
  多発性ミオパシー
  多発性筋炎
  原虫性ミオパシー

骨格/関節障害
  両側性前十字靱帯疾患
  両側性股関節疾患
  円板脊椎炎
  椎間板疾患
  多発性骨髄腫
  変形性関節症
  汎骨炎
  膝蓋骨脱臼
  多発性関節炎

薬剤
  抗不整脈薬（例）
    ・アテノロール
    ・ジゴキシン
    ・プロプラノロール
    ・キニジン
  鎮静剤（例）
    ・フェノチアジン類
  血管拡張剤（例）
    ・ACE阻害剤
    ・ヒドララジン
    ・ニトログリセリン

参考文献

Berendt, M. (2001) The diagnosis of epilepsy: seizure phenomenology and classification. *Proceedings of the World Small Animal Veterinary Association World Congress, 2001*.

Shelton, G. D. (1998) Myasthenia gravis: lessons from the past 10 years. *JSAP*, 39:368-72.

Ware, W. A. (2002) Syncope. *Proceedings, Waltham/OSU Symposium, Small Animal Cardiology, 2002*.

Wray, J. (2005) Differential diagnosis of collapse in the dog. 1. Aetiology and investigation. *In Practice* 27:16-28.

1.1.8 虚　弱

代謝性疾患
  腎不全*（q.v.）
  肝不全*（q.v.）
  低血糖症（q.v.）
  電解質障害*
    ・高カルシウム血症*/低カルシウム血症（q.v.）

- ・高カリウム血症 / 低カリウム血症*（q.v.）
- ・高ナトリウム血症 / 低ナトリウム血症（q.v.）

酸 - 塩基平衡障害
- ・アシドーシス（q.v.）
- ・アルカローシス（q.v.）

感染性疾患*
細菌
ウイルス
真菌
リケッチア
原虫
その他の寄生虫疾患

免疫介在性 / 炎症性疾患
慢性炎症*
免疫介在性溶血性貧血*（q.v.）
免疫介在性多発性関節炎

血液学的疾患
貧血*（q.v.）
高粘稠度症候群

内分泌疾患
糖尿病*
副腎皮質機能亢進症
上皮小体機能亢進症
副腎皮質機能低下症（犬）
上皮小体機能低下症
甲状腺機能低下症*（犬）
インスリノーマ

心血管系疾患
徐脈性不整脈（q.v.）（例）
- ・高度第 2 度房室ブロック
- ・洞不全症候群（犬）
- ・第 3 度房室ブロック

うっ血性心不全*
心膜液*（q.v.）
高血圧*（q.v.）
低血圧*（q.v.）
頻脈性不整脈（q.v.）（例）
- ・心室頻拍*

呼吸器疾患
気道閉塞（例）
- ・猫喘息*（猫）
- ・異物*
- ・腫瘍

胸腔内腫瘍*
- ・胸水*
- ・肺高血圧症
- ・肺水腫*（q.v.）
- ・肺血栓塞栓症

重度の肺実質疾患

神経筋疾患
　てんかん*（q.v.）
　重症筋無力症
　ミオパシー
　前庭疾患*（q.v.）
頭蓋内疾患（例）
　脳血管系の障害
　感染
　炎症
　占拠性病変
脊髄疾患（q.v.）（例）
　感染
　炎症
　椎間板疾患*（犬）
　腫瘍
　外傷*
末梢性多発性ニューロパシー
　内分泌疾患（例）
　　・糖尿病*
　　・副腎皮質機能亢進症
　　・甲状腺機能低下症*（犬）
　多発性神経根神経炎
　腫瘍随伴性障害
　薬剤/毒素（例）
　　・シスプラチン
　　・鉛
　　・ビンクリスチン
感染性疾患
　ボツリヌス症
　ダニ麻痺
全身性
　脱水*
　発熱*（q.v.）
　腫瘍*
栄養性
悪液質（例）
　心不全*
　腫瘍*
カロリー摂取量の不足（例）
　食欲不振*（q.v.）
　質の悪い食事
特定の栄養素欠乏（例）
　ミネラル
　ビタミン
生理的
　過度の興奮
　疼痛*
　ストレス/不安*
薬剤/毒素
　アルファクロラロース

イブプロフェン
インスリン過剰投与
オピオイド
グルココルチコイド
血圧降下剤（例）
- β遮断薬
- 血管拡張剤

抗凝固性殺鼠剤
抗痙攣剤
抗ヒスタミン剤
サルブタモール
ジクロフェナクナトリウム
精製鉱油
大麻
鎮静剤
ツツジ
鉄塩
ピレスリン/ピレスロイド
フェノキシ酸除草剤
ヤドリギ
有機リン酸類
藍藻

参考文献

Sadek, D. & Schaer, M. (1996) Atypical Addison's disease in the dog: a retrospective survey of 14 cases. *JAAHA*, 32:159-63.

Shelton, G. D. (1998) Myasthenia gravis: lessons from the past 10 years. *JSAP*, 39:368-72.

1.2 胃腸管/腹部の病歴徴候

1.2.1 流涎/過流涎

生理的
食欲増進剤*
恐怖*
ストレス*

口腔疾患
歯牙疾患*
異物*
腫瘍*

***口を閉じることができない*（例）**
下顎の外傷*
三叉神経疾患（例）
- 特発性三叉神経炎
- 浸潤性腫瘍（例）
  - リンパ腫
  - 神経鞘腫

***潰瘍**（例）*
免疫介在性
刺激性物質の摂取

腎不全*
　*炎症性**
　　　口峡炎*
　　　歯肉炎*
　　　舌炎*
　　　食道炎*
　　　口内炎*
神経学的疾患
　　カタプレキシー / ナルコレプシー
　　肝性脳症
　　頭蓋内腫瘍
　　部分発作
吐気 / 吐出 / 嘔吐（q.v.）
唾液腺疾患（q.v.）
　　唾液腺壊死 / 唾液腺炎
　　唾液腺粘液嚢腫
　　その他の唾液腺の障害
特定の品種では正常（例）
　　セント・バーナード
薬剤 / 毒素
　　アルファクロラロース
　　イベルメクチン
　　カーバメート
　　キシラジン
　　キングサリ
　　クサリヘビ毒
　　グリフォスフェート
　　ケタミン
　　コトネアスター
　　シアノアクリレート接着剤
　　ジノプロストトロメタミン
　　水仙
　　大麻
　　窒素，リンおよびカリウムを含む肥料
　　チョコレート / テオブロミン
　　ツツジ
　　ディフェンバキア
　　テルフェノジン
　　電池
　　トリメトプリム / スルホノアミド（猫）
　　ナナカマド
　　バクロフェン
　　パラコート
　　パラセタモール
　　ヒキガエル
　　ピリドスチグミン
　　ピレスリン / ピレスロイド
　　フェノキシ酸除草剤
　　プラスチック爆薬
　　ベサネコール

ベンゾジアゼピン類
　　　マロニエ
　　　メトロニダゾール
　　　ヤドリギ
　　　有機リン酸類
　　　藍藻
　　　レバミゾール（猫）
　　　ロペラミド

参考文献

Patterson, E. E., et al. (2003) Clinical characteristics and inheritance of idiopathic epilepsy in Vizslas. *JVIM*, 17:319-25.

Schroeder, H. & Berry, W. L. (1998) Salivary gland necrosis in dogs: a retrospective study of 19 cases. *JSAP*, 39:121-25.

Sozmen, M., et al. (2000) Idiopathic salivary gland enlargement (sialadenosis) in dogs: a microscopic study. *JSAP*, 41:243-47.

1.2.2 悪心／嘔気

先天性
　　アカラシア（例）
　　　・輪状咽頭アカラシア（犬）
　　口蓋裂
　　水頭症

神経筋疾患
　　脳幹疾患
　　脳神経欠損（Ⅴ，Ⅶ，Ⅸ，Ⅻ）
　　脳炎
　　喉頭麻痺*
　　筋ジストロフィー
　　重症筋無力症

免疫介在性／感染性疾患
　　喘息*（猫）
　　細菌性脳炎
　　真菌症
　　　・肉芽腫症候群
　　特発性舌咽頭炎
　　喉頭炎*
　　咽頭炎*
　　狂犬病
　　鼻炎*
　　唾液腺炎
　　ウイルス性脳炎

全身性
　　低カルシウム血症
　　腎不全*

外傷
　　異物*
　　咽頭血腫
　　茎状付属器の外傷

気管破裂
腫瘍
  中枢神経系
  喉頭蓋
  内耳
  鼻
  咽頭
  扁桃
栄養性
  フードの硬さと大きさ
呼吸器疾患（喀痰）（例）
  気管支炎*
  出血
  肺水腫*
毒素
  ボツリヌス症
  刺激性化学物質の摂取
  煙

参考文献

Schroeder, H. & Berry, W. L. (1998) Salivary gland necrosis in dogs: a retrospective study of 19 cases. *JSAP*, 39:121-25.

1.2.3　嚥下困難

炎症性／感染性疾患
口腔疾患
  歯牙疾患*
  顎の骨髄炎
  歯周炎*
  咽頭炎*
  狂犬病
  後眼球膿瘍
  重度の歯肉炎*
  歯根膿瘍*
  潰瘍（例）
    ・刺激性物質の摂取
    ・腎疾患*
閉塞
  異物*
  肉芽腫
  腫瘍
  唾液腺嚢腫
外傷
  骨折*
  血腫
  裂傷*
顎関節疾患
神経筋疾患
  輪状咽頭アカラシア

重症筋無力症
ミオパシー（例）
・咀嚼筋ミオパシー
三叉神経疾患（例）
・頭蓋内疾患
・三叉神経炎

参考文献
Meomartino, L., et al. (1999) Temporomandibular ankylosis in the cat: a review of seven cases. *JSAP*, 40:7-10.
Preifer, R. M. (2003) Cricopharyngeal achalasia in a dog. *Can Vet J*, 44:993-5.

1.2.4 吐 出

唾液腺疾患
唾液腺炎
食道疾患
異物*
巨大食道症
・特発性
・後天性
腫瘍
食道憩室
食道瘻管
食道封入体嚢胞
食道炎*
狭窄
血管輪異常（例）
・右大動脈弓遺残
胃疾患
胃拡張-捻転*（犬）
裂孔ヘルニア
幽門流出路閉塞（例）
・異物*
・腫瘍
・幽門狭窄
神経筋疾患
末梢ニューロパシー（例）
巨大細胞軸索ニューロパシー（犬）
鉛中毒
多発性神経炎
多発性神経根神経炎
中枢神経系疾患（例）
脳幹疾患
感染性疾患
炎症
頭蓋内占拠性病変
外傷
神経筋接合部障害（例）
アセチルコリンエステラーゼ中毒

ボツリヌス症
重症筋無力症
破傷風
免疫介在性
皮膚筋炎（犬）
多発性筋炎
全身性紅斑性狼瘡
内分泌疾患
副腎皮質機能低下症（犬）
甲状腺機能低下症*（犬）

参考文献

Han, E., et al. (2003) Feline esophagitis secondary to gastroesophageal reflux disease: clinical: signs and radiographic, endoscopic and histopathological findings. *JAAHA*, 39:161-7.

Hodges, J., et al. (2004) Recurrent regurgitation in a young cat with an unknown history. *Vet Med*, 99:244-51.

Schroeder, H. & Berry, W. L. (1998) Salivary gland necrosis in dogs: a retrospective study of 19 cases. *JSAP*, 39:121-5.

White, R. N., et al. (2003) Vascular ring anomaly with coarctation of the aorta in a cat. *JSAP*, 44:330-34.

1.2.5 嘔吐

急性嘔吐

食事
無分別な食事*
食物不耐性*
食事の急激な変更*
胃腸管疾患
大腸炎*
便秘／重度の便秘症*（q.v.）
異物*
胃拡張／捻転*
胃または十二指腸潰瘍*
胃炎／腸炎*
出血性胃腸炎*
感染性疾患（例）
・細菌性*
・寄生虫性*
・ウイルス性*
炎症性腸疾患*
腸捻転
腸重積
腫瘍*
内分泌疾患（例）
糖尿病性ケトアシドーシス*
副腎皮質機能低下症（犬）
代謝性／全身性
高カルシウム血症／低カルシウム血症（q.v.）
高カリウム血症／低カリウム血症*（q.v.）

高体温症*（q.v.）
　　肝疾患*（q.v.）
　　膵炎*
　　腹膜炎*
　　前立腺炎*
　　子宮蓄膿症*（犬）
　　腎疾患*（q.v.）
　　敗血症*
　　尿路閉塞*
　　前庭疾患*
その他の病態
　　中枢神経系疾患
　　横隔膜ヘルニア
　　乗物酔い
　　心因性
薬剤/毒素
　　亜鉛
　　アスピリン
　　アセタゾラミド
　　アチパメゾール
　　アトロピン
　　アポモルヒネ
　　アミノフィリン
　　α_2作動薬
　　アロプリノール
　　アンフォテリシンB
　　イチイ
　　イブプロフェン
　　イベルメクチン
　　インドメタシン
　　ウルソデオキシコール酸
　　エチレングリコール
　　エデト酸カルシウム
　　NSAID
　　エリスロマイシン
　　塩化ベンザルコニウム
　　カービマゾール
　　カルボプラチン
　　キシラジン
　　強心配糖体
　　キングサリ
　　クサリヘビ毒
　　グリピジド
　　グリフォスフェート
　　グルココルチコイド
　　クロミプラミン
　　クロラムフェニコール
　　クロラムブシル
　　クロルフェニラミン
　　ケトコナゾール

コトネアスター
コルヒチン
三環系抗うつ剤
塩
シクロスポリン
ジクロフェナクナトリウム
シクロフォシファミド
ジクロロフェン
シタラビン
ジノプロストトロメタミン
臭化カリウム
臭化プロパンテリン
シルデナフィル
スイカズラ
スイセン
ストリキニーネ
スルファジアジン
精製鉱油
セファレキシン
選択的セロトニン再取り込み阻害剤
ソタロール
窒素, リンおよびカリウム含有肥料
ツツジ
ディフェンバキア
テオフィリン
テオブリミン
鉄 / 鉄塩
テトラサイクリン

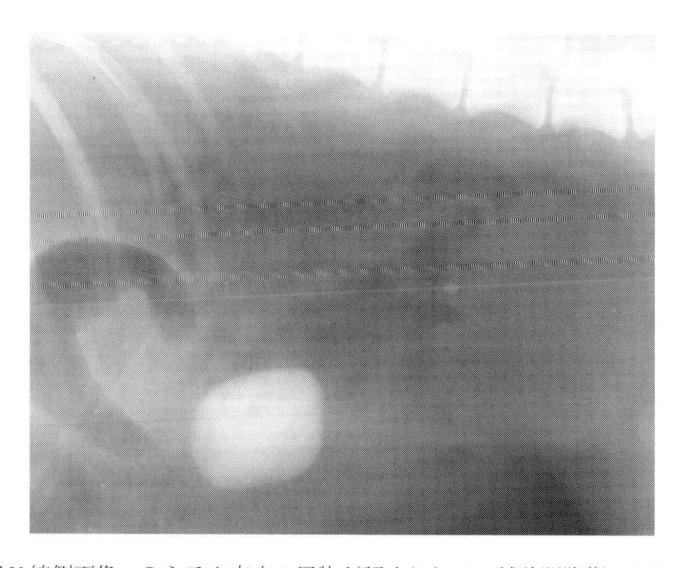

図 1.2 犬の腹部 X 線側面像. ミネラル密度の異物が認められる. 試験開腹術により, これは小腸内の大きい石であることが判明した. Down Referrals, Bristol の許可を得て複製.

テルフェナジン
電池
ドキシサイクリン
ドキソルビシン
吐根
ドパミン
トリメトプリム / スルホンアミド
ナプロキサン
鉛
ニコチンアミド
ニトロスカネート
パラコート
パラセタモール
ビタミン D 殺鼠剤
ヒドララジン
ピペラジン
ピモベンダン
ピラカンサ
ピリドスチグミン
ピレスリン / ピレスロイド
フェニトイン
フェノキシ酸除草剤
プラスチック爆薬
プロカインアミド
ブロモクリプチン
ベサネコール
ペニシラミン
ペントキシフィリン
ポインセチア
ホウ砂
マロニエ
ミソプロストール
ミトタン
メキシレチン
メタアルデヒド
メチマゾール
メデトミジン
メトロニダゾール
メルファラン
ヤドリギ
藍藻
リグノカイン
レバミゾール
ローワン
ロペラミド

慢性嘔吐

胃腸管疾患
細菌過剰増殖
大腸炎*

便秘 / 重度の便秘症* (q.v.)
胃腸反射
胃の運動障害*
胃または十二指腸潰瘍*
胃炎 / 腸炎*
感染性疾患（例）
・細菌
・真菌
・寄生虫*
・ウイルス
炎症性腸疾患
・好酸球性
・リンパ球性
・リンパ球プラズマ細胞性
・混合性
刺激性腸症候群
腫瘍*
閉塞（例）
・異物*
・炎症性腸疾患（胃炎または腸炎）
・腸重積*
・腫瘍*
・幽門狭窄

内分泌疾患（例）
糖尿病*
甲状腺機能亢進症（猫）
副腎皮質機能低下症（犬）

代謝性 / 全身性
犬糸状虫症
高カルシウム血症 / 低カルシウム血症 (q.v.)
高カリウム血症 / 低カリウム血症 (q.v.)
肝疾患* (q.v.)
膵炎*
前立腺炎*
子宮蓄膿症*（犬）
腎疾患* (q.v.)

その他の病態
腹腔内腫瘍
横隔膜ヘルニア
唾液腺炎

参考文献

Craven, M., et al. (2004) Canine inflammatory bowel disease: retrospective analysis of diagnosis and outcome in 80 cases (1995-2002). *JSAP*, 45:336-43.

Saxon-Buri, S. (2004) Daffodil toxicosis in an adult cat. *Can Vet J*, 45:248-50.

Schroeder, H. & Berry, W. L. (1998) Salivary gland necrosis in dogs: a retrospective study of 19 cases. *JSAP*, 39:121-5.

1.2.6 下痢

小腸性下痢
食事
食事不耐性（例）
　食物過敏症*
　食物不耐症
　グルテン過敏性腸症
胃腸管以外の疾患
　膵外分泌不全症*
　肝疾患*（q.v.）
　甲状腺機能亢進症*（猫）
　副腎皮質機能低下症（犬）
　IgA 欠乏症
　ネフローゼ症候群
　膵管閉塞
　膵炎*
　腎疾患*（q.v.）
　右心系のうっ血性心不全*
　全身性紅斑性狼瘡
　尿毒症
感染性疾患
***細菌性*（例）**
　カンピロバクター属
　クロストリジウム属
　大腸菌
　サルモネラ属
　スタフィロコッカス属
　小腸細菌過剰増殖
真菌性
蠕虫性*
　鉤虫
　回虫
　条虫
　鞭虫
***原虫性*（例）**
　クリプトスポリジウム
　ジアルジア属
***ウイルス性*（例）**
　コロナウイルス
　猫白血病ウイルス（猫）
　パルボウイルス
リケッチア
炎症性/免疫介在性
　バセンジーの腸症（犬）
　十二指腸潰瘍
　出血性胃腸炎*
　炎症性腸疾患*
　　・好酸球性

- 肉芽腫性
- リンパ球プラズマ細胞性

ソフトコーテッド・ウィートン・テリアの蛋白喪失性腸症および腎症（犬）

特発性疾患
　リンパ管拡張症

腫瘍*（例）
　腺癌
　カルチノイド
　平滑筋腫
　リンパ腫
　肥満細胞腫
　肉腫

部分的閉塞*
　異物
　重積
　腫瘍
　狭窄

運動障害（例）
　自律神経障害
　腸炎
　機能的閉塞（イレウス）
　低アルブミン血症
　低カリウム血症

薬剤/毒素（下記の"大腸性下痢"を参照）

大腸性下痢

食事*
　食物過敏症
　無分別な食事

腸管以外の病態
　転移性腫瘍
　神経学的疾患による潰瘍性大腸炎
　膵炎
　毒血症
　尿毒症

感染性疾患

***細菌性*（例）**
　カンピロバクタ属
　Clostridium difficile
　Clostridium perfringens
　大腸菌
　サルモネラ属
　Yersinia enterocolotoca

ウイルス性
　コロナウイルス
　猫免疫不全ウイルス（猫）
　猫伝染性腹膜炎（猫）
　猫白血病ウイルス（猫）
　パルボウイルス

真菌性（例）
　ヒストプラズマ症
　プロトテコーシス
寄生虫性*（例）
　アメーバ症
　鉤虫属
　大腸バランチジウム
　クリプトスポリジウム症
　ジアルジア属
　Heterobilharzia Americana
　回虫
　条虫
　Tritrichomonas foetus（猫）
　ウンシナリア属
　鞭虫
原虫性（例）
　トキソプラズマ症
免疫介在性/炎症性
　ボクサーの組織球性潰瘍性大腸炎（犬）
　炎症性腸疾患*
特発性
　線維反応性大腸性下痢
　過敏性腸症候群
腫瘍*
良性（例）
　腺腫様ポリープ
　平滑筋腫
悪性（例）
　腺癌
　リンパ腫
閉塞（カラー図版1.2を参照）
　盲腸反転
　異物*
　重積*
　腫瘍
　狭窄
その他
　慢性小腸疾患に続発
　ストレス
薬剤/毒素
　アセタゾラミド
　アテノロール
　アミノフィリン
　アモキシシリン
　アロプリノール
　アンピシリン
　アンフォテリシンB
　イチイ
　イブプロフェン
　インドメタシン

エデト酸カルシウム
NSAID
塩化ベンザルコニウム
オキシテトラサイクリン
カーバメート殺虫剤
キニジン
強心配糖体
キングサリ
クサリヘビ毒
グリフォスフェート
クロラムフェニコール
クロルフェニラミン
コトネアスター
コルヒチン
ジアゾキシド
塩
シクロスポリン
ジクロフェナクナトリウム
シクロフォスファミド
シタラビン
スイカズラ
膵酵素補給剤
スイセン
精製鉱油
セファレキシン
選択的セロトニン再取り込み阻害剤
ソタロール
窒素，リンおよびカリウム含有肥料
ツツジ
ディフェンバキア
テオフィリン
テオブリミン
鉄／鉄塩
ドキサイクリン
ナプロキサン
ニコチンアミド
パミドロネート
パラコート
パラセタモール
ビタミンD殺鼠剤
ピペラジン
ピラカンサ
ピリドスチグミン
ピレスリン／ピレスロイド
フェノキシ酸除草剤
プロカインアミド
ベサネコール
ペントキシフィリン
ポインセチア
ホウ砂

マロニエ
ミソプロストール
ミトタン
メタアルデヒド
メチオカルブ
メベンダゾール
ヤドリギ
有機リン酸
ラクツロース
藍藻
リチウム
硫酸亜鉛
レバミゾール
ローワン
ロペラミド

注意：肛門囊疾患，肛門フルンケル症，会陰ヘルニア，直腸脱，肛門周囲腺腫などの直腸周囲疾患は大腸性下痢によく似た症状（しぶり，血便，粘液便）を示すことがある．

参考文献

Chandler, M. (2002) The chronically diarrhoeic dog. 2. Diarrhoea of small intestinal origin. *In Practice*, 24:18-24.

Craven, M., et al. (2004) Canine inflammatory bowel disease: retrospective analysis of diagnosis and outcome in 80 cases (1995-2002). *JSAP*, 45:336-43.

Hostutler, R. A., et al. (2004) Antibiotic-responsive histiocytic ulcerative colitis in 9 dogs. *JVIM*, 18:499-504.

Leib, M. S. (2005) Diagnostic approach to chronic diarrhea I & II. *Proceedings, Western Veterinary Conference*, 2005.

Washabau, R. J. (2005) Infectious GI diseases in dogs and cats. *Proceedings, Western Veterinary Conference*, 2005.

1.2.7 メレナ

血液の摂取
鼻腔疾患（"鼻出血"も参照）（例）
　凝固障害*（q.v.）
　腫瘍*
　外傷*
口腔咽頭部の出血
　凝固障害*（q.v.）
　腫瘍*
　外傷*
呼吸器疾患（"喀血"も参照）（例）
　凝固障害*（q.v.）
　運動誘発性肺出血
　寄生虫
　腫瘍*
　動脈瘤破裂
　外傷*

胃腸管疾患
 腸炎*
 胃炎*
 食道炎
 寄生虫*
胃腸管潰瘍*
 ガストリノーマ
 ヘリコバクター感染症
 炎症性胃腸疾患*
 神経学的疾患
 異物摂取後*
 ストレス
 尿毒症*（q.v.）
 薬剤（例）
  ・グルココルチコイド
  ・NSAID
虚血（例）
 腸間膜剥離
 腸間膜の血栓／梗塞
 腸間膜捻転
 胃拡張捻転後*（犬）
腫瘍＊（例）
 腺癌
 平滑筋腫
 平滑筋肉腫
 リンパ腫
胃腸管以外の疾患
 副腎皮質機能低下症（犬）
 肝疾患*（q.v.）
 肥満細胞症
 膵炎*
 敗血症*
 ショック*（q.v.）
 全身性高血圧症*（q.v.）
 尿毒症*（q.v.）
 血管炎（例）
  ・ロッキー山紅斑熱
凝固障害（q.v.）（例）
 抗凝固剤中毒*（q.v.）
 先天性凝固因子欠乏症（q.v.）
 播種性血管内凝固
 血小板減少症（q.v.）
 ヴォンヴィレブランド病（犬）

参考文献

Brooks, D. & Watson, G. L. (1997) Omeprazole in a dog with gastrinoma. *JVIM*, 11:379-81.

McTavish, D. (2002) Eosinophilic gastroenteritis in a dog. *Can Vet J*, 43:463-5.

Washabau, R. J. (2004) G. I. hemorrhage: pathogenesis, diagnosis and therapy. *Proceedings, Atlantic Coast Veterinary Conference*, 2004.

1.2.8 吐血

血液の摂取
鼻腔疾患（"鼻出血"も参照）（例）
　凝固障害*（q.v.）
　腫瘍*
　外傷*
口腔咽頭部の出血
　凝固障害*（q.v.）
　腫瘍*
　外傷*
呼吸器疾患（"喀血"も参照）（例）
　凝固障害*（q.v.）
　運動誘発性肺出血
　寄生虫
　腫瘍*
　動脈瘤破裂
　外傷*
胃腸管疾患
　胃炎*
　出血性胃腸炎
　食道炎
胃腸管潰瘍*
　ガストリノーマ
　ヘリコバクター感染症*
　炎症性胃腸疾患*
　神経学的疾患
　異物摂取後*
　ストレス
　全身的な肥満細胞症
　尿毒症*
　薬剤（例）
　　・NSAID
　　・グルココルチコイド*
虚血（例）
　胃拡張捻転後*（犬）
　腫瘍*（例）
　　・腺癌
　　・リンパ腫
胃腸管以外の疾患
　副腎皮質機能低下症（犬）
　肝疾患*（q.v.）
　肥満細胞症
　敗血症*
　ショック*
　全身性高血圧*（q.v.）
　尿毒症*（q.v.）
凝固障害（q.v.）（例）
　抗凝固剤中毒*（q.v.）
　先天性凝固因子欠乏症

播種性血管内凝固
　　血小板減少症
　　ヴォンヴィレブランド病（犬）
膵臓疾患 * ***(例)***
　　膵炎
血管炎 (例)
　　ロッキー山紅斑熱
毒素 (例)
　　カルシポトリオール
　　パラコート

参考文献

Brooks, D. & Watson, G. L. (1997) Omeprazole in a dog with gastrinoma. *JVIM*, 11:379-81.

1.2.9 血　便

胃腸管以外の疾患
　　神経学的疾患による潰瘍性大腸炎
凝固障害 (q.v.) (例)
　　抗凝固剤中毒*
　　先天性凝固因子欠乏症（q.v.）
　　播種性血管内凝固
　　血小板減少症（q.v.）
　　ヴォンヴィレブランド病（犬）
直腸周囲疾患 (例)
　　肛門フルンケル症*
　　肛門嚢疾患*
　　肛門周囲腺腫*
　　会陰ヘルニア*
　　直腸脱*
胃腸管疾患
食事
　　食物過敏症
　　無分別な食事
細菌性 * ***(例)***
　　カンピロバクター属
　　クロストリジウム属
　　大腸菌
　　サルモネラ属
ウイルス性*
　　コロナウイルス
　　猫免疫不全ウイルス（猫）
　　猫伝染性腹膜炎（猫）
　　猫白血病ウイルス（猫）
　　パルボウイルス
真菌性 (例)
　　ヒストプラズマ症
　　プロトテコーシス
寄生虫性 * ***(例)***
　　アメーバ症

鉤虫属
大腸バランチジウム
クリプトスポリジウム症
ジアルジア属
Heterobilharzia Americana
回虫
条虫
Tritrichomonas foetus（猫）
ウンシナリア属
鞭虫
原虫性（例）
トキソプラズマ症
免疫介在性／炎症性
ボクサーの組織球性潰瘍性大腸炎（犬）
炎症性腸疾患*
特発性
線維反応性大腸性下痢
出血性胃腸炎
過敏性腸症候群
腫瘍
良性（例）
腺腫様ポリープ
平滑筋腫
悪性（例）
腺癌
リンパ腫
閉塞性疾患
異物*
重積*
薬剤
グルココルチコイド

参考文献

Hostutler, R. A., et al. (2004) Antibiotic-responsive histiocytic ulcerative colitis in 9 dogs. *JVIM*, 18:499-504.

Spielman, B. L. & Garvey, M. S. (1993) Hemorrhagic gastroenteritis in 15 dogs. *JAAHA*, 29:341-4.

1.2.10　便秘／重度の便秘症

先天性
鎖肛
大腸閉鎖症
食事
被毛，骨および異物の摂取
線維の少ない食事
全身性
脱水*
高カルシウム血症（q.v.）
低カリウム血症*（q.v.）
甲状腺機能低下症*（犬）

神経筋疾患
　猫の自律神経障害（猫）
　腰仙椎疾患*
　骨盤神経疾患（例）
　　・外傷*
閉塞性疾患（カラー図版 1.2(b) を参照）
管腔内／壁内
　憩室
　異物*
　腫瘍*（例）
　　・腺腫
　　・平滑筋腫
　　・平滑筋肉腫
　　・リンパ腫
　狭窄
管腔外
　肉芽腫
　腫瘍*
　骨盤骨折*
　会陰ヘルニア*
　前立腺疾患（犬）
　　・膿瘍
　　・良性前立腺肥大*
　　・腫瘍
　　・前立腺炎*
　腰下リンパ節疾患
持続的な大腸拡張（例）
　骨折後の骨盤腔狭窄*
疼痛を伴う病態
　肛門フルンケル症*
　肛門または直腸の炎症*
　肛門または直腸のマス*
　肛門または直腸の狭窄
　肛門嚢疾患*（例）
　　・膿瘍
　　・肛門嚢炎
　骨盤外傷（軟部組織または骨性）*
　脊髄疾患*
行動*（例）
　毎日の生活リズムの変化
　トイレ箱の汚れ
　入院
　新しいトイレ砂
特発性
　特発性巨大結腸症*
薬剤／毒素
　アルミニウム制酸剤
　オピオイド
　ジフェノキシレート
　臭化プロパンセリン

スクラルフェート
ビンクリスチン
ブチルスコポラミン（ヒオスシン）
ベラパミル
利尿剤
ロペラミド

参考文献

LeRoy, B. E. & Lech, M. E. (2004) Prostatic carcinoma causing urethral obstruction and obstipation in a cat. *J Feline Med Surg*, 6:397-400.

Yam, P. (1997) Decision making in the management of constipation in the cat. *In Practice*, 19:434-40.

1.2.11 しぶり（テネスムス）/ 排便困難

肛門嚢疾患（例）
　膿瘍
　肛門嚢炎*
　腫瘍
便秘 / 重度の便秘症（q.v.）
食事
　過剰な骨
　過剰な線維
肛門周囲疾患（例）
　肛門フルンケル症 / 肛門周囲瘻管*（犬）
　肛門周囲腺腫*
　会陰ヘルニア*
　直腸脱*
後腹部マス*
骨盤狭窄
前立腺疾患（犬）
　膿瘍
　良性前立腺肥大*
　腫瘍
　前立腺炎*
外傷（例）
　骨盤骨折*
泌尿生殖器系疾患*（例）
　下部尿路疾患
　尿道閉塞
結腸直腸疾患（例）
　大腸炎（q.v.）
　先天性
　大腸腫瘍

参考文献

Hardie, R. J., et al. (2005) Cyclosporin treatment of anal furunculosis in 26 dogs. *JSAP*, 46:3-9.

Simpson, J. (1996) Differential diagnosis of faecal tenesmus in dogs. *In Practice*, 18:280-87.

1.2.12　便失禁

肛門括約筋機能不全症
　ミオパシー
　腫瘍*
　外傷*
神経学的疾患（例）
　馬尾症候群
　変性性ミエロパシー /CDRM*（犬）
　ジステンパー性脳脊髄炎
　自律神経障害
　腰仙椎狭窄症
　脊髄形成異常 / 脊髄癒合不全
　末梢性ニューロパシー
　仙尾椎発育不全
　脊髄くも膜嚢胞
　脊髄外傷
肛門周囲疾患（例）
　肛門周囲瘻管*
医原性疾患（例）
　肛門嚢切除術時の肛門括約筋の損傷
貯蔵性失禁
　行動
　CNS 疾患（q.v.）
　大腸炎*
　食事*
　腫瘍*

参考文献

Guildford, W. G., et al. (1990) Fecal incontinence, urinary incontinence, and priapism associated with multifocal distemper encephalomyelitis in a dog. *JAVMA*, 197:90-92.

Skeen, T. M., et al. (2003) Spinal arachnoid cysts in 17 dogs. *JAAHA*, 39:271-82.

1.2.13　膨満 / 鼓腸症

空気嚥下*
　競争 / 攻撃的な採食
　神経質な動物
食事
　高繊維食
　乳製品 / ラクターゼ欠乏症
　腐敗した食物
消化不良（例）
　膵外分泌不全症
吸収不良（例）
　炎症性腸疾患
薬剤 / 毒素（例）
　ラクツロース
　メタアルデヒド

参考文献

Roudebush, P. (2001) Flatulence: causes and management options. *Compend Contin Educ Pract Vet*, 23:1075-81.

Rutz, G. M., et al. (2001) Pancreatic acinar atrophy in German Shepherds. *Compend Contin Educ Pract Vet*, 23:347-56.

1.3 心肺の病歴徴候

1.3.1 咳

感染性疾患
細菌性（例）
 ボルデテラ症*
真菌性（例）
 コクシジオマイコーシス
ウイルス性（例）
 犬ジステンパー*
寄生虫性
 猫肺虫（猫）
 住血線虫（犬）
 犬糸状虫（犬）
 Oslerus osleri（犬）
 肺吸虫症
免疫介在性／炎症性
 喘息*（猫）
 慢性気管支炎*（犬）
その他の病態
 吸引性肺炎
 特発性肺線維症
 異物吸引
 喉頭麻痺
 左心房拡大*
 肺葉ヘルニア
 原発性線毛機能不全症

腫瘍
 腺癌
 肺胞癌
 気管支腺癌
 転移性疾患
 扁平上皮癌

肺出血
 凝固障害（q.v.）
 運動誘発性
 腫瘍*
 外傷

肺水腫
 気道閉塞
 心原性*
 感電
 低血糖症

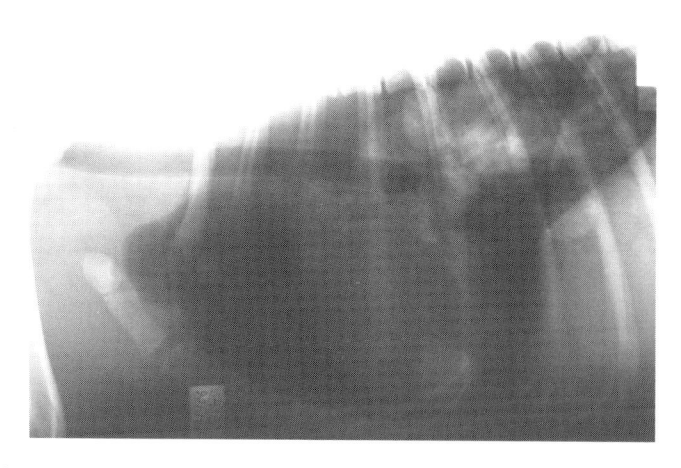

図 1.3　腎腫瘍が肺に転移した犬の胸部 X 線側面像．Downs Referrals,Bristol の許可を得て複製．

低蛋白血症（q.v.）
医原性
ケタミン
神経学的疾患
　・頭部外傷
　・発作
リンパ管排出路の閉塞
原発性の肺胞血管膜損傷
再拡張
薬剤 / 毒素 / 刺激
　塩化ベンザルコニウムの摂取
　化学性煙霧の吸引
　臭化カリウム（犬）
　煙の吸引

参考文献

Adamama-Moraitou, K. K., et al. (2004) Feline lower airway disease: a retrospective study of 22 naturally occurring cases from Greece. *J Feline Med Surg*, 6:227-33.

Brownlie, S. E. (1990) A retrospective study of diagnosis in 109 cases of lower respiratory disease. *JSAP*, 31:371-6.

Chapman, P. S., et al. (2004) Angiostrongylus vasorum infection in 23 dogs (1999-2002). *JSAP*, 45: 435-40.

Coleman, M. G. (2005) Dynamic cervical lung hernia in a dog with chronic airway disease. JVIM, 19:103-5.

Johnson, L. R., et al. (2003) Clinical, clinicopathologic and radiographic findings in dogs with coccidioidomycosis: 24 cases (1995-2000). JAVMA, 222: 461-6.

Kipperman, B. S., et al. (1992) Primary ciliary dyskinesia in a Gordon Setter. *JAAHA*, 28:375-9.

Ogilvie, G. K., et al. (1989) Classification of primary lung tumors in dogs: 210 cases (1975-1985). *JAVMA*, 195:106-8.

Swerczek, T. W. & Lyons, E. T. (2000) Paragonimiasis in a cat in Kentucky. *Vet Med*, 95:909-11.

Welsh, R. D. (1996) Bordetella bronchiseptica infections in cats. *JAAHA*, 32:153-8.

1.3.2 呼吸困難 / 頻呼吸

セクション 2.3.1 を参照

1.3.3 くしゃみおよび鼻からの分泌物

感染性疾患
ウイルス性
    犬ジステンパーウイルス*（犬）
    犬伝染性気管気管支炎*（犬）
    猫カリシウイルス*（猫）
    猫ヘルペスウイルス*（猫）
    猫免疫不全ウイルス*（猫）
    猫白血病ウイルス*（猫）
    猫ポックスウイルス
    猫レオウイルス（猫）
真菌性
    アスペルギルス症
    クリプトコッカス症
    Exophiala jeanselmei
    ペニシリウム属
    フェオヒフォミコーシス症
    Rhinosporidium seeberi
寄生虫性
    ウサギヒフバエ属
    Eucoleus boehmi
    舌虫
    イヌハイダニ
細菌 / マイコプラズマ性
    気管支敗血症菌*
    クラミジア属*
    大腸菌群
    マイコプラズマ属
    パスツレラ属
    スタフィロコッカス属
    ストレプトコッカス属
炎症性
    アレルギー性鼻炎*
    肉芽腫性鼻炎
    リンパ球プラズマ細胞性鼻炎*
    鼻咽頭ポリープ*（猫）
物理的
    異物*
    刺激性ガス
    外傷
腫瘍
    腺癌*
    軟骨肉腫
    線維肉腫
    血管肉腫

リンパ腫*
　　肥満細胞腫
　　メラノーマ
　　神経芽腫
　　骨肉腫
　　扁平上皮癌*
　　可移植性性器肉腫
　　未分化癌*
歯牙疾患
　　歯根膿瘍*
解剖学的変形
　　後天性鼻咽頭狭窄
　　口蓋裂
　　口鼻腔瘻管
先天性
　　線毛機能不全症
全身性（"鼻出血"も参照）
　　凝固障害（q.v.）
　　高血圧（q.v.）
　　過粘稠度症候群
　　血管炎
　　　・エールリヒア症
　　　・ロッキー山紅斑熱

参考文献

Binns, S. & Dawson, S. (1995) Feline infectious upper respiratory disease. *In Practice*, 17:458-61.

Bredal, W. & Vollset, I. (1998) Use of milbemycin oxine in the treatment of dogs with nasal mite (Pneumonyssoides caninum) infection. *JSAP*, 39:126-30.

McEntee, M. C. (2001) Nasal neoplasia in the dog and cat. *Proceedings, Atlantic Coast Veterinary Conference*, 2001.

1.3.4　鼻出血

鼻疾患
物理的
　　外傷*
腫瘍
　　腺癌*
　　軟骨肉腫
　　線維肉腫
　　血管肉腫
　　リンパ腫*
　　肥満細胞腫
　　メラノーマ
　　骨肉腫
　　扁平上皮癌*
　　可移植性性器肉腫
　　未分化癌*
感染性疾患
　　ウイルス性

- 犬ジステンパーウイルス*（犬）
- 犬伝染性気管気管支炎*（犬）
- 猫カリシウイルス*（猫）
- 猫ヘルペスウイルス*（猫）
- 猫免疫不全ウイルス*（猫）
- 猫白血病ウイルス*（猫）

真菌性
- アスペルギルス症
- クリプトコッカス属
- *Exophiala jeanselmei*
- ペニシリウム属
- フェオヒフォミコーシス症
- *Rhinosporidium seeberi*

寄生虫性
- ウサギヒフバエ属
- *Eucoleus boehmi*
- 舌虫
- イヌハイダニ

細菌/マイコプラズマ性
- マイコプラズマ属*
- マスツレラ属*

炎症性
アレルギー性鼻炎*
リンパ球プラズマ細胞性鼻炎*

歯牙疾患
口鼻腔瘻管
歯根膿瘍*

凝固障害（q.v.）
凝固因子欠乏症（q.v.）
血小板疾患
- 血小板症（q.v.）
- 血小板減少症（q.v.）

その他の病態
高脂血症
高血圧症（q.v.）
高粘稠症候群
毛細血管脆弱性増加
血栓塞栓症

参考文献

McEntee, M. C. (2001) Nasal neoplasia in the dog and cat. *Proceedings, Atlantic Coast Veterinary Conference*, 2001.

Strasser, J. L. & Hawkins, E. C. (2005) Clinical features of epistaxis in dogs: a retrospective study of 35 cases (1999-2002). *JAAHA*, 41:179-84.

Whitney, B. L., et al. (2005) Four cats with fungal rhinitis. *J Feline Med Surg*, 7:53-58.

1.3.5 喀 血

肺疾患
肺高血圧

肺血栓塞栓症
感染性疾患
　寄生虫性
　　・猫肺虫（猫）
　　・住血線虫（犬）
　　・肺毛頭虫
　　・犬糸状虫（犬）
　　・ケリコット肺吸虫
　真菌性
　　・ブラストマイコーシス症
　　・コクシジオイディス症
　　・ヒストプラズマ症
　ウイルス性
　　・伝染性気管気管支炎*
　細菌性
　　・ノカルジア症
　　・肺炎*
　　・肺膿瘍
炎症性
　気管支拡張症
　慢性気管支炎*（犬）
　好酸球性肺浸潤
腫瘍
　腺癌
　軟骨肉腫
　転移性腫瘍*
　扁平上皮癌
物理的
　気管支腺癌
　異物
　肺葉捻転
　外傷
心血管系疾患
　肺動静脈瘻
　細菌性心内膜炎
　犬糸状虫症
　肺水腫*（q.v.）
全身性
　凝固因子欠乏症（q.v.）
　血小板症（q.v.）
　血小板減少症（q.v.）
医原性
　診断手技（例）
　　・気管支肺胞洗浄
　　・気管支鏡
　　・肺吸引
　　・経気管洗浄
　気管内挿管*

参考文献

Bailiff, N. L. & Norris, C. R. (2002) Clinical signs, clinicopathological findings, etiology, and outcome associated with hemoptysis in dogs: 36 cases (1990-1999). *JAAHA*, 38:125-33.

Chapman, P. S., et al. (2004) Angiostrongylus vasorum infection in 23 dogs (1999-2002). *JSAP*, 45:435-40.

1.3.6 運動不耐性

心血管系疾患（例）
- 不整脈
- うっ血性心不全*
- チアノーゼ性心疾患（q.v.）
- 心筋不全
- 心室流出路閉塞

呼吸器疾患（q.v.）（例）
- 特発性肺線維症
- 胸水*
- 肺水腫*
- 上部気道閉塞（q.v.）

代謝性／内分泌疾患（例）
- 貧血*
- 甲状腺機能亢進症*（猫）
- 副腎皮質機能低下症（犬）
- 低血糖症（q.v.）
- 低カリウム血症性多発性ミオパシー（q.v.）
- 甲状腺機能低下症*（犬）
- 悪性高体温症

神経筋／骨格筋疾患（例）
- ボツリヌス症
- 頚部ミエロパシー（犬）
- クーンハウンドの麻痺症
- 虚血性ニューロミオパシー*（猫）
- 間欠的な跛行
- 腰仙部痛
- 重症筋無力症
- ミオパシー
  - 先天性
  - 低カリウム血症性
  - 中毒
- 末梢性ニューロパシー（q.v.）
- 多発性関節炎
- 多発性筋炎
- 原虫性筋炎
- ダニ麻痺

薬剤（例）
- 低血圧を起こす薬剤

参考文献

Axlund, T. W. (2004) Exercise induced collapse in dogs. *Proceedings, Western Veterinary Conference*, 2004.

Jacques, D., et al. (2002) A retrospective study of 40 dogs with polyarthritis. *Vet Surg,* 31:428-34.

1.4 皮膚の病歴徴候

1.4.1 瘙 痒

感染性疾患
細菌性
　深部膿皮症*
　浅在性膿皮症 / 湿疹*
　表在性細菌性毛包炎*
真菌性
　カンジダ症
　皮膚糸状菌症*
　マラセジア性皮膚炎*
　ピシウム症
寄生虫性
　ツメダニ症
　毛包虫症*
　ワクモ
　犬糸状虫症
　メジナ虫症
　ノミ*
　鉤虫性皮膚炎
　Lynxacarus radovsky（猫）
　猫条虫（猫）
　ミミダニ（犬）
　イヌミミヒゼンダニ
　シラミ症
　Pelodera dermatitis
　イヌハイダニ（犬）
　疥癬症*（犬）
　住血吸虫症
　ツツガムシ病*
免疫介在性疾患
　薬疹
　円板状紅斑性狼瘡
　全身性紅斑性狼瘡
アレルギー / 過敏症
　アトピー*
　接触性アレルギー*
　食物過敏症*
　ホルモン性過敏症（犬）
　寄生虫性過敏症*（例）
　　・ノミ
　　・蚊
天疱瘡複合群
　紅斑性天疱瘡
　落葉状天疱瘡
　増殖性天疱瘡

尋常性天疱瘡
類天疱瘡

角化異常
アクネ*
特発性顔面皮膚炎
原発性脂漏症
ビタミンA反応性皮膚症

内分泌疾患
皮膚石灰沈着症*
甲状腺機能亢進症（猫）
膿皮症の素因
・副腎皮質機能亢進症
・甲状腺機能低下症*（犬）

環境
接触性刺激性皮膚炎*
日焼け/日光皮膚炎*

腫瘍
皮膚型T細胞性リンパ腫
肥満細胞腫*
菌状息肉腫
二次性膿皮症を伴うその他の腫瘍
腫瘍随伴性瘙痒症

神経学的疾患（例）
水脊髄空洞症

その他
猫過好酸球増加性症候群（猫）
特発性無菌性肉芽腫性皮膚炎
無菌性好酸球性膿疱症
角質下膿疱性皮膚症
色素性蕁麻疹
黒色ラブラドールのウォーターライン病（犬）
亜鉛反応性皮膚症

薬剤/毒素
メチマゾール
パラセタモール

参考文献

Anderson, R. K. & Carpenter, J. L. (1995) Severe pruritus associated with lymphoma in a dog. *JAVMA*, 207:455-6.

Colombini, S. & Dunstan, R. W. (1997) Zinc-responsive dermatosis in northern-breed dogs: 17 cases (1990-1996). *JAVMA*, 211:451-3.

Moriello, K. A. (2004) Acutely pruritic eruptions on a dog's extremities and trunk. *Vet Med*, 99:924-7.

Omodo-Eluk, A. J., et al. (2003) Comparison of two sampling techniques for the detection of *Malassezia pachydermatitis* on the skin of dogs with chronic dermatitis. *Vet J*, 165: 119-21.

Rosser, E. J. (1997) German Shepherd dog pyoderma: a prospective study of 12 dogs. *JAAHA*, 33:355-63.

Saevik, B. K., et al. (2004) *Cheyletiella* infestation in the dog: observations on diagnostic methods and clinical signs. *JSAP*, 45:495-500.

Seavers, A. (1998) Cutaneous syndrome possibly caused by heartworm infestation in a dog. *Aust Vet J*, 76:18-20.

1.5 神経の病歴徴候

1.5.1 発　作

頭蓋内
特発性＊
先天性
　セロイドリポフスチン症
　キアリ様形成異常症
　皮質形成異常症
　水頭症
　頭蓋内くも膜嚢胞
　脳回欠損
　リソソーム貯蔵病
　有機的酸性尿（例）
　　・L-2 ヒドロキシグルタル酸性尿
感染性疾患
細菌性（例）
　ノカルジア症
　パスツレラ属
　スタフィロコッカス属
真菌性
　アスペルギルス症
　ブラストミセス症
　コクシジオイディス症
　クリプトコッカス症
　ヒストプラズマ症
　ムコール菌症
寄生虫性
　ウサギヒフバエ属の迷入移動
　犬糸状虫症
原虫性（例）
　ネオスポラ症（犬）
　トキソプラズマ症
リケッチア性脳炎
　エールリヒア症 / アナプラズマ症
　ロッキー山紅斑熱
ウイルス性
　犬ジステンパー＊（犬）
　犬ヘルペスウイルス（犬）
　東部馬脳炎
　猫免疫不全ウイルス＊（猫）
　猫伝染性腹膜炎＊（猫）
　猫白血病ウイルス＊（猫）
　仮性狂犬病
　狂犬病
炎症性 / 免疫介在性
　品種に特異的な壊死性髄膜脳炎
　ジステンパーワクチン関連性（犬）

好酸球性髄膜脳炎
　　　肉芽腫性髄膜脳脊髄炎*（犬）
　　　ステロイド反応性髄膜脳炎
物理的
　　外傷
腫瘍
原発性頭蓋内
　　星状細胞腫
　　脈絡叢腫瘍
　　脳室上衣細胞腫
　　神経膠腫
　　髄芽細胞腫
　　髄膜腫
　　神経芽細胞腫
　　希乏突起膠腫
局所的な拡大
　　中耳腫瘍
　　鼻／副鼻腔腫瘍
　　下垂体腫瘍
　　頭蓋骨腫瘍
転移性（例）
　　血管肉腫
　　リンパ腫
　　悪性メラノーマ
　　乳腺癌
　　前立腺癌
　　肺癌

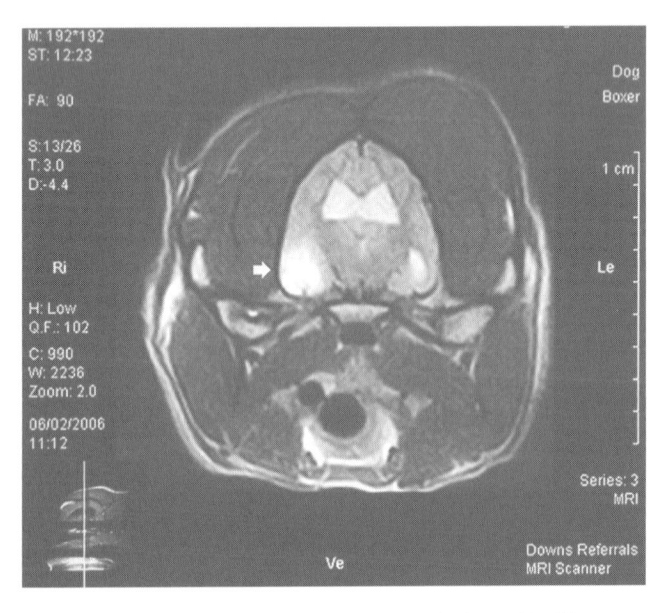

図1.5(a)　神経膠腫（矢印）が疑われたボクサーの脳のT2強調MR断面像．Downs Referrals, Bristolの許可を得て複製・掲載．

奇形腫
血管性
出血（例）
　　凝固障害（q.v.）
　　猫虚血性脳症（猫）
　　高血圧（例）
　　外傷
梗塞（例）
　　血栓塞栓症

頭蓋外

代謝性
　　電解質不均衡*（例）
　　　・高ナトリウム血症（q.v.）
　　　・低カルシウム血症（q.v.）
　　　・低ナトリウム血症（q.v.）
　　肝性脳症*（q.v.）
　　低血糖症（q.v.）
　　腎不全*（q.v.）
栄養性
　　チアミン欠乏症
薬剤／毒素
　　アルファクロラロース
　　イチイ
　　イブプロフェン
　　エチレングリコール
　　カルバミン酸
　　キングサリ
　　グリフォスフェート
　　三環系抗うつ剤
　　塩
　　スイカズラ
　　ストリキニーネ
　　精製鉱油
　　選択的セロトニン再取り込み阻害剤
　　大麻
　　テオフィリン
　　テオブロミン
　　テルフェナジン
　　ドキサプラム
　　鉛
　　バクロフェン
　　ハチ刺傷
　　パラセタモール
　　ヒ素
　　ビタミンD殺鼠剤
　　ピペラジン
　　ピレスリン／ピレスロイド
　　フェノキシ酸除草剤
　　プラスチック爆薬

ホウ砂
メタアルデヒド
メトロニダゾール
ヤドリギ
有機リン酸
ヨード含有性脊髄造影剤
藍藻
リグノカイン
リスペリドン

参考文献
Abramson, C. J., et al. (2003) L-2-Hydroxyglutaric aciduria in Staffordshire Bull Terriers. *JVIM*, 17:551-6.
Barnes, H. L., et al. (2004) Clinical signs, underlying cause, and outcome in cats with seizures: 17 cases (1997-2002). *JAVMA*, 225:1723-6.
Duque, C., et al. (2005) Intracranial arachnoid cysts: are they clinically significant? *JVIM*, 19:772-4.
Farrar, M. D. et al (2005) Eastern equine encephalitis in dogs. *J Vet Diagn Invest*, 17:614-7.
Foster, S. F., et al. (2000) Cerebral cryptococcal granuloma in a cat. *J Feline Med Surg*, 2:201-206.
Gough A. (2004) Possible risperidone poisoning in a dog. *Vet Rec*, 155:156.
Inzana, K. D. (2002) Infectious and inflammatory encephalopathies. *Proceedings, Western Veterinary Conference*, 2002.
Jolly, R. D., et al. (1994) Canine ceroid lipofuscinoses: A review and classification. *JSAP*, 35:299-306.
Kline, K. L., et al. (1994) Feline infectious peritonitis with neurologic involvement: clinical and pathological findings in 24 cats. *JAAHA*, 30:111-9.
O' Toole, T. E., et al. (2003) Cryptococcosis of the central nervous system in a dog. *JAVMA*, 222:1722.
Parent, J. M. & Quesnel, A. D. (1996) Seizures in cats. *Vet Clin North Am Small Anim Pract*. 26:811-25.
Shell, L. G. (1998) Seizures in cats. *Vet Med*, 93:541-52.
Singh, M. (2003) Inflammatory cerebrospinal fluid analysis in cats: clinical diagnosis and outcome. *Proceedings, Australian College of Veterinary Scientists Science Week*, 2003.

1.5.2 振戦／震え

生理的
心弾動図記録*
疲労／虚弱*
恐怖*
環境温度の低下*

神経学的疾患
無生活力
小脳疾患（q.v.）
中枢神経系の炎症性疾患
脳脊髄のミエリン形成減少症およびミエリン形成不全症
コルチコステロイド反応性振戦症候群（"ホワイトドッグシェーカーシンドローム"）
ドーベルマンおよびブルドッグの特発性頭部前屈
腰仙椎疾患（例）
　・椎間板ヘルニア
　・椎間板脊椎炎
　・腫瘍
　・狭窄
リソソーム貯蔵病
神経軸索異栄養症（犬）

神経根の圧迫
　　ニーマン・ピック病（猫）
　　末梢性ニューロパシー（q.v.）
　　原発性起立性振戦
　　老化に伴う障害
　　海綿状脳症
代謝性
　　肝性脳症（q.v.）*
　　副腎皮質機能亢進症/副腎皮質機能低下症（犬）
　　高カリウム血症（q.v.）
　　低カルシウム血症（q.v.）
　　低血糖症（q.v.）
　　原発性上皮小体機能亢進症
　　尿毒症（q.v.）*
薬剤/毒素
　　イチイ
　　イベルメクチン
　　カーバメート
　　カフェイン
　　ガラナ
　　サルブタモール
　　三環系抗うつ剤
　　塩
　　ストリキニーネ
　　精製鉱油
　　ツツジ
　　テオフィリン
　　テオブロミン
　　テルブタリン
　　バクロフェン
　　ピペラジン
　　ピレスリン/ピレスロイド
　　プラスチック爆薬
　　5-フルオロウラシル
　　ブロメタリン
　　ヘキサクロロフェン
　　ベンゾジアゼピン系
　　マイコトキシン
　　マカデミアナッツ
　　マロニエ
　　メキシレチン
　　メタアルデヒド
　　有機塩素化合物
　　有機リン酸
　　藍藻
　　リスペリドン
　　硫酸亜鉛

参考文献

Garosi, L. S., et al. (2005) Primary orthostatic tremor in Great Danes. *JVIM*,19:606-609.

Gough A. (2004) Possible risperidone poisoning in a dog. *Vet Rec*, 155:156.
Hansen, S. R., et al. (2000) Weakness, tremors, and depression associated with macadamia nuts in dogs. *Vet Hum Toxicol*, 42:18-21.
Kallet, A. J. (1991) Primary hyperparathyroidism in cats: Seven cases (1984-1989). *JAVMA*, 199:1767-71.
Munana, K. R., et al. (1994) Neurological manifestations of Niemann-Pick disease type C in cats. *JVIM*, 8:117-21.
Plumlee, K. H. (2004) Poisons in the medicine cabinet. *Proceedings, Western Veterinary Conference*, 2004.
Wagner, S. O., et al. (1997) Generalized tremors in dogs: 24 cases (1984-1995). *JAVMA*, 211:731-35.
Young, K. L., et al. (2003) Tremorgenic mycotoxin intoxication with Penitrem A and Roquefortine in two dogs. *JAVMA*, 222:52-3.

1.5.3　運動失調 / 固有受容感覚欠如

前脳

変性性
　白質ジストロフィー
　リソソーム貯蔵病
　ミトコンドリア脳症
　多系統神経変性
　海綿状変性

先天性
　ダンディ・ウォーカー症候群
　水頭症
　内くも膜嚢胞

代謝性
　電解質 / 酸塩基平衡障害（q.v.）*
　肝性脳症（q.v.）*
　低血糖症（q.v.）
　尿毒症性脳症（q.v.）*

腫瘍
　脈絡叢腫瘍
　類皮嚢胞
　脳室上衣細胞腫
　類表皮嚢胞
　神経膠腫
　リンパ腫
　髄芽細胞腫
　髄膜腫
　転移性腫瘍

免疫介在性 / 感染性疾患
　脳炎（q.v.）
　猫海綿状脳症

血管性
　脳血管系の障害

脳幹 / 中枢性前庭失調

変性性
　リソソーム貯蔵病

先天性
  キアリ様形成異常
  水頭症
  内くも膜嚢胞
代謝性
  電解質異常*（q.v.）
  肝性脳症*（q.v.）
  尿毒症性脳症*（q.v.）
腫瘍
  脈絡叢腫瘍
  類皮嚢胞
  類表皮嚢胞
  神経膠腫
  リンパ腫
  髄芽細胞腫
  髄膜腫
  転移性腫瘍
栄養性
  チアミン欠乏症
免疫介在性/感染性疾患
  猫海綿状脳症（猫）
  髄膜脳炎（q.v.）
外傷
血管性
  脳血管系の障害
薬剤
  メトロニダゾール

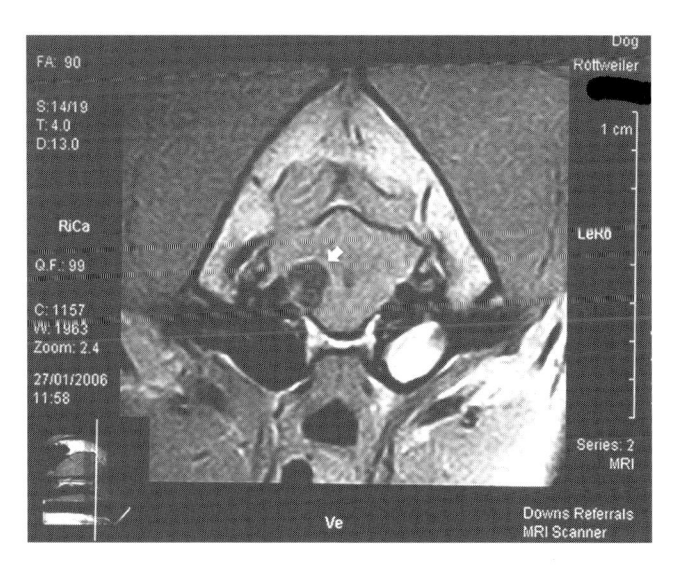

図1.5（b） 脳幹に嚢胞性腫瘍（矢印）が認められる犬のT1強調MRスキャン横断像．対側の鼓室包は高信号性物質で満たされており，この症例では偶発的な所見であった．Downs Referrals, Bristolの許可を得て複製・掲載．

小脳（一般に固有受容感覚欠如を伴わない運動失調）

変性性
　小脳皮質変性
　ガングリオシドーシス
　ジャックラッセルおよびスムースコーテッドフォックステリアの遺伝性運動失調（犬）
　白質脳軟化症（犬）
　神経軸索ジストロフィー（犬）
　ニューロン空胞化および旧小脳変性（犬）
　貯蔵病

先天性
　猫小脳低形成（猫）

代謝性
　チアミン欠乏症

腫瘍
　脈絡叢腫瘍
　類皮嚢胞
　類表皮嚢胞
　神経膠腫
　リンパ腫
　髄芽細胞腫
　髄膜腫
　転移性腫瘍

免疫介在性/感染性疾患（q.v.）
　猫パルボウイルスの子宮内感染（猫）

血管性
　脳血管系の障害（q.v.）

薬剤/毒素
　重金属
　有機リン酸

末梢前庭疾患

先天性
　先天性前庭疾患（例）
　　・リンパ球性迷路炎
　　・非炎症性蝸牛変性

代謝性
　甲状腺機能低下症*（犬）

腫瘍
内耳または中耳の腫瘍（例）
　腺癌
　軟骨肉腫
　線維肉腫
　リンパ腫
　骨肉腫
　扁平上皮癌

免疫介在性/感染性疾患
　鼻咽頭ポリープ*
　中耳炎/内耳炎*
　　・キャバリア・キング・チャールズ・スパニエルの原発性分泌性中耳炎

・外耳炎に続発
特発性
　犬老齢性前庭疾患
　猫特発性前庭疾患
外傷
薬剤/毒素
　アミノグリコシド系
　クロルヘキシジン
　局所用ヨードフォア

脊髄

変性性
　頚部線維性狭窄症
　頚部脊椎脊髄症
　変性性椎間板疾患*（犬）
　変性性脊髄症*
　白質脳軟化症
　腰仙椎疾患
　リソソーム貯蔵病
　神経軸索ジストロフィー
　ニューロン空胞化および旧小脳変性（D）
　その他の白質ジストロフィー
　滑膜嚢胞
先天性
　環椎後頭骨形成不全
　環軸亜脱臼

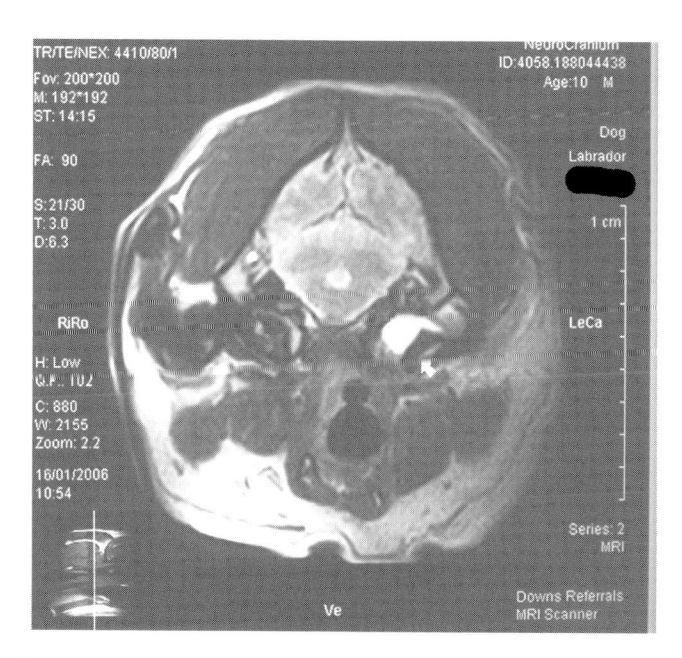

図 1.5（c）　犬の頭部の T2 強調 MR スキャン矢状断面像．中耳炎のために鼓室包に高信号性物質が認められる（矢印）．Downs Referrals, Bristol の許可を得て複製・掲載．

軟骨外骨症
類皮洞
類表皮囊胞
遺伝性脊髄症
髄膜瘤
離断性仙椎骨軟骨炎
仙尾椎発育不全
二分脊椎
脊髄くも膜囊胞
脊椎癒合不全
脊髄水空洞症（犬）
係留脊髄症候群
椎体形成異常（q.v.）

免疫介在性
馬尾神経炎
肉芽腫性髄膜脳脊髄炎[*]
ステロイド反応性髄膜炎―動脈炎

感染性疾患
椎間板脊椎炎
異物
髄膜脊髄炎
脊髄硬膜外蓄膿

特発性
限局性石灰沈着症
汎発性特発性骨増殖症

腫瘍
硬膜外
軟骨肉腫
線維肉腫
血管肉腫
脂肪腫
リンパ腫
悪性神経鞘腫
髄膜腫
転移性疾患
骨髄腫
骨肉腫

硬膜内髄外
悪性神経鞘腫
髄膜腫
転移性

髄内
星状細胞腫
脳室上衣腫
転移性腫瘍
希突起膠腫

栄養性
ビタミンA過剰症
チアミン欠乏症

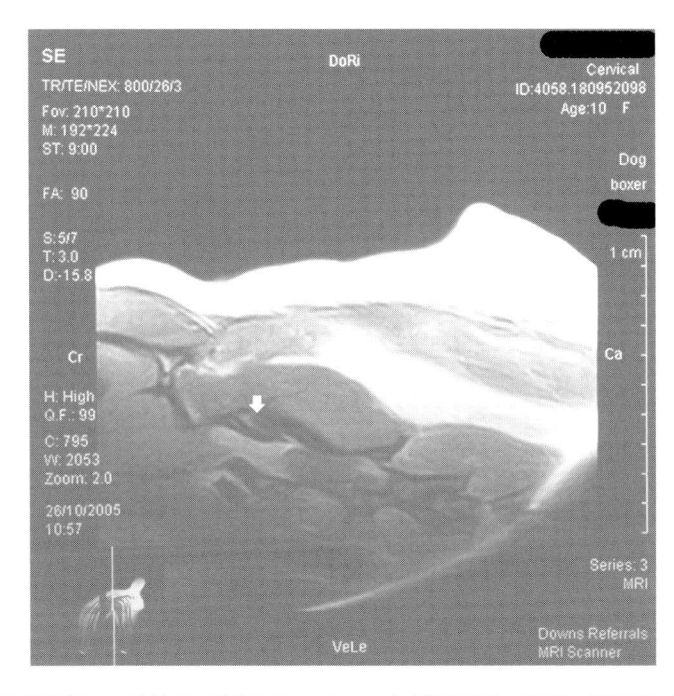

図 1.5（d） 犬の頚部脊髄における T1 強調 MR スキャン矢状断面図．脊髄の髄膜腫（矢印）が認められる．Down Referrals, Bristol の許可を得て複製．

外傷
 腕神経叢断裂
 硬膜断裂
 骨折*
 銃弾創
 脱臼*
 仙尾椎損傷
 外傷性椎間板損傷*
血管性
 線維軟骨性塞栓症*
 移植脂肪壊死
 脊髄軟化症
 脊髄血腫
 脊髄出血
 血管奇形

末梢神経（単または多発性神経症）

変性性
 バーマン猫の遠位部多発性神経症（猫）
 ボクサーの進行性軸索障害（犬）
 ジャーマン・シェパードの巨大軸索神経症（犬）
 球様細胞白質委縮症
 ゴールデン・レトリーバーのミエリン形成減少性多発性神経症（犬）
 アラスカン・マラミュートの遺伝性／特発性多発性神経症（犬）

肥大性神経症
ミエリン減少性多発性神経症
喉頭麻痺―多発性神経症複合群
リソソーム貯蔵病
　・フコース蓄積症
　・球様細胞白質委縮症
　・Ⅳ型グリコーゲン貯蔵病
　・ニーマン・ピック病（猫）
ⅢA型ムコ多糖症（犬）
知覚性神経症（犬）

免疫介在性 / 感染性疾患
慢性炎症性脱髄性多発性神経症
猫白血病ウイルス関連性
多発性神経根神経炎
原虫
知覚性神経節神経根神経炎

腫瘍
リンパ腫
悪性神経鞘腫
骨髄単球性腫瘍
腫瘍随伴性神経症

外傷
咬傷*
医原性
ミサイルによる損傷
牽引による損傷

血管性
虚血性神経筋症*
神経原性跛行

全身性

代謝性
電解質 / 酸-塩基平衡障害*
内分泌疾患（例）
　・糖尿病*
　・甲状腺機能低下症*（犬）
肝性脳症*
副腎皮質機能亢進症性神経症
高乳状脂粒血症
インスリノーマ / 低血糖症

栄養性
ビタミン B_6（ピリドキシン）過剰投与

薬剤 / 毒素
アルファクロラロース
イチイ
イベルメクチン
ウォーカー・ハウンドの単神経障害（モノニューロパシー）
エチレングリコール中毒
カーバメート
グリフォスフェート

コデイン
三環系抗うつ剤
ジクロフェナク
ジクロロフェン
臭化カリウム
スイセン
選択的セロトニン再取り込み阻害剤
大麻
タリウム
テオブロミン
テルフェナジン
ナプロキサン
ニトロスカネート（猫）
バクロフェン
パラコート
パラセタモール
ピペラジン
ピリドキシン（ビタミンB_6）
ビンクリスチン
フェニトイン
フェノキシ酸除草剤
フェノバルビトン
フェンタニルおよびその他の鎮静剤とトランキライザー
ブトルファノール
プラスチック爆弾
プリミドン
ベンゾジアゼピン類
マロニエ
メタアルデヒド
メチオカルブ
メトロニダゾール
有機リン酸
藍藻
ロペラミド

参考文献

Chrisman, C. L. (2000) Polyneuropathies of cats. JSAP, 41:384-9.

Cuddon, P. A. (2002) Canine and Feline Neuropathies. Proceedings, Western Veterinary Conference, 2002.

Davies, D. R. & Irwin, P. J. (2003) Degenerative neurological and neuromuscular disease in young Rottweilers. JSAP, 44:388-94.

Gandini, G., et al. (2003) Fibrocartilaginous embolism in 75 dogs: clinical findings and factors influencing the recovery rate. JSAP, 44:76-80.

Jans, H. E., et al. (1990) An epizootic of peroneal and tibial neuropathy in Walker Hound pups. JAVMA, 197:498-500.

Jeffery, N. (1999) Peripheral neuropathies in small animals. In Practice, 21:10-18.

Jolly, R. D., et al. (2001) Histological diagnosis of mucopolysaccharidosis IIIA in a wire-haired dachshund. Vet Rec, 148:564-7.

Schmid, V., et al. (1992) Dandy-Walker-like syndrome in four dogs: cisternography as a diagnostic aid. JAAHA, 28:355-60.

Stern-Bertholtz, W., et al. (2003) Primary secretory otitis media in the Cavalier King Charles spaniel: a review of 61 cases. *JSAP*, 44:253-56.

1.5.4 不全麻痺 / 麻痺

脊髄疾患
変性性
 アフガンハウンドの遺伝性脊髄症（犬）
 限局性石灰沈着症
 頚部脊椎脊髄症
 変性性椎間板疾患*（犬）
 変性性脊髄症*（犬）
 ラブラドール・レトリーバーの軸索障害（犬）
 腰仙椎疾患
 リソソーム貯蔵病
 ニューロン空胞化および旧小脳変性（犬）
 ロットワイラーの白質脳脊髄症（犬）
 その他の白質ジストロフィー
 滑膜嚢胞
先天性
 環軸亜脱臼
 環椎後頭骨形成不全
 軟骨外骨症
 類皮洞
 類表皮嚢胞
 遺伝性脊髄症
 髄膜瘤
 骨軟骨腫症

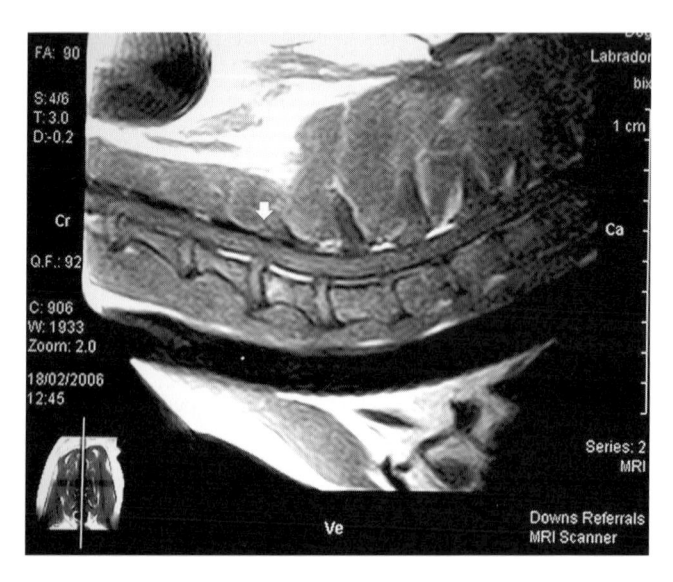

図 1.5（e）　犬の頚部脊髄の T1 強調 MR スキャン矢状断面図．椎間板の突出が認められる（矢印）．Down Referrals, Bristol の許可を得て複製．

仙尾椎発育不全
　　離断性仙椎骨軟骨炎
　　二分脊椎
　　脊髄くも膜嚢胞
　　脊椎癒合不全
　　脊髄水空洞症（犬）
　　椎体形成異常（q.v.）
免疫介在性
　　馬尾神経炎
　　硬膜外肉芽腫
　　肉芽腫性髄膜脳脊髄炎*
　　ステロイド反応性髄膜炎 - 動脈炎
感染性疾患
　　椎間板脊椎炎
　　感染性髄膜脳脊髄炎
　　脊髄硬膜外蓄膿
特発性
　　限局性カルシウム沈着症
　　播種性特発性骨増殖症
腫瘍
硬膜外
　　軟骨肉腫
　　線維肉腫
　　血管肉腫
　　脂肪腫
　　リンパ腫
　　悪性神経鞘腫
　　髄膜腫
　　転移性疾患
　　多発性骨髄腫
　　骨肉腫
　　形質細胞腫
硬膜内髄外
　　悪性神経鞘腫
　　髄膜腫
　　転移性
髄内
　　星状細胞腫
　　脳室上衣腫
　　転移性腫瘍
　　希突起膠腫
栄養性
　　ビタミンA過剰症
　　チアミン欠乏症
外傷
　　腕神経叢断裂
　　硬膜断裂
　　異物
　　骨折*
　　銃弾創

脱臼*
　　　仙尾椎損傷
　　　外傷性椎間板損傷*
血管性
　　　線維軟骨性塞栓症*
　　　移植脂肪壊死
　　　虚血性神経筋症*
　　　脊髄軟化症
　　　神経原性跛行
　　　脊髄血腫
　　　脊髄出血
　　　血管奇形

末梢神経（単または多発性神経症）

変性性
　　　急性特発性多発性神経症
　　　成人運動ニューロン疾患
　　　バーマン猫の遠位部多発性神経症（猫）
　　　ボクサーの進行性軸索障害（犬）
　　　慢性特発性多発性神経根神経症（猫）
　　　遠位脱神経疾患（犬）
　　　ジャーマン・シェパードの巨大軸索神経症（犬）
　　　ゴールデン・レトリーバーのミエリン形成減少性多発性神経症（犬）
　　　アラスカン・マラミュートの遺伝性／特発性多発性神経症（犬）
　　　肥大性神経症
　　　ミエリン減少性多発性神経症
　　　喉頭麻痺―多発性神経症複合群
　　　リソソーム貯蔵病
　　　　　・フコース蓄積症
　　　　　・球様細胞白質委縮症
　　　　　・Ⅳ型グリコーゲン貯蔵病
　　　　　・ニーマン・ピック病（猫）
　　　ⅢA型ムコ多糖症（犬）
　　　ロットワイラーの遠位知覚運動多発性神経症（犬）
　　　ロングヘアー・ダックスフンドの知覚神経症（犬）
　　　脊椎筋委縮症
代謝性
　　　糖尿病性神経症*
　　　高乳状脂粒血症
　　　甲状腺機能低下症性神経症*
　　　原発性高シュウ酸尿症
免疫介在性／感染性疾患
　　　急性特発性多発性神経根神経炎（クーンハウンド麻痺）（犬）
　　　腕神経叢神経炎
　　　慢性炎症性脱髄性多発性神経症
　　　原虫性多発性神経根神経炎
　　　知覚性神経節神経根神経炎
腫瘍
　　　インスリノーマ
　　　リンパ腫

悪性神経鞘腫
骨髄単球性腫瘍
副腫瘍性神経症（q.v.）

外傷
咬傷*
医原性
ミサイル損傷
牽引による損傷

血管性
動脈血栓塞栓症
虚血性神経筋症*
すべりだし窓やガレージドアに関連した外傷性虚血性神経筋症

薬剤／毒素
イベルメクチン
ウォーカーハウンド単神経症（犬）
サリノマイシン中毒（猫）
スイセン
石油製品
大麻
タリウム
バクロフェン
ビタミンK拮抗薬
ピレスリン／ピレスロイド
ビンクリスチン
フェノキシ酸除草剤
マロニエ
メシオカルブ
有機リン酸
藍藻

参考文献

Bergman, P. J., et al. (1994) Canine clinical peripheral neuropathy associated with pancreatic islet cell carcinoma. *Prog Vet Neurol*, 5:57-62.

Braund, K. G., et al. (1997) Idiopathic polyneuropathy in Alaskan Malamutes. *JVIM*, 11:243-9.

Cauzinille, L. & Kornegay, J. N. (1996) Fibrocartilaginous embolism of the spinal cord in dogs: review of 36 histologically confirmed cases and retrospective study of 26 suspected cases. *JVIM*, 10:241-5.

Chrisman, C. L. (2000) Polyneuropathies of cats. *JSAP*, 41:384-389.

Davies, D. R. & Irwin, P. J. (2003) Degenerative neurological and neuromuscular disease in young Rottweilers. *JSAP*, 44:388-94.

Fischer, I., et al. (2002) Acute traumatic hind limb paralysis in 30 cats. *Tierarztl Prax Ausg K Klientiere Heimtiere*, 30:61.

Jans, H. E., et al. (1990) An epizootic of peroneal and tibial neuropathy in Walker Hound pups. *JAVMA*, 197:498-500.

Kraus, K. H., et al. (1989) Paraparesis caused by epidural granuloma in a cat. *JAVMA*, 194:789-90.

1.5.5　昏睡／昏迷（表1.5参照）

頭蓋内疾患

(注意：特に上行性網様体賦活系を障害する中脳から延髄の病変)

変性性
　遺伝性神経変性性疾患
　　・コッカースパニエルの多系統性ニューロン変性（犬）
　　・多系統性染色質溶解性ニューロン変性
　　・海綿状変性
先天性
　水頭症
腫瘍
原発性
　脈絡叢乳頭腫
　神経膠腫
　髄膜腫
　下垂体腫瘍
転移性
　癌
　血管肉腫

表1.5　改良グラスゴー昏睡スケール

症状	レベル	スコア
意識レベル	ときおり，機敏で反応がある	6
	抑うつまたはせん妄状態，不適切な反応	5
	半昏睡，視覚刺激に反応	4
	半昏睡，聴覚刺激に反応	3
	半昏睡，有害刺激のみ反応	2
	昏睡，反応なし	1
運動活性	歩行と反射は正常	6
	片側不全麻痺，四肢不全麻痺	5
	横臥，間欠的な伸筋硬直	4
	横臥，持続的な伸筋硬直	3
	横臥，持続的な伸筋硬直，弓なり緊張	2
	横臥，緊張低下，抑うつ／脊髄反射消失	1
脳幹反射	対光瞳孔反射は正常／生理的眼振	6
	PLRの遅延／生理的眼振は正常または低下	5
	両側性非反応性縮瞳／生理的眼振は正常または低下	4
	ピンポイント状の瞳孔／生理的眼振は低下または消失	3
	片側性非反応性散瞳	2
	両側性非反応性散瞳	1

予後：
スコア3〜8＝不良
スコア9〜14＝要注意
スコア15〜18＝良好

Platt, S.（2005），Evaluation and treatment of the head trauma patient, *In Practice*, 27:31-5の許可を得て複製および掲載．

    リンパ腫
  局所への伸展
    鼻腔腫瘍
    頭蓋骨の骨軟骨腫
  炎症性／感染性疾患（q.v.）
  外傷
    頭部外傷
    頭蓋内出血
    硬膜下血腫
  血管性
    脳血管系の障害
    猫虚血性脳症（猫）
    高血圧（q.v.）
    頭蓋内出血

頭蓋外疾患

代謝性
  電解質異常*（q.v.）
  肝性脳症*
  低血糖症（q.v.）
  甲状腺機能低下症による粘液水腫性昏睡
  尿毒症性脳症*（q.v.）
CNS 灌流障害
  貧血*（q.v.）
  心肺疾患*
  ヘモグロビン関連性中毒
  高粘稠度
  循環血液量減少*
栄養性
  チアミン欠乏症
薬剤／毒素
  アルファクロラロース
  イチイ
  イブプロフェン
  イベルメクチン
  インドメタシン
  エチレングリコール
  カーバメート殺虫剤
  キシリトール
  三環系抗うつ剤
  塩
  ジクロフェナクナトリウム
  大麻
  鉄
  ナプロキサン
  鉛
  バクロフェン
  パラセタモール
  バルビツレート
  ビタミン K 拮抗剤

フェノキシ酸除草剤
ベンゾジアゼピン類およびその他の鎮静剤/麻酔薬
ホウ砂
水
メシオカルブ
メタアルデヒド
メトロニダゾール
有機リン酸
藍藻
ロペラミド

参考文献

Atkinson, K. & Aubert, I. (2004) Myxedema coma leading to respiratory depression in a dog. *Can Vet J,* 45:318-20.

Dunayer, E. K. (2004) Hypoglycaemia following canine ingestion of xylitol-containing gum. *Vet Hum Toxicol,* 46:87-8.

Reidarson, T. H., et al. (1990) Extreme hypernatremia in a dog with central diabetes insipidus: a case report. *JAAHA,* 26:89-92.

1.5.6 行動の変化－全般的な変化

（例：見当識障害，攻撃性の増加，健忘）

頭蓋内疾患（カラー図版 1.5(a) 参照）

変性性
　認知機能不全

先天性
　水頭症
　脳回欠損症
　リソソーム貯蔵病

腫瘍（例）
　神経膠腫
　リンパ腫
　髄膜腫
　転移性疾患
　下垂体性

感染性疾患

ウイルス性
　犬ジステンパー*（犬）
　猫免疫不全ウイルス*（猫）
　猫伝染性腹膜炎*（猫）
　猫白血病ウイルス*（猫）

細菌性

真菌性

原虫性
　ネオスポラ症
　トキソプラズマ症

プリオン
　猫海綿状脳症

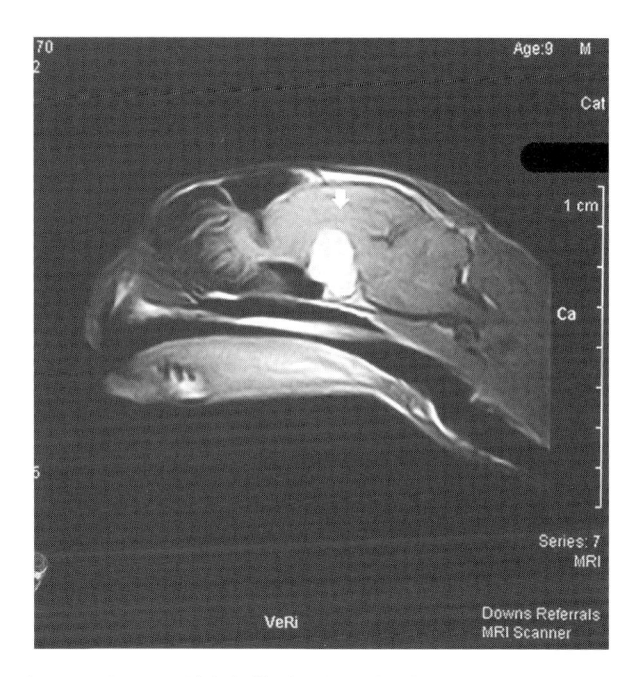

図1.5（f） 猫の脳のガドリニウムT1強調矢状断面像．造影剤によって強調された大型の下垂体腫瘍が認められる（矢印）．Downs Referralsの許可を得て掲載．

炎症性/免疫介在性
　肉芽腫性髄膜脳脊髄炎＊
　ステロイド反応性髄膜炎-動脈炎
物理的
　外傷

頭蓋外疾患

代謝性
　肝性脳症（q.v.）
　低カルシウム血症（q.v.）
　低血糖症（q.v.）
　腎不全（q.v.）
　チアミン欠乏症
薬剤/毒素
　アセプロマジン
　イブプロフェン
　イベルメクチン
　選択的セロトニン再取り込み阻害剤
　セレジリン
　その他の鎮静剤/トランキライザー
　ソルブタモール
　大麻
　テルフェナジン
　フェニルプロパノラミン
　ベンゾジアゼピン類

リスペリドン
精製鉱油

1.5.7 行動の変化－特定の行動学的問題

常同症／強迫性行動
 退屈*
 欲求不満*
 遺伝的素因*
 物理的誘発（例）
  ・肛門嚢疾患（尾追い行動）*
  ・皮膚炎（過剰なグルーミング）*
 神経学的疾患
  ・脳幹病変（q.v.）
  ・前脳疾患（q.v.）
  ・腰仙椎疾患（尾追い行動）
  ・痙攣発作*（q.v.）
  ・知覚神経症（自己断節）
  ・前庭病変（旋回運動）*（q.v.）
 ストレス*

攻撃性
 優位性*
 恐怖*
 低コレステロール血症
 撫でる*
 遊び*
 独占欲*
 捕食*
 テリトリー*

不適切な排尿および排便
 認知機能不全
 恐怖
 胃腸管疾患（q.v.）
 過剰興奮
 トイレ箱関連性
  ・トイレ砂の汚れ
  ・トイレ箱の新しい場所
  ・慣れていないトイレ砂
 分離不安症
 テリトリーマーキング
 尿路疾患（失禁／不適切な排尿を参照）

参考文献

Gough, A. (2004) Possible risperidone poisoning in a dog. *Vet Rec*, 155:156.

Kelly, D. F., et al. (2005) Neuropathological findings in cats with clinically suspect but histologically unconfirmed feline spongiform encephalopathy. *Vet Rec*, 156:472-7.

Jolly, R. D. (1994) Canine ceroid lipofuscinoses: A review and classification. *JSAP*, 35:299-306.

Penturk, S. & Yalcin, E. (2003) Hypocholesterolaemia in dogs with dominance aggression. *J Vet Med A Physiol Pathol Clin Med*, 50:339-42.

Shull, E. A. (1997) Neurologic disorders in aged dogs. *Vet Med*, 97:17-19.

Sorde, A., et al. (1994) Psychomotor epilepsy associated with metastatic thymoma in a dog. *JSAP*, 35:377-80.

1.5.8 難聴

先天性
  聴覚受容器の形成不全／低形成
  水頭症

炎症性／感染性疾患
  外耳炎*（q.v.）
  内耳炎*
  中耳炎*

腫瘍
  頭蓋内
  中耳
  鼻咽頭ポリープ*

機械的
  騒音
  外傷

変性性
  老齢性難聴*（犬）
    ・蝸牛伝導欠如
    ・老齢性小骨または受容器変性

特発性

薬剤／毒素

抗生物質
  アミノグリコシド
  アンピシリン
  アンフォテリシンB
  エリスロマイシン
  グリセオフルビン
  クロラムフェニコール
  コリスチン
  テトラサイクリン
  バシトラシン
  バンコマイシン
  ヒグロマイシンB
  ポリミキシンB
  ミノサイクリン

消毒薬
  エタノール
  塩化ベンザルコニウム
  塩化ベンゼトニウム
  クロルヘキシジン
  セトリミド
  ヨード
  ヨードフォア

抗癌剤
  アクチノマイシン
  シクロフォシファミド

シスプラチン
　　ビンクリスチン
　　ビンブラスチン
利尿剤
　　エタクリン酸
　　ブメタニド
　　フロセミド
金属／重金属
　　金塩
　　水銀
　　トリエチル／トリメチルスズ
　　鉛
　　ヒ素
その他
　　インスリン
　　キニジン
　　サリチル酸塩
　　耳垢溶解剤
　　ジゴキシン
　　ジフェニルヒドラジン
　　ジメチルスルフォキシド
　　臭化カリウム
　　洗剤
　　ダナゾール
　　プレドニゾロン
　　プロピレングリコール

参考文献

Strain, G. W. (1996) Aetiology, prevalence and diagnosis of deafness in dogs and cats. *British Veterinary Journal*, 152:17.

1.5.9　多病巣性神経学的疾患

変性性
　　ミトコンドリア脳症
　　有機酸性尿
　　貯蔵病
先天性
　　水頭症
　　水脊髄空洞症
代謝性
　　肝疾患*（q.v.）
　　高浸透圧症
　　低血糖症（q.v.）
　　甲状腺機能低下症*（犬）
　　腎疾患*（q.v.）
腫瘍
　　白血病
　　リンパ腫
　　転移性腫瘍

栄養性
　チアミン欠乏症
感染性疾患
細菌性
　細菌性脳炎 / 髄膜炎
　破傷風
真菌性
　アスペルギルス症
　ブラストミセス症
　カンジダ症
　コクシジオイデス真菌症
　クリプトコッカス症
寄生虫性
　ウサギヒフバエ属
　トキソカラ症
原虫性
　ネオスポラ症
　トキソプラズマ症
リケッチア性
　エールリヒア症 / アナプラズマ症
　プロトテカ症
　ロッキー山紅斑熱
ウイルス性
　犬ジステンパーウイルス（犬）*
　猫免疫不全ウイルス*（猫）
　猫伝染性腹膜炎*（猫）
　猫白血病ウイルス*（猫）
　ヘルペスウイルス
　パラインフルエンザウイルス
　パルボウイルス*
免疫介在性
　肉芽腫性髄膜脳脊髄炎
　壊死性脳炎
　脊髄血管炎
　ステロイド反応性髄膜炎 - 動脈炎
特発性
　自律神経障害
血管性
　頭蓋内出血
　　・*Angiostrongylus vasorum*
　　・凝固異常
　　・外傷
　　・血管奇形
　高血圧（q.v.）
　脊髄出血
　血栓塞栓症
薬剤 / 毒素
　アルファクロラロース
　イチイ
　イブプロフェン

イベルメクチン
エチレングリコール
カーバメート
キングサリ
グリフォスフェート
三環系抗うつ剤
塩
ジクロロフェン
スイセン
石油製品
選択的セロトニン再取り込み阻害剤
ソルブタモール
大麻
テオブロミン
テルフェナジン
ナプロキサン
バクロフェン
パラセタモール
ビタミン D_2/D_3
ビタミンK拮抗剤
ピペラジン
ピレスリン/ピレスロイド
プラスチック爆弾
ベンゾジアゼピン類
ホウ砂
マロニエ
メタアルデヒド
メチオカルブ
有機リン酸
藍藻
ロドデンドロン

カラー図版 1.5(b) 参照.

参考文献

Koenig, A., et al. (2004) Hyperglycemic, hyperosmolar syndrome in feline diabetics: 17 cases (1995-2001). *J Vet Emerg Crit Care*, 14:30-40.

Thomas, J. B. & Eger, C. (1989) Granulomatous meningoencephalomyelitis in 21 dogs. *JSAP*, 30:287-93.

1.6　病歴による眼の徴候

1.6.1　失明/視覚障害

中枢神経系（CNS）

視神経疾患（例）
　視神経の低形成/無形成
　視神経炎
　視神経を圧迫する占拠性病変
　外傷

脳疾患
先天性（例）
　水頭症
変性性（例）
　神経セロイドリポフスチノーシス
　リソソーム貯蔵病
免疫介在性／感染性疾患（例）
　肉芽腫性髄膜脳脊髄炎
　トキソプラズマ症
代謝性（例）
　肝性脳症（q.v.）
腫瘍（例）
　リンパ腫
　髄膜腫
　下垂体腫瘍
外傷
薬剤／毒素（例）
　イベルメクチン
　鉛
　レバミゾール
　メタアルデヒド
血管性（例）
　脳血管系の障害

眼内／眼周囲

先天性
　眼瞼癒着
　無眼球症
　前眼部発育不全
　コリーアイ奇形
　先天性硝子体混濁化
　角膜類皮腫
　内反症（重度）
　小眼球症
　一次硝子体過形成遺残症
　水晶体血管膜過形成遺残症
　瞳孔膜遺残症
　後眼部欠損症
　硝子体 - 網膜形成不全
網膜疾患
　先天性網膜ジストロフィー
　若年性光受容体ジストロフィー
　　・早期網膜変性
　　・光受容体形成異常
　　・杆状体－錐体形成異常
　　・杆状体形成異常
　昼盲症
　リソソーム貯蔵病
　原発性網膜形成異常
　続発性網膜形成異常

- 特発性／遺伝性
- 子宮内外傷
- 母性感染
- 放射線
- 妊娠中のビタミンA欠乏症

水晶体の異常
　無水晶体症
　白内障
　欠損症
　円錐水晶体／球形円錐水晶体
　小水晶体症
　球状水晶体症

後天性
　前ぶどう膜炎
　白内障＊（q.v.）
　脈絡網膜炎
　慢性表層性角膜炎／パンヌス＊
　慢性ぶどう膜炎＊
　角膜脂質ジストロフィー／変性
　角膜浮腫および内皮機能不全＊
　眼内炎
　内反症
　広汎性進行性網膜変性
　緑内障＊
　高血圧性眼疾患＊
　前房出血
　眼内出血＊
　乾燥性角結膜炎＊
　栄養性網膜変性
　　・タウリン欠乏症
　　・ビタミンA欠乏症
　　・ビタミンE欠乏症
　眼球委縮症（例）
　　・眼球外傷または慢性ぶどう膜炎に続発
　色素性角膜炎
　網膜変性
　網膜剥離＊（q.v.）
　網膜出血
　網膜色素上皮細胞ジストロフィー
　急性後天性網膜変性
　表層性角膜炎
　瞼球癒着
　外傷＊
　潰瘍性角膜炎および角膜瘢痕
　硝子体出血

慢性ぶどう膜炎の続発症＊
　角膜浮腫
　毛様体炎膜
　滲出性網膜剥離
　前房出血

眼内癒着
　　水晶体脱臼
　　眼球委縮症
　　二次性白内障
　　二次性緑内障
　　二次性網膜変性*

参考文献

Sansom, J., et al. (2004) Blood pressure assessment in healthy cats and cats with hypertensive retinopathy. *AJVR*, 65:245-52.

1.6.2　流涙症 / 涙液過剰

涙液排出障害
　　涙嚢炎
　　内反症
　　涙点または小管の無開口 / 閉塞
　　涙小管無形成
　　小さい涙湖

疼痛 / 刺激性の眼疾患

*眼瞼の疾患**
　　眼瞼炎
　　睫毛重生 / 異所性睫毛
　　内反症
　　顔面神経麻痺
　　眼瞼裂傷
　　腫瘍
　　睫毛乱生

眼外疾患
　　副鼻腔の疾患
　　鼻粘膜への機械的または嗅覚刺激

眼内疾患
　　急性ぶどう膜炎
　　水晶体前方脱臼（犬）
　　緑内障
　　外傷

眼表層の疾患
　　結膜炎*
　　角膜潰瘍*
　　異物
　　角膜炎*

*第三眼瞼の疾患**
　　リンパ様過形成
　　腫瘍
　　瞬膜突出
　　第三眼瞼の巻き込み
　　外傷

1.7 病歴による筋骨格系の徴候

1.7.1 前肢の跛行

若齢動物

何れかの部位
　感染性疾患*
　骨幹端骨症
　汎骨炎
　外傷*
　　・軟部組織の挫傷または過度の緊張*
　　・裂傷*
　　・穿孔創*

肩
　腕神経叢断裂
　上腕骨骨折*
　肩甲骨骨折
　関節血症
　関節包断裂
　脱臼（先天性または後天性）
　二頭筋腱の内側変位
　骨軟骨症*（犬）
　敗血症性関節炎*
　肩関節形成不全*
　外傷性関節炎*

肘
　内側上顆断裂
　側副靱帯の裂傷または断裂
　変性性関節疾患*
　肘関節不適合
　上腕骨骨折*
　橈骨骨折*
　尺骨骨折*
　成長板障害
　関節血症
　脱臼（先天性または後天性）
　骨軟骨症（犬）*
　　・内側鉤状突起分離
　　・上腕骨内側上顆の離断性骨軟骨炎
　　・肘突起不癒合
　敗血症性関節炎
　外傷性関節炎*

手根
　手根関節過伸展
　側副靱帯の裂傷または断裂
　変性性関節疾患*
　骨形成不全
　屈筋腱拘縮
　手根骨骨折*

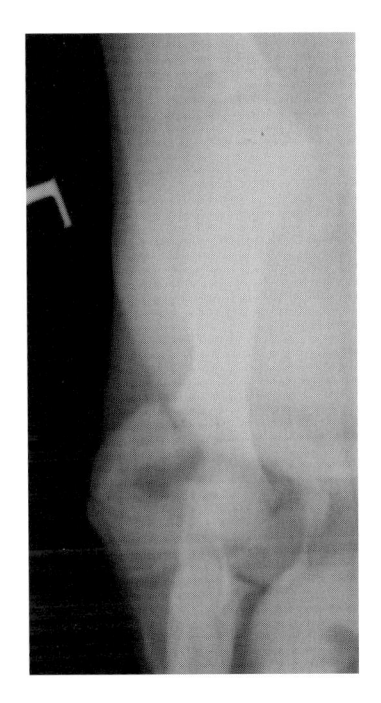

図 1.7　上腕骨外側顆の骨折．Downs Referrals, Bristol の許可を得て掲載．

　中手骨骨折*
　橈骨骨折*
　尺骨骨折*
　成長板障害
　脱臼
　骨軟骨症
　敗血症性関節炎
　剪断性損傷
　亜脱臼
足
　深指屈筋腱の断裂
　浅指屈筋腱の断裂
　爪疾患（q.v.）*
　変性性関節疾患*
　遠位中手骨骨折*
　指節骨骨折*
　外皮の損傷（例）
　　・咬傷
　　・異物
　　・裂傷
　外皮のその他の病変*
　脱臼 / 亜脱臼
　敗血症性関節炎
　種子骨の疾患 / 骨折

成熟動物

何れかの部位
- 感染性疾患*
- 外傷
  - 軟部組織の挫傷または過度の緊張
  - 裂傷
  - 穿孔創

肩
- 二頭筋腱断裂
- 二頭筋腱滑膜炎（犬）
- 変性性関節疾患*
- 上腕骨骨折*
- 肩甲骨骨折*
- 関節血症
- 棘下筋拘縮／その他の筋の拘縮
- 関節包断裂
- 脱臼（先天性または後天性）*
- 二頭筋腱の内側変位
- 腫瘍*（例）
  - 転移性腫瘍
  - 神経根腫瘍
  - 原発性骨腫瘍
  - 軟部組織腫瘍
  - 滑膜肉腫
- 骨軟骨症
- 敗血症性関節炎
- 肩関節形成不全
- 外傷性関節炎*

肘
- 側副靱帯の裂傷または断裂
- 変性性関節疾患*
- 肘関節不適合
- 上腕骨骨折*
- 橈骨骨折*
- 尺骨骨折*
- 関節血症
- 上腕骨顆の不完全骨化
- 脱臼（先天性または後天性）
- 内側骨棘
- 腫瘍*
  - 骨
  - 転移
  - 軟部組織
- 骨軟骨症
- 敗血症性関節炎
- 外傷性関節炎*

手根
- 手根関節過伸展
- 変性性関節疾患*

橈骨骨折*
  手根骨骨折*
  中手骨骨折*
  関節血症
  脱臼または亜脱臼
  腫瘍*
    ・骨
    ・転移
    ・軟部組織
  敗血症性関節炎
  剪断性損傷
  外傷性関節炎*
足
  深および浅指屈筋腱の断裂
  爪疾患（q.v.）
  変性性関節疾患*
  遠位中手骨骨折*
  指節骨骨折*
  種子骨骨折*
  関節血症
  外皮の損傷*（例）
    ・咬傷
    ・異物
    ・裂傷
  外皮のその他の病理学*
  脱臼
  腫瘍
    ・骨
    ・転移
    ・軟部組織
  敗血症性関節炎
  種子骨疾患
  外傷性関節炎*

参考文献

Gilley, R. S., et al. (2002) Clinical and pathologic analyses of bicipital tenosynovitis in dogs. *Am J Vet Res*, 63:402-407.

Mellanby, R. J., et al. (2003) Magnetic resonance imaging in the diagnosis of lymphoma involving the brachial plexus in a cat. *Vet Radiol Ultrasound*, 44:522-5.

Remy, D., et al. (2004) Canine elbow dysplasia and primary lesions in German shepherd dogs in France. *JSAP*, 45:244-48.

1.7.2 後肢の跛行

若齢動物

何れかの部位
  感染性疾患
  骨幹端骨症
  汎骨炎

外傷
- 軟部組織の挫傷または過度の緊張
- 裂傷
- 穿孔創

股関節
大腿骨頭の無血管性壊死（犬）
寛骨臼骨折*
大腿骨骨折*
関節血症
股関節形成不全*
脱臼*
敗血症性関節炎
外傷性関節炎*

膝
後十字靱帯裂傷または断裂
前十字靱帯裂傷または断裂*
大腿脛骨脱臼
大腿骨骨折*
腓骨骨折*
膝蓋骨骨折*
脛骨骨折*
外反膝
関節血症
長趾伸筋腱断裂
半月板損傷*
骨軟骨症*
膝蓋骨靱帯裂傷または断裂
膝蓋骨脱臼
敗血症性関節炎
膝蓋骨過伸展
外傷性関節炎*

飛節
踵骨腱の裂傷，裂創，断裂
側副靱帯断裂
先天性足根骨奇形
脛骨骨折*
腓骨骨折*
中足骨骨折*
足根骨骨折*
腓腹筋腱の裂傷，裂創，断裂
成長板障害
関節血症
脱臼
骨軟骨症*
敗血症性関節炎
剪断性損傷
脛骨形成不全
外傷性関節炎*

足
浅または深趾屈筋腱の断裂

PART 1　病歴徴候　　　79

　　爪疾患（q.v.）*
　　変性性関節疾患*
　　遠位中足骨骨折*
　　指節骨骨折*
　　種子骨骨折
　　関節血症
　　外皮の損傷*（例）
　　　・咬傷
　　　・異物
　　　・裂傷
　　外皮のその他の病変*
　　脱臼
　　敗血症性関節炎
　　種子骨疾患
　　外傷性関節炎*

成熟動物

何れかの部位
　　感染性疾患
　　外傷
　　　・軟部組織の挫傷または過度の緊張
　　　・裂傷
　　　・穿孔創

股関節
　　大腿骨頭の無血管性壊死*
　　変性性関節疾患*
　　寛骨臼骨折*
　　大腿骨骨折*
　　関節血症
　　股関節形成不全*
　　脱臼*
　　骨化性筋炎
　　腫瘍*
　　　・骨
　　　・軟部組織
　　　・転移
　　敗血症性関節炎
　　外傷性関節炎*

膝
　　後十字靱帯裂傷または断裂
　　前十字靱帯裂傷または断裂*
　　変性性関節疾患*
　　大腿脛骨脱臼
　　大腿骨骨折*
　　腓骨骨折*
　　膝蓋骨骨折*
　　脛骨骨折*
　　関節血症
　　長趾伸筋腱断裂
　　半月板損傷*

腫瘍
- 骨
- 軟部組織
- 転移

骨軟骨症*
膝蓋骨靱帯裂傷または断裂
膝蓋骨脱臼*
敗血症性関節炎
膝関節過伸展
外傷性関節炎*

飛節
踵骨腱の裂傷，裂創，断裂
側副靱帯断裂
変性性関節疾患*
腓骨骨折*
脛骨骨折*
中足骨骨折*
足根骨骨折*
腓腹筋腱の裂傷，裂創，断裂
成長板障害
関節血症
脱臼
腫瘍*
- 骨
- 軟部組織
- 転移

骨軟骨症*
敗血症性関節炎
剪断性損傷
浅指屈筋腱脱臼
脛骨形成不全
外傷性関節炎*

足
浅または深趾屈筋腱の断裂
爪疾患（q.v.）*
変性性関節疾患*
遠位中足骨骨折*
指節骨骨折*
種子骨骨折
関節血症
外皮の損傷*（例）
- 咬傷
- 異物
- 裂傷

外皮のその他の病変*
脱臼*
腫瘍*
- 骨
- 軟部組織
- 転移

敗血症性関節炎
種子骨疾患
外傷性関節炎*
外傷性腱滑膜炎

参考文献

Gibbons, S. E., et al. (2006) Patellar luxation in 70 large breed dogs. *JSAP*, 47:3-9.
Piek, C. J., et al. (1996) Long-term follow-up of avascular necrosis of the femoral head in the dog. *JSAP*, 37:12-18.

1.7.3 多発性の関節／肢の跛行

若齢動物

ボレリア症
軟骨形成不全
薬物反応
・スルフォンアミド
・ワクチン
過度の関節弛緩
・コラーゲン欠損
・食事
・外傷
関節血症
骨幹端骨症（犬）
栄養性二次性上皮小体機能亢進症
骨軟骨症*
多発性関節炎
敗血症性関節炎
ウイルス性関節炎

成熟動物

ボレリア症
軟骨形成不全
変性性関節疾患*
薬物反応
・スルフォンアミド
・ワクチン
過度の関節弛緩
・コラーゲン欠損
・食事
・外傷
関節血症
上皮小体機能亢進症
神経筋疾患
骨軟骨症*
栄養性（例）
・ビタミンA過剰症
・銅欠乏症
骨膜増殖性関節炎

多発性関節炎
敗血症性関節炎
全身性紅斑性狼瘡
ウイルス性関節炎

参考文献
Cohen, N. D., et al. (1990) Clinical and epizootiologic characteristics of dogs seropositive for Borrelia burgdoferi in Texas: 110 cases (1988). *JAVMA*. 197:893-98.

1.8　病歴による生殖器系の徴候

1.8.1　無発情

性染色体の異常
胚の早期死亡（q.v.）
特発性
免疫介在性卵巣炎
不十分な発情徴候*
発情徴候の不適切な観察*
不十分な光周期（猫）
泌乳期の無発情*
汎下垂体機能低下症
身体／競技トレーニング
質の悪い食事
思春期前*
過去の卵巣摘出術*
偽半陰陽
偽妊娠*
季節性無発情（猫）*
社会的要因
自然排卵
不妊交配
真性半陰陽

併発
副腎皮質機能亢進症
副腎皮質機能低下症（犬）
甲状腺機能低下症*（犬）
体調の不良

医原性
同化ホルモン
アンドロゲン
グルココルチコイド
プロゲステロン

卵巣疾患
卵巣無形成
卵巣の嚢胞および腫瘍
　・顆粒膜—包膜細胞腫瘍
　・黄体嚢胞
　・卵巣委縮を起こすその他の腫瘍または嚢胞
卵巣低形成

老齢性卵巣機能不全
ストレス＊
頻繁な品評会
頻繁な旅行
密飼い
過剰な温度

参考文献

Chastain, C. B., et al. (2001) Combined pituitary hormone deficiency in German Shepherd dogs with dwarfism. *Sm Anim Clin Endocrinol*, 11:1-4.

Little, S. (2001) Uncovering the cause of infertility in queens. *Vet Med*, 96:557-68.

Switonski, M., et al. (2003) Robertsonian translocation (8;14) in an infertile bitch (*Canis familiaris*). *J Appl Genet*, 44:525-7.

1.8.2　不規則な性周期

発情前期に続く無発情期
質の悪い食事
次の発情前期までの間隔が短縮（後述）
ストレス
肉眼的な発情徴候の減弱
併発疾患＊
薬剤＊
・同化ホルモン
・アンドロゲン
・グルココルチコイド
・プロゲステロン
発情前期 / 発情期の延長
副腎のエストロゲン産生過剰（猫）
卵胞嚢胞＊
肝疾患
卵胞成長周期の融合（猫）
若い雌では正常＊
医原性
交配後の妊娠阻止薬の使用
外因性性腺刺激ホルモン
卵巣腫瘍
腺癌
嚢胞腺腫
顆粒膜細胞腫瘍
発情行動の持続
真のホルモン性発情によらない発情徴候
腟内異物
腟腫瘍
腟炎＊
外陰炎＊
次の発情前期までの間隔短縮
卵胞嚢腫
発情前期の頻繁な発現
卵巣機能不全

無発情期の短縮
分裂発情
医原性
ブロモクリプチン
カベルゴリン
プロスタグランジン
次の発情前期までの間隔延長
犬種によっては正常
甲状腺機能低下症*（犬）
特発性
卵巣の嚢胞または腫瘍
重度の全身性疾患
徴候を伴わない発情

参考文献

Little, S. (2001) Uncovering the cause of infertility in queens. *Vet Med*, 96:557-68.

1.8.3 正常に発情する雌犬の不妊症

交尾達成の失敗
雄側の要因*（q.v.）
腟前庭および腟の先天的欠損
半陰陽
腟中隔
腟前庭狭窄
外陰部絞窄
後天性腟疾患
異物
分娩後線維症
可移植性性器肉腫
腟過形成*
腟腫瘍
腟潰瘍
排卵不全
特発性（犬）
不適切な交配回数（猫）
不正確な交配タイミング（猫）
その他
子宮頸部管狭窄
嚢胞性子宮内膜過形成*
胚の早期喪失（q.v.）
子宮内膜炎
ヘルペスウイルス
黄体機能低下症
交配/受精の不正確なタイミング
不妊症の雄
卵管または子宮口の閉鎖
中腎傍管の分節性無形成
ストレス
子宮内ポリープ

子宮腫瘍

参考文献

Freshman, J. L. (2002) The dam's the thing: care of the pregnant bitch. *Proceedings, ACVIM,* 2002.
Kyles, A. E., et al. (1996) Vestibulovaginal stenosis in dogs: 18 cases (1987-1995). *JAVMA,* 209:1889-93.
Miller, M. A., et al. (2003) Uterine neoplasia in 13 cats. *J Vet Diagn Invest,* 15:515-22.
Root, M. V., et al. (1995) Vaginal septa in dogs: 15 cases (1983-1992). *JAVMA,* 206:56-8.

1.8.4 雄の不妊症

性欲の欠如
年齢関連性
　思春期前*
　老化*
行動
　未経験*
　過去の交配時の悪い経験*
　性的興味を示さないためのトレーニング*
管理上
　過度の使用*
併発/全身性（例）*
　副腎皮質機能低下症
　性腺機能低下症
　甲状腺機能低下症*（犬）
精巣疾患
　特発性精巣変性
　精巣炎
　セルトリ細胞腫
薬剤
　同化ステロイド
　シメチジン
　グルココルチコイド
　ケトコナゾール
　エストロゲン
　テストステロンの過剰使用
　黄体ホルモンの作用を示す物質（プロジェスターゲン）
食事
　栄養不良
　肥満*
雌に交尾できない
　前立腺疾患（q.v.）
*整形外科的疾患**
　股関節
　脊椎
　膝関節
交尾達成の失敗
　雌側の要因（q.v.）
先天性（例）
　二陰茎体
　陰茎低形成

陰茎小帯遺残
　　包皮狭窄
　　偽半陰陽
後天性
　　陰茎／包皮の腫瘍
　　包茎
　　陰茎／包皮の外傷
　　尿道閉塞とそれに続く血腫
その他
　　不完全勃起
　　不十分な推進
　　　・経験*
　　　・社会化が不十分*
　　　・陰茎骨が短い
　　　・大きさの不一致
　　　・外傷（腺の知覚鈍麻）
　　経験の犬における完全勃起の早期達成*
　　早期の勃起消失*

正常な交配（複数回の場合を含む）を達成した状況での受精能欠如

不完全な射精または射精不全
　　交配時の不快感またはストレス*
　　不十分な結合*
　　逆流性射精
　　　・交感神経系障害
　　　・尿道括約筋機能不全

精子の数または質の低下／欠如

アーティファクト
　　採取／分析法の失宜*
先天的欠如
　　潜伏精巣
　　精子形成の遺伝的異常
　　　・染色体異常（例）
　　　　○ XXY症候群（犬）
　　　　○ 38,XY/57,XXY（猫）
　　　・線毛運動性低下（カルタゲナー症候群）
　　管系の分節性無形成
　　精巣低形成
後天的欠損
　　無精子症または異常な精子／精液の原因となる感染症
　　　・亀頭包皮炎
　　　・精巣上体炎
　　　・精巣炎
　　　・前立腺炎
　　　・尿道炎
　　精巣温度の上昇
　　　・化学療法剤（例）
　　　　○ クロラムブシル
　　　　○ シスプラチン
　　　　○ シクロフォスファミド
　　　・環境温度の上昇

- 高体温症
- 医原性
- 反対側精巣の精巣炎
- その他の薬剤
  - 同化ステロイド
  - アンドロゲン
  - グルココルチコイド
- 放射線療法 / 過剰な X 線
- 陰嚢皮膚炎

局所的外傷
- 犬同士の咬傷
- 蹴る / 殴打
- 裂傷

精巣腫瘍
過度の使用*
疼痛*
思春期前*
逆流性射精
毒素

参考文献

Axner, E., et al. (1996) Reproductive disorders in 10 domestic male cats. *JSAP,* 37:394-401.

Kyles, A. E., et al. (1996) Vestibulovaginal stenosis in dogs: 18 cases (1987-1995). JAVMA, 209:1889-93.

Metcalfe, S. S., et al. (1999) Azoospermia in two Labrador retrievers. *Aust Vet J,* 77:570-73.

Neil, J. A., et al. (2002) Kartagener's syndrome in a Dachshund dog. *JAAHA*, 38:45-9.

Olson, P. N., et al. (1992) Clinical and laboratory findings associated with actual or suspected azoospermia in dogs: 18 cases (1979-1990). *JAVMA*, 201:478-82.

1.8.5　腟 / 外陰部の分泌物

偽妊娠*
子宮蓄膿症*
子宮断端蓄膿症*
腟または子宮の腫瘍
腟炎*
外陰炎*

1.8.6　流　産

感染性疾患
- *Brucella canis*（犬）
- 犬アデノウイルス（犬）
- 犬ジステンパーウイルス（犬）*
- 犬ヘルペスウイルス
- *Chlamydophila psittaci*（猫）
- エールリヒア症
- 猫ヘルペスウイルス（猫）*
- 猫伝染性腹膜炎（猫）*
- 猫白血病ウイルス（猫）*

猫汎白血球減少症（猫）*
リーシュマニア症
トキソプラズマ症
習慣性流産
　異常な子宮環境（例）
　　・嚢胞性子宮内膜過形成
　黄体機能不良
薬剤（例）
　カベルゴリン
　コルチコステロイド
　プロスタグランジン

参考文献

Dubey, J. P., et al. (2005) Placentitis associated with leishmaniasis in a dog. *JAVMA*, 227:1266-9.
Sainz, A. (2002) Clinical and therapeutic aspects of canine ehrlichiosis. *Proceedings, WSAVA Congress*, 2002.
Wanke, M. M. (2004) Canine brucellosis. *Anim Reprod Sci*, 8283:195-207.

1.8.7　難　産

母性側の原因

陣痛微弱

原発性陣痛微弱
　子宮筋への脂肪浸潤
　ホルモン欠乏症
　低カルシウム血症*（q.v.）
　遺伝
　母親の全身性疾患
　子宮筋の伸展過度（例）
　　・過剰な子宮内液
　　・大きい胎子*
　　・胎子数が多い
　質の悪い食事
　老年性変化*
　シングルパピー症候群*

続発性陣痛微弱
　子宮筋の消耗*
　　・産道閉塞*
　　・分娩時間の延長

産道の閉塞
　先天性子宮形成異常
　　・子宮頚管無形成
　　・子宮体無形成
　　・子宮角無形成
　産道の線維化
　骨盤腔の狭窄
　　・先天性
　　・骨折*
　　・未成熟*

腫瘍
子宮位置異常
子宮破裂
子宮捻転
腟中隔

胎子側の原因

過大胎子
身体的には正常だが大型の子犬*
奇形胎子
・二重胎子
・水頭症
・水腫

胎位異常*
前肢の後方屈曲
殿位
頭部の側方または下方変位
後位
横位
2頭の胎子が同時に（子宮口へ）先進

参考文献
Ekstrand, C. & Linde-Forsberg, C. (1994) Dystocia in the cat: A retrospective study of 155 cases. *JSAP*, 35:459-64.

Romagnoli, S., et al. (2004) Prolonged interval between parturition of normal live pups in a bitch. *JSAP*, 45:249-53.

Walett Darvelid, A. & Linde-Forsberg, C. (1994) Dystocia in the bitch: A retrospective study of 182 cases. *JSAP*, 35:402-407.

1.8.8 新生子死亡

先天性*（例）
先天性心疾患
水頭症
甲状腺機能低下症

感染性疾患*（例）
猫カリシウイルス*
猫ヘルペスウイルス*
猫伝染性腹膜炎*
猫パルボウイルス*
敗血症

母性側／管理上の要因*
窒息
先天奇形または外観上望ましくない特徴による安楽死
低血糖症（q.v.）（例）
・敗血症に続発
低体温症
不十分な泌乳
不良な環境（例）
・通風

・温熱
劣悪な衛生状態
母性的ケアの欠如
繁殖用動物の不適切な栄養／健康状態

その他
フェイディングパピーシンドローム*
出生時の低体重
新生子同種溶血
死産

参考文献

Cave, T. A., et al. (2002) Kitten mortality in the United Kingdom: a retrospective analysis of 274 histopathological examinations (1986-2000). *Vet Rec,* 151:497-501.

Gelens, H. (2003) Fading neonates and failure to thrive. *Proceedings, Western Veterinary Conference,* 2003.

Nielen, A. L., et al. (1998) Investigation of mortality and pathological changes in a 14-month birth cohort of Boxer puppies. *Vet Rec,* 142:602-606.

1.9 病歴による泌尿器系の徴候

1.9.1 頻尿／排尿困難／有痛性排尿困難

正常な尿
行動*
特発性排尿筋-尿道共同運動障害
神経筋系

血尿，膿尿または細菌尿を伴う
糖尿病*
猫下部尿路系疾患*（猫）
副腎皮質機能亢進症／コステロイド療法
医原性障害
浸潤性尿道疾患
腫瘍
神経筋障害
前立腺疾患
腎疾患*（q.v.）
構造異常
外傷／膀胱破裂
尿石症*

感染性疾患
細菌性
真菌性
マイコプラズマ性
ウイルス性

参考文献

Diaz Espineira, M. M., et al. (1998) Idiopathic detrusorurethral dyssynergia in dogs: a retrospective analysis of 22 cases. *JSAP,* 39:264-70.

Macintire, D. K. (2004) Feline dysuria. *Proceedings, Western Veterinary Conference,* 2004.

Moroff, S. D., et al. (1991) Infiltrative urethral disease in female dogs: 41 cases (1980-1987). *JAVMA,*

199:247-51.

1.9.2　多尿 / 多飲（完全な鑑別は 1.1.1 を参照）

食事
ADH 受容体の先天的欠如
電解質異常
内分泌疾患
肝胆管疾患
視床下部疾患
感染性疾患
腫瘍*
心膜液
生理的
多血症
心因性
腎障害
薬剤 / 毒素

1.9.3　無尿 / 乏尿

腎前性
　脱水*
　副腎皮質機能低下症（犬）
　ショック（策心参照）*
腎性
　急性腎不全（q.v.）
　慢性腎不全*
　　・急性
　　・慢性
　　・末期
腎後性
　前立腺疾患*
　尿道攣縮
腫瘍
　膀胱
　尿路系外
　尿道
外傷
　尿管断裂
　膀胱 / 尿道の破裂
*尿石症**
　腎結石
　尿管結石
　膀胱または尿道の結石

1.9.4　血　尿

生理的
　発情前期

腎疾患
  囊胞
  糸球体腎炎
  医原性
    ・バイオプシー
    ・細針吸引
  特発性腎性血尿
  梗塞（例）
    ・播種性血管内凝固
  腫瘍*
  寄生虫
    ・腎虫
  腎盂腎炎
  腎毛細管拡張症
  外傷
  尿石症*

尿管，膀胱および尿道の疾患
  猫下部尿路疾患*
  医原性
    ・膀胱穿刺*
    ・カテーテルの無理な挿入*
  腫瘍
  寄生虫
    ・毛頭虫
  ポリープ
  外傷*
  尿道炎
  尿石症*
  薬剤
    ・シクロフォスファミド

前立腺疾患
  膿瘍
  良性前立腺過形成*（犬）
  囊胞
  腫瘍
  前立腺炎*

子宮疾患
  子宮炎
  腫瘍
  子宮蓄膿症*
  復古不全*

腟疾患
  腫瘍
  外傷

陰茎疾患
  腫瘍
  外傷

泌尿生殖器以外の疾患
  凝固障害（q.v.)
  熱射病

薬剤 / 毒素
・パラセタモール
偽血尿（血尿と関連しない赤色尿）
ビリルビン尿（q.v.）
食物色素
・ブラックベリー
・ビート
・ダイオウ
ヘモグロビン尿（q.v.）
ミオグロビン尿（q.v.）
フェナゾピリジン
フェノールフタレイン
フェノチアジン

参考文献
Charney, S. C., et al. (2003) Risk factors for sterile hemorrhagic cystitis in dogs with lymphoma receiving cyclophosphamide with or without concurrent administration of furosemide: 216 cases (1990-1996). *JAVMA*, 222:1388-93.
Holt. P. E., et al. (1987) Idiopathic renal haemorrhage in the dog. *JSAP*, 28:253-63.
Moroff, S. D., et al. (1991) Infiltrative urethral disease in female dogs: 41 cases (1980-1987). *JAVMA*, 199:247-51.
Moses, P. A., et al. (2002) Polypoid cystitis in a dog. *Aust Vet Pract*, 32:12-32.
Munday, J. S., et al. (2004) Renal osteosarcoma in a dog. *JSAP*, 45:618-22.

1.9.5 尿失禁 / 不適切な排尿

膀胱拡張を伴う
排尿筋アトニー
　膀胱の過度な拡張
　自律神経障害
　下位運動ニューロン疾患
　膀胱壁への腫瘍性浸潤
　上位運動ニューロン疾患
部分的な物理的閉塞
　肉芽腫性尿道炎
　腫瘍
　前立腺疾患*
　会陰ヘルニア内への膀胱反転
　尿道の線維化 / 狭窄
　尿石症*
　前庭腟狭窄
機能的閉塞
　反射性共同運動失調*
　上位運動ニューロン疾患
　尿道炎症*
　尿道痛
膀胱拡張を伴わない
膀胱収縮過剰
　慢性部分閉塞*
　不安定膀胱

炎症*
腫瘍
膀胱貯留の低下
線維化
低形成
腫瘍
尿道括約筋機能不全
先天性
ホルモン反応性*
半陰陽
前立腺疾患*
尿道炎症*
尿道腫瘍
尿路感染症*
その他
異所性尿管
尿管瘤
尿石症
医原性
・尿管腟瘻管形成
行動
多飲/多尿からの続発

参考文献

Aaron, A., et al. (1996) Urethral sphincter mechanism incompetence in male dogs: a retrospective analysis of 54 cases. *Vet Rec*, 139:542-6.

Holt, P. E. & Moore, A. H. (1995) Canine ureteral ectopia: an analysis of 175 cases and comparison of surgical treatments. *Vet Rec*, 136:345-9.

Hotston-Moore, A. (2001) Urinary incontinence in adult bitches: 2. Differential diagnosis and treatment. *In Practice*, 23:588-95.

McLoughlin, et al. (1989) Canine ureteroceles: A case report and literature review. *JAAHA*, 25:699-706.

PART 2
身体徴候

2.1 一般的/その他の身体徴候

2.1.1 体温の異常−高体温症

真の発熱

感染性疾患
細菌性
　局所性（例）
　　・膿瘍＊（例）
　　　◦歯根
　　　◦肺
　　　◦後眼球
　　・蜂巣炎＊
　　・胆管肝炎
　　・膀胱炎
　　・歯牙疾患＊
　　・椎間板椎体炎
　　・心内膜炎
　　・胃腸管感染症＊
　　・子宮炎＊
　　・骨髄炎＊
　　・腹膜炎＊
　　・肺炎＊
　　・前立腺炎＊
　　・腎盂腎炎
　　・子宮蓄膿症/子宮断端蓄膿症＊
　　・膿胸＊
　　・敗血症性関節炎＊
　　・尿路感染症＊
　全身性/多病巣性（例）
　　・バルトネラ症
　　・ブルセラ症（犬）
　　・レプトスピラ症＊
　　・ライム病
　　・ミコバクテリウム属
　　・ペスト
　　・化膿性病巣による敗血症
真菌性（例）
　アスペルギルス症
　ブラストミセス症
　コクシジオイデス症

クリプトコッカス症
　　ヒストプラズマ症
寄生虫性（例）
　　蠕虫の異所性迷入
　　バベシア症
　　シャーガス病
　　Cytauxzoon felis（住血胞子虫）
　　犬糸状虫症
　　ヘモバルトネラ症
　　ヘパトゾーン症
　　リーシュマニア症
原虫性（例）
　　ネオスポラ症（犬）
　　トキソプラズマ症
リケッチア性（例）
　　エールリヒア症
　　ロッキー山紅斑熱（犬）
　　サーモン中毒
ウイルス性（多い）（例）
　　猫カリシウイルス＊（猫）
　　猫ヘルペスウイルス＊（猫）
　　猫免疫不全ウイルス＊（猫）
　　猫伝染性腹膜炎＊（猫）
　　猫白血病ウイルス＊（猫）
　　猫汎白血球減少ウイルス＊（猫）
　　犬ジステンパーウイルス＊（犬）
　　犬肝炎ウイルス＊（犬）
　　犬パラインフルエンザウイルス＊（犬）
　　犬パルボウイルス＊（犬）
免疫介在性
　　自己免疫性皮膚疾患
　　　・水疱性類天疱瘡
　　　・円板状紅斑性狼瘡
　　　・紅斑性天疱瘡
　　　・落葉状天疱瘡
　　　・尋常性天疱瘡
　　薬物反応
　　エバンス症候群
　　家族性腎アミロイドーシス
　　肉芽腫性髄膜脳脊髄炎
　　免疫介在性溶血性貧血＊
　　免疫介在性関節疾患＊
　　　・特発性
　　　・骨膜増殖性関節炎
　　　・多発性関節炎／髄膜炎
　　　・多発性関節炎／多発性筋炎
　　　・リウマチ様関節炎
　　　・全身性紅斑性狼瘡
　　免疫介在性血小板減少症
　　天疱瘡

形質細胞 - リンパ球性膝関節炎
　　　結節性多発性動脈炎
　　　多発性筋炎
　　　全身性紅斑性狼瘡
免疫不全症候群
特定の免疫欠損（例）
　　　無ガンマグロブリン血症
　　　C3 欠損症
　　　犬白血球接着不全
　　　致死性肢端皮膚炎
　　　ワイマラナーの免疫グロブリン低下（犬）
　　　ワイマラナーの好中球欠損（犬）
　　　ミニチュア・ダックスフンドのニューモシスティス肺炎（犬）
　　　一過性低ガンマグロブリン血症
　　　選択的 IgA 欠損症
　　　選択的 IgM 欠損症
　　　重度の合併症を伴う免疫不全
非特異的な免疫欠損
　　　プードルの骨髄異常（犬）
　　　犬の周期性造血（犬）
　　　犬の顆粒球異常症候群（犬）
　　　チェディアック-東症候群（猫）
　　　補体欠損症（犬）
　　　胸腺無形成を伴う貧毛症（猫）
　　　線毛不動症候群
　　　ペルゲル - フエット奇形
二次性免疫不全症
　　　内分泌疾患
　　　　・副腎皮質機能亢進症
　　　感染性疾患（例）
　　　　・犬ジステンパーウイルス＊（犬）
　　　　・毛包虫症＊
　　　　・猫免疫不全症候群＊（猫）
　　　　・猫白血病ウイルス＊（猫）
　　　　・パルボウイルス
　　　代謝性
　　　　・尿毒症
　　　腫瘍
　　　　・造血器系
　　　栄養性
　　　　・亜鉛欠乏症
　　　薬物
　　　　・コルチコステロイド
　　　　・免疫抑制療法
腫瘍
　　　リンパ腫＊
　　　リンパ増殖性疾患
　　　悪性組織球症
　　　骨髄増殖性疾患
　　　固形腫瘍＊

組織損傷 *
　手術 *
　外傷 *
その他
　代謝性骨障害
　　・ビタミン A 過剰症（猫）
　　・骨幹端骨症
　　・栄養性二次性上皮小体機能亢進症
　　・汎骨炎
　脂肪織炎（猫）
　門脈体循環シャント
　原因不明の真性発熱
熱の不十分な消散
　熱射病 *
　異常高熱症候群
筋活動の増加
　発作性筋波動症
　低カルシウム血症性テタニー（q.v.）
　正常な運動 *
　疼痛
　痙攣 *（q.v.）
　ストレス
病的高体温症
　代謝亢進状態
　　・甲状腺機能亢進症 *（猫）
　　・クロム親和性細胞腫
　視床下部の病変
　悪性高体温症
薬剤 / 毒素
　アスピリン
　アンフォテリシン B
　イチイ
　イベルメクチン
　インドメタシン
　塩化ベンザルコニウム
　オキシテトラサイウリン
　カーバメート
　クサリヘビ毒
　グリフォスフェート
　ジクロフェナクナトリウム
　ジクロロフェン
　ジノプロストトロメタミン
　スイセン
　精製鉱油
　ソルブタモール
　大麻
　テオブロミン
　パラコート
　パラセタモール
　ピレスリン / ピレスロイド

フェニトイン
プロカインアミド
ペニシラミン
ベンゾジアゼピン類
ポインセチア
ホウ砂
膜翅目（ハチ目）刺傷
マロニエ
メタアルデヒド
有機リン酸

2.1.2 体温の異常－低体温症

薬剤／毒素
アクファクロラロース
イチイ
イベルメクチン
エチレングリコール
スイセン
全身麻酔
大麻
鎮静剤
バクロフェン
パラセタモール
ベンゾジアゼピン
ロペラミド

その他
大動脈血栓塞栓症＊（猫）
心疾患＊（q.v.）
昏睡（q.v.）
寒冷環境＊
副腎皮質機能低下症（犬）
視床下部の障害
甲状腺機能低下症＊（犬）
熱射病後の体温調節能喪失
溺水
重度敗血症／内毒素血症＊

参考文献

Bennet, D. (1995) Diagnosis of pyrexia of unknown origin. *In Practice*, 17:470-81.

Bohnhorst, J. O., et al. (2002) Immune-mediated fever in the dog. Occurrence of antinuclear antibodies, rheumatoid factor, tumor necrosis factor and interleukin-6 in serum. *Acta Vet Scand*, 43:165-71.

Bosak, J. K. (2004) Heat stroke in a great Pyrenees dog. *Can Vet J*, 45:513-15.

Donaldson, C. W. (2002) Marijuana exposure in animals. *Vet Med*, 97:437-9.

Dunn, K. J. & Dunn, J. K. (1998) Diagnostic investigations in 101 dogs with pyrexia of unknown origin. *JSAP*, 39:574-80.

Foale, R. D. (2003) Retrospective study of 25 young weimaraners with low serum immunoglobulin concentrations and inflammatory disease. *Vet Rec*, 153:553-8.

German, A. J., et al. (2003) Sterile nodular panniculitis and pansteatitis in three weimeraners. *JSAP*, 44:449-55.

Lappin, M. R. (2003) Fever of unknown origin. *Proceedings, Western Veterinary Conference*, 2003.
Smith, S. A., et al. (2003) Arterial thromboembolism in cats: acute crisis in 127 cases (1992-2001) and long-term management with low-dose aspirin in 24 cases. *JVIM*, 17:73-83.
Van Ham, L. (2004) 'Continuous muscle fibre activity' in six dogs with episodic myokymia, stiffness and collapse.*Vet Rec*, 155:769-74.
Wess, G., et al. (2003) Recurrent fever as the only or predominant clinical sign in four dogs and one cat with congenital portosystemic vascular anomalies. *Schweiz Arch Tierheilkd*, 145:363-8.
Wolf, A. M. (2002) Fever of undetermined origin in the cat. *Proceedings, Atlantic Coast Veterinary Conference*, 2002.

2.1.3　リンパ節の腫脹

増殖／炎症性

感染性疾患
藻類
　プロトテカ症
細菌性
　アクチノミセス症
　Brucella canis（犬）
　コリネバクテリウム属
　局所感染症
　ミコバクテリウム属
　ノカルジア症
　敗血症
　ストレプトコッカス属
　Yersinia pestis
真菌性
　アスペルギルス症
　ブラストミセス症
　コクシジオイデス症
　クリプトコッカス症
　ヒストプラズマ症
　ムコール菌症
　スポロトリクス症
寄生虫性
　バベシア症
　住血胞子虫症
　毛包虫症
　ヘパトゾーン症
　リーシュマニア症
　トリパノゾーマ症
原虫性
　ネオスポラ症（犬）
　トキソプラズマ症
リケッチア性
　エールリヒア症
　ロッキー山紅斑熱（犬）
　サーモン中毒

ウイルス性
  犬ヘルペスウイルス＊（犬）
  猫免疫不全ウイルス＊（猫）
  猫伝染性腹膜炎＊（猫）
  猫白血病ウイルス＊（猫）
  犬伝染性肝炎＊（犬）
非感染性
  皮膚病によるリンパ節炎
  薬剤反応
  特発性
  免疫介在性
    ・免疫介在性多発性関節症
    ・ミネラル関連性リンパ節症
    ・子犬の絞扼＊（犬）
    ・リウマチ様関節炎
    ・全身性紅斑性狼瘡
  局所炎症＊
  ワクチン接種後

浸潤

腫瘍
造血器系
  白血病
  リンパ腫＊
  リンパ腫様肉芽腫症
  悪性組織球症
  多発性骨髄腫
  全身性肥満細胞症
転移性
  腺癌
  癌
  悪性黒色腫
  肥満細胞腫
  肉腫
非腫瘍性疾患
  好酸球性肉芽腫症候群
  肥満細胞浸潤

参考文献

Bauer, N., et al. (2002) Lymphadenopathy and diarrhea in a miniature schnauzer. *Vet Clin Pathol*, 31:61-4.
Couto, C. G. (1997) Lymphadenopathy in cats. *Proceedings, Waltham Feline Medicine Symposium*, 1997.
Kraje, A. C., et al. (2001) Malignant histiocytosis in 3 cats. *JVIM*, 15:252-6.

2.1.4 広範性疼痛

消化器疾患（例）
  胆嚢結石／胆嚢炎＊
  胃腸管寄生虫症＊
  膵炎＊

筋骨格系疾患（例）
   多発性関節炎
   多発性筋炎
神経学的疾患（例）
   髄膜脳炎
   脊髄疾患＊（q.v.）
   視床痛症候群
泌尿器疾患（例）
   前立腺疾患＊
   腎臓の寄生虫
   腎結石
   尿管結石
   尿道腫瘍
腹痛のその他の原因（q.v.）

参考文献

Holland, C. T., et al. (2000) Hemihyperaesthesia and hyperresponsiveness resembling central pain syndrome in a dog with a forebrain oligodendroglioma. *Aust Vet J*, 78:676-80.

2.1.5　末梢浮腫

全身性
   低アルブミン血症＊（索引参照）
   中心静脈圧上昇
    ・中心静脈の閉塞
      ○腫瘍
      ○血栓症
    ・うっ血性心不全＊
   血管炎
局所性
両前肢の浮腫／頭頸部の浮腫
   前大静脈症候群
    ・例えば縦隔マスによる前大静脈の圧迫
    ・前大静脈の肉芽腫
    ・前大静脈の腫瘍
    ・前大静脈の血栓症
両後肢の浮腫
   バッド・キアリ様症候群
   腰骨下リンパ節の閉塞（例：腫瘍）
中心静脈圧の上昇
   中心リンパ管の閉塞
   中心静脈の閉塞（例）
    ・縦隔マス
    ・血栓症
限局性
   動静脈瘻
   蜂巣炎＊
   炎症＊
   リンパ管炎
   リンパ性浮腫

神経原性またはホルモン性の血管作動刺激
近位静脈閉塞
血管外傷
血管炎
薬剤／毒素
- アルファキサロン／アルファドロン
- パラセタモール
- ソルブタモール

参考文献

Jaffe, M. H., et al. (1999) Extensive venous thrombosis and hind-limb edema associated with adrenocortical carcinoma in a dog. *JAAHA*, 35:306-10.

Kern, M. R. & Black, S. S. (1999) Dyspnea and pitting edema associated with T-cell lymphosarcoma. *Canine Pract*, 24:6-10.

Miller, M. W. (1989) Budd-Chiari-like syndrome in two dogs. *JAAHA*, 25:277-83.

Nicastro, A. & Cote, E. (2002) Cranial vena cava syndrome. *Compend Contin Educ Pract Vet*, 24:701-10.

2.1.6 高血圧

副腎疾患
　副腎皮質機能亢進症
　高アルドステロン症
　クロム親和性細胞腫

貧血 *（q.v.）

CNS（中枢神経系）疾患（q.v.）

内分泌疾患
　末端肥大症
　糖尿病 *（犬）
　高エストロゲン症
　甲状腺機能亢進症 *（猫）

高粘稠度
　高グロブリン血症（q.v.）
　多血症（q.v.）

医原性
　過剰輸液

特発性
　本態性／原発性高血圧

腎疾患
　腎動脈疾患
　腎実質性疾患
- アミロイド症
- 慢性間質性腎炎 *
- 糸球体腎炎
- 糸球体硬化症
- 腎盂腎炎

甲状腺疾患
　甲状腺機能亢進症 *（猫）

薬剤／毒素
　エリスロポイエチン
　コルチコステロイド

シクロスポリンA
テオブロミン
ドキソプラム
ドパミン
ドブタミン
フェニルプロパノラミン
フルドロコルチゾン

参考文献

Bodey, A. R. & Sansom, J. (1998) Epidemiological study of blood pressure in domestic cats. *JSAP*, 39:567-73.

Senella, K. A., et al. (2003) Systolic blood pressure in cats with diabetes mellitus. *JAVMA*, 223:198-201.

Struble, A. L., et al. (1998) Systemic hypertension and proteinuria in dogs with diabetes mellitus. *JAVMA*, 213:822-5.

2.1.7 低血圧

前負荷の減少
　熱射病 *
　副腎皮質機能低下症（犬）
　循環血液量減少 *
　　・血液提供
　　・熱傷
　　・滲出（q.v.）
　　・下痢（q.v.）
　　・出血（q.v.）
　　・多飲を伴わない多尿（q.v.）
　　・嘔吐（q.v.）

静脈灌流の減少
　心タンポナーデ
　大静脈症候群 / 犬糸状虫症
　胃拡張 / 捻転 *
　気胸 *（q.v.）
　陽圧換気
　収縮性心膜炎

心機能低下
　不整脈 *（q.v.）
　心筋症 *
　先天性心疾患
　電解質 / 酸塩基不均衡 *（q.v.）
　低酸素血症
　弁膜症 *

血管緊張性の低下
　アナフィラキシー
　バベシア症
　電解質 / 酸塩基不均衡 *（q.v.）
　低酸素症
　神経学的疾患（q.v.）
　全身性炎症反応症候群

薬剤／毒素
　アミオダロン
　アミロライド
　イチイ
　インドメタシン
　ACE阻害剤
　オキシテトラサイクリン（静脈内）
　キシラジン
　キニジン
　クサリヘビ毒
　三環系抗うつ薬
　ジアゾキシド
　スイセン
　全身麻酔および鎮静剤
　ソタロール
　ツツジ
　テルフェナジン
　テルブタリン
　ドパミン
　二硝酸イソソルビド
　ニトロプルシド
　ハチ刺傷
　ヒドララジン
　ピリドスチグミン
　フェノキシベンザミン
　プラゾシン
　プロカインアミド
　プロポフォール
　ヘビ毒
　ベラパミル
　ミダゾラム
　メキシレチン
　メデトミジン
　ヤドリギ
　ラニチジン（静脈内）
　リグノカイン

参考文献

Couto, C. G. & Iazbik, M. C. (2005) Effects of blood donation on arterial blood pressure in retired racing Greyhounds. *JVIM*, 19:845-48.

Jacobson, L. S., et al. (2000) Blood pressure changes in dogs with babesiosis. *J S Afr Vet Assoc*, 71:14-20.

Tibballs, J. (1998) The cardiovascular, coagulation and haematological effects of tiger snake (*Notechis scutatus*) venom. *Anaesth Intensive Care*, 26:529-35.

2.2 胃腸管 / 腹部の身体徴候

2.2.1 口腔病変

先天性奇形
腫瘍
口腔咽頭部の腫瘍
  髄外形質細胞腫
  線維腫 / 線維肉腫
  線維乳頭腫
  顆粒細胞腫瘍
  血管肉腫
  組織球腫
  リンパ腫
  肥満細胞腫
  メラノーマ *
  混合間葉系肉腫
  乳頭腫（犬）
  横紋筋肉腫
  扁平上皮癌
  可移植性性器肉腫（犬）
歯牙原性腫瘍
  棘細胞エプリス
  エナメル上皮腺腫瘍
  エナメル上皮腫
  石灰化上皮歯原性腫瘍
  セメント質腫
  象牙質腫
  線維腫様エプリス
  線維粘液腫
  過誤腫
  誘発性線維エナメル上皮腫（猫）
  角化エナメル上皮腫（猫）
  歯原性線維腫
  歯牙腫
  骨化エプリス
炎症性マス（例）
  猫好酸球肉芽腫症候群 *
口腔潰瘍
  免疫介在性 / 炎症性（例）
    ・好酸球肉芽腫症候群 *
    ・リンパ球形質細胞性 *
  感染性疾患（例）
    ・猫カリシウイルス
  刺激性物質の摂取 *
  代謝性（例）
    ・尿毒症 *（q.v.）
  外傷
歯周炎 / 歯肉炎
  細菌性 *

糖尿病 *
食事（非摩耗性）*
免疫不全（例）
・猫免疫不全ウイルス *（猫）
・猫白血病ウイルス *（猫）
免疫介在性（例）
・リンパ球形質細胞性 *
歯周異物 *（例）
・草
・被毛
歯の異常 *（例）
・叢生歯
・不正咬合
・粗面歯

唾液腺の腫脹
梗塞
感染性疾患
腫瘍
・腺房細胞腫瘍
・腺癌
・単形性腺腫
・粘膜表皮腫瘍
・多形性腺腫
・未分化癌
唾液腺炎
唾液腺症
唾液腺腫

口内炎
免疫介在性 / 炎症性（例）
・好酸球性口内炎
・リンパ球形質細胞性口内炎 *
感染性疾患（例）
・*Bartonella henselae*（猫ひっかき病）
・猫カリシウイルス *（猫）
・猫ヘルペスウイルス *（猫）
刺激性物質の摂取
代謝性（例）尿毒症
外傷 *

歯牙疾患
カリエス
猫破歯細胞吸収病変 *（猫）
外傷 *

参考文献

Dhaliwal, R. S., et al. (1998) Oral tumours in dogs and cats. Part I. Diagnosis and clinical signs. *Comp Cont Ed*, 20:1011-20.

Schorr-Evans, E. M., et al. (2003) An epizootic of highly virulent feline calicivirus disease in a hospital setting in New England. *J Feline Med Surg*, 5:217-26.

Sozmen, M., et al. (2000) Idiopathic salivary gland enlargement (sialadenosis) in dogs: a microscopic study. *JSAP*, 41:243-47.

2.2.2 腹部拡大

腹腔腫瘍 *
腹水 *（q.v.）
膀胱拡張 *（q.v.）
胃拡張 *
胃膨満 *
重度の便秘 *（q.v.）
臓器腫大 *
・腎臓の腫大（q.v.）
・子宮の腫大（q.v.）
・肝腫大（q.v.）
・脾腫大（q.v.）
気腹症
腹筋の筋力低下
・副腎皮質機能亢進症
・前恥骨靱腱の断裂

2.2.3 腹　痛

胃腸管疾患
大腸炎 *
便秘 *（q.v.）
腸炎 *
胃拡張／捻転 *（犬）
胃内異物 *
胃潰瘍 *
胃炎 *
腸捻転
腫瘍 *
小腸内異物 *
肝胆管疾患
胆管炎
胆嚢炎 *
胆石症
胆嚢閉塞
肝炎 *
肝葉捻転
門脈高血圧
機械的要因
管腔臓器の拡張
膀胱拡張 *（q.v.）
胃拡張／捻転 *（犬）
腸管拡張（例）
・異物
・捻転
流出路閉塞
胆汁排泄路閉塞
尿路閉塞

腸管膜緊張 / 牽引 / 捻転
　膿瘍
　ヘルニアへの腸嵌頓または腸管膜裂離
　潜伏精巣の捻転
　異物 *
　血腫
　腸捻転
　胃拡張 / 捻転 *（犬）
　重積 *
　腫瘍
　脾臓捻転
　狭窄 / 狭小
　子宮捻転
筋骨格系の疼痛
　腹筋破裂
　脊髄の関連痛 *
臓器破裂
　胆管
　胆嚢
　腸管
　脾臓
　胃
　尿路
　子宮（例）
　　・子宮蓄膿症
膵臓
　膵膿瘍
　膵炎 *
腹腔
　腹水（q.v.）
血腹症
　凝固障害（q.v.）
　腫瘍 *
　外傷 *
腹膜炎
　鈍性外傷 *
　猫伝染性腹膜炎 *（猫）
　医原性（例）
　　・術後 *
　膵炎 *
　穿孔創
　前立腺炎 *
　胃腸管の破裂または穿孔
　蓄膿子宮の破裂
尿腹症
　尿路系の破裂
生殖器系
　出産 / 難産 *
　子宮炎 *
　前立腺疾患

子宮蓄膿症 *
その他
　　ワイマラナーの無菌性結節性蜂巣炎および汎脂肪織炎
外傷
　　骨折 *
　　臓器破裂
尿路系
　　膀胱炎 *
　　下部尿路閉塞 *
　　腎炎
　　腎盂腎炎
　　尿管閉塞
薬剤 / 毒素
　　アロプリノール
　　イトラコナゾール
　　イブプロフェン
　　インドメタシン
　　ジクロフェナクナトリウム
　　硫酸亜鉛
　　スイセン
　　精製鉱油
　　窒素，リンおよびカリウムを含む肥料
　　ディフェンバキア
　　テオブロミン
　　ナプロキセン
　　パラコート
　　パラセタモール
　　フェノキシ酸除草剤
　　ポインセチア
　　ホウ砂
　　マロニエ
　　ミソプロストール
　　メタアルデヒド
　　藍藻
　　ロドデンドロン
　　ロペラミド

参考文献

Burrows, C. F. (2002) The acute abdomen. *Proceedings, WSAVA Congress*, 2002.
Downs, M. O., et al. (1998) Liver lobe torsion and liver abscess in a dog. *JAVMA*, 212:678-80.
German, A. J., et al. (2003) Sterile nodular panniculitis and pansteatitis in three weimaraners. *JSAP*, 44:449-55.
Kirpensteijn, J., et al. (1993) Cholelithiasis in dogs: 29 cases (1980-1990). *JAVMA*, 202:1137-42.
Richeter, K. (2002) Diagnostic approach to abdominal pain. *Proceedings, Western Veterinary Conference*, 2002.

2.2.4　会陰部の腫脹

肛門 / 直腸脱 *
　　排便のしぶり *

肛門嚢疾患
　肛門嚢膿瘍 *
　肛門嚢腺癌
　肛門嚢嵌頓
　肛門嚢炎 *
腫瘍
　会陰部腺腫 *
　会陰部のその他の腫瘍
会陰ヘルニア *
　特発性
　しぶり（テネスムス）の原因に続発（q.v.）

2.2.5　黄　疸

肝前性

　溶血性貧血（q.v.）
　ヘム遊離の増加
　　・先天性ポルフィリン症
　　・赤血球の無効生成
　　・内部出血
　　・重度の筋変性

肝性

肝内胆汁うっ滞
肝壊死（例）
　感染
　毒素
感染性疾患
　細菌性 *
　真菌性
　ウイルス性
　　・アデノウイルス *（犬）
　　・猫免疫不全ウイルス *（猫）
　　・猫伝染性腹膜炎 *（猫）
　　・猫白血病ウイルス *（猫）
炎症性
　胆管炎 / 胆管肝炎 *
その他
　アミロイドーシス
　肝硬変
　肝性赤血球食血症候群
　肝リピドーシス
　多嚢胞性腎疾患（猫）
腫瘍（例）
　リンパ腫 *
　肥満細胞腫
　骨髄増殖疾患
薬剤 / 毒素
　NSAID（例）

- イブプロフェン
- カルプロフェン
- パラセタモール
- フェニルブタゾン

カービマゾール
グリセオフルビン
グリピジド
グリフォスフェート
グルココルチコイド
ケトコナゾール
サリチル酸塩
ジアゼパム
スルファジアジン
テトラサイクリン
バルビツレート
フェノバルビトン
プラスチック爆弾
プリミドン
メキシレチン
メチマゾール
メチルテストステロン
メトロニダゾール
藍藻

肝後性

胆管閉塞
管外性
総胆管嚢胞（猫）
十二指腸疾患
膵臓腫瘍
膵炎 *
多嚢胞性疾患（猫）
胆管周囲疾患に続発
肝門部の狭窄

管壁内
胆管炎
胆嚢炎 *
総胆管炎
胆嚢/胆管腫瘍

管内性
総胆管嚢胞（猫）
胆石症
胆嚢粘液嚢腫
血性胆汁
胆泥
多嚢胞性腎疾患（猫）

参考文献

Center, S. (2002) Icteric dogs and cats. *Proceedings, Western Veterinary Conference*, 2002.

Macphail, C. M., et al. (1998) Hepatocellular toxicosis associated with administration of carprofen in 21 dogs. *JAVMA*, 212:18951901.

Marchevsky, A. M., et al. (2000) Pancreatic pseudocyst causing extrahepatic biliary obstruction in a dog. *Aust Vet J*, 78:99-101.

Mayhew, D., et al. (2002) Pathogenesis and outcome of extrahepatic biliary obstruction in cats. *JSAP*, 43:247-53.

Worley, D. R., et al. (2004) Surgical management of gallbladder mucocoeles in dogs: 22 cases (1999-2003). *JAVMA*, 225: 1418-23.

2.2.6 触診による肝臓の異常

全体的な腫大
内分泌疾患
 糖尿病 *
 副腎皮質機能亢進症
炎症性／感染性疾患（例）
 膿瘍 *
 胆管肝炎 *
 猫伝染性腹膜炎 *（猫）
 真菌症
 肉芽腫
 肝炎 *
 リンパ球性胆管炎
その他
 アミロイドーシス
 胆汁うっ滞（"黄疸"を参照）
 肝硬変（初期）
 肝リピドーシス
 結節性過形成 *
 貯蔵病
*腫瘍 *（例）*
 リンパ腫
 悪性組織球症
静脈うっ血
 後大静脈の閉塞（後大静脈症候群）
  ・癒着
  ・心臓腫瘍
  ・先天性心疾患
  ・横隔膜破裂／ヘルニア *
  ・犬糸状虫症
  ・心膜疾患
  ・胸腔マス *
  ・血栓症
  ・外傷
 右心系のうっ血性心不全（例）
  ・拡張型心筋症 *
  ・心膜液
薬剤
 グルココルチコイド

局所的な腫大
 膿瘍 *

胆管偽嚢胞
　　　嚢胞
　　　肉芽腫
　　　血腫 *
　　　肝動静脈瘻
　　　過形成 / 再生性結節 *
　　　肝葉捻転
　腫瘍
　　　腺癌 *
　　　胆管嚢胞腺腫
　　　血管肉腫 *
　　　肝細胞癌 *
　　　肝癌
　　　リンパ腫 *
　　　悪性組織球症
　　　転移性 *
肝臓の縮小
　　肝硬変 *
　　横隔膜破裂 / ヘルニア *
　　副腎皮質機能低下症
　　特発性肝線維症
　　門脈体循環シャント
　　　・後天性
　　　・先天性

参考文献

Chastain, C. B., et al. (2001) Concurrent disorders in dogs with diabetes mellitus: 221 cases (1993-1998). *Sm Anim Clin Endocrinol*, 11:14.

Huang, H., et al. (1999) Iatrogenic hyperadrenocorticism in 28 dogs. *JAAHA*, 35:200-207.

2.3　心肺の身体徴候

2.3.1　呼吸困難 / 呼吸速拍

生理的原因
　　運動
　　恐怖
　　高い環境温度
　　疼痛
上部気道疾患
　頚部気管疾患
　　管外性圧迫
　　異物
　　低形成 / 狭窄
　　腫瘍
　　　・管外性
　　　・管内性
　　　　◦ 腺癌
　　　　◦ 軟骨腫
　　　　◦ 軟骨肉腫

            ◦ 平滑筋腫
            ◦ リンパ腫
            ◦ 骨軟骨腫
            ◦ 骨肉腫
            ◦ 形質細胞腫
            ◦ ポリープ
            ◦ 横紋筋肉腫
            ◦ 扁平上皮癌
        気管虚脱 *
        外傷
    咽頭疾患
        軟口の蓋過長 / 浮腫 *（犬）
        扁桃腫大 *
    喉頭疾患
        小囊外転 *（犬）
        喉頭麻痺 *（犬）
        腫瘍
        浮腫 *
    鼻疾患（例）
        アスペルギルス症
        異物 *
        炎症性 *
        鼻咽頭ポリープ
        腫瘍
        鼻孔狭窄
下部気道疾患
    胸部気管疾患（例）
        管外圧迫
        異物
        低形成 / 狭窄
        腫瘍（管外または管内）
        気管虚脱 *
        外傷
    気管支疾患
        気管支拡張症
        気管支 - 食道瘻
        慢性気管支炎 *（犬）
        嚢胞 - 水疱性肺疾患（例）肺気腫に続発
        好酸球性気管支炎 *
        管外圧迫
            ・左心房拡大
            ・肺門リンパ節腫大
                ◦ 真菌症
                ◦ 肉芽腫様疾患
                ◦ 腫瘍
            ・腫瘍
        猫喘息 *（猫）
        異物
        肺虫
        腫瘍

原発性線毛不動症
肺実質疾患
　異物
　　・膿瘍
　　・慢性肺線維症
　　・好酸球性気管支肺症
　　・好酸球性肺炎
　　・好酸球性肺肉芽腫症
　　・肺門リンパ節腫脹
　　・吸入性肺炎
　特発性肺線維症
　炎症性
　刺激性ガス
　溺水
　腫瘍 *
　パラコート中毒
　肺炎 / 感染性疾患 *
　　・細菌性（例）
　　　◦ 気管支敗血症菌
　　　◦ *Chlamydophila psittaci*
　　　◦ 大腸菌
　　　◦ 肺炎桿菌
　　　◦ ミコバクテリア属
　　　◦ *Mycoplasma pneumoniae*
　　　◦ パスツレラ症
　　・内因性脂肪肺炎
　　・真菌性（例）
　　　◦ アスペルギルス症
　　　◦ ブラストミセス症
　　　◦ コクシジオイデス症
　　　◦ クリプトコッカス症
　　　◦ ヒストプラズマ症
　　　◦ ニューモシスティス症
　　・寄生虫性（例）
　　　◦ 猫肺虫（*Aelurostrongylus abstrusus*）
　　　◦ 住血線虫（*Angiostrongylus vasorum*）
　　　◦ 肺毛頭虫（*Capillaria aerophila*）
　　　◦ キツネ肺虫（*Crenosoma vulpis*）
　　　◦ 気管寄生線虫属（*Oslerus* spp）
　　　◦ ケリコット肺吸虫（*Paragonimus kellicotti*）
　　　◦ 臓器への幼虫迷入
　　・原虫性（例）
　　　◦ トキソプラズマ症
　　・リケッチア性
　　・ウイルス性（例）
　　　◦ 犬ジステンパーウイルス *（犬）
　　　◦ 猫カリシウイルス *（猫）
　　　◦ 猫免疫不全ウイルス *（猫）
　　　◦ 猫白血病ウイルス *（猫）
　肺水腫（q.v.）

肺血栓塞栓症（例）
- 心疾患
- 犬糸状虫症
- 副腎皮質機能亢進症

煙の吸入
外傷（例）
- 肺挫傷
- 肺出血

拘束性疾患
横隔膜ヘルニア（例）
- 腹膜心膜横隔膜ヘルニア
- 外傷 *

大型の腹腔内マス
腫瘍
- 縦隔
- 胸壁

ピックウィック症候群（極度の肥満）
胸水 *（q.v.）
気胸 *（q.v.）
重度の腹水（q.v.）
重度の胃拡張
重度の肝腫大（q.v.）
胸壁の異常（例）
- 腫瘍
- 漏斗胸

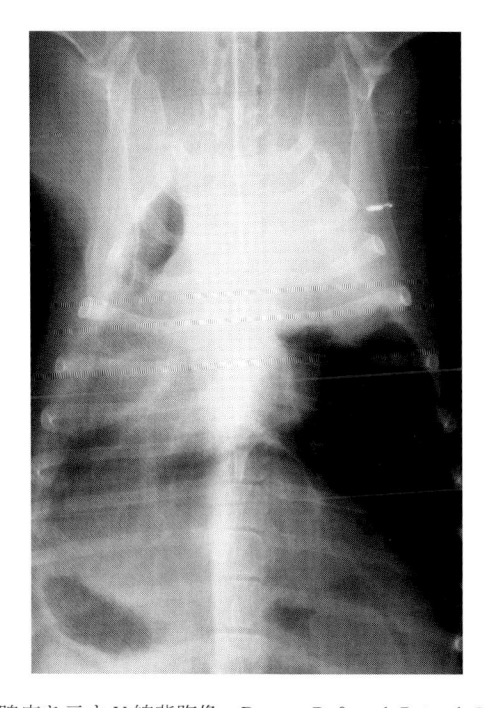

図2.3(a) 肺の腺癌を示すX線背腹像．Downs Referral, Bristolの許可を得て掲載．

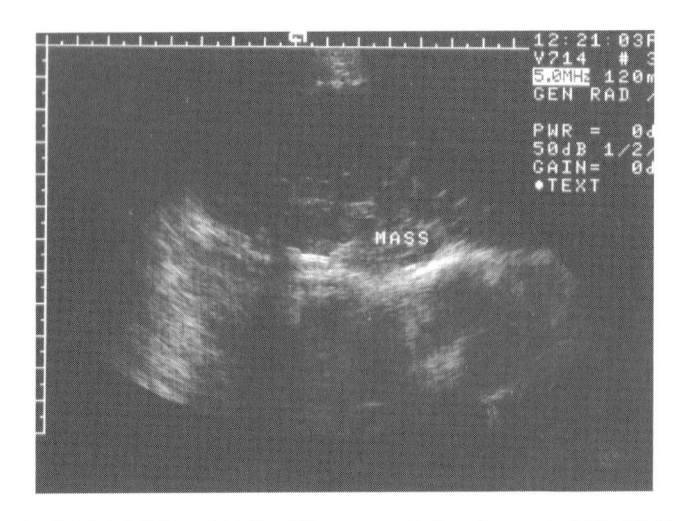

図 2.3（b） 播種性胸腺腫の超音波画像．Downs Referral, Bristol の許可を得て掲載．

- 外傷 *

全身性およびその他の異常
　貧血 *（q.v.）
　呼吸中枢にダメージを与える中枢神経系疾患
　　・頭部外傷
　　・高体温症 *（q.v.）
　　・甲状腺機能亢進症 *（猫）
　　・低酸素症 *
　　・代謝性アシドーシス（q.v.）
　　・神経筋虚脱（例）多発性神経根神経炎
　　・ショック / 循環血液量低下 *（q.v.）

急性呼吸窮迫症候群
　酸性物質の吸引
　薬剤反応
　吸入性損傷
　肺葉捻転
　複数回の輸血
　膵炎
　敗血症
　ショック
　手術
　外傷

薬剤 / 毒素
　イブプロフェン
　塩化ベンザルコニウム
　ジクロロフェン
　ストリキニーネ
　ソルブタモール
　テルフェナジン
　ナプロキセン
　パラコート

パラセタモール（メトヘモグロビン血症）
メタアルデヒド
藍藻

参考文献

Chapman, P. S., et al. (2004) Angiostrongylus vasorum infection in 23 dogs (1999-2002). JSAP, 45:435-40.

Johnson, L. R., et al. (2003) Clinical, clinicopathologic and radiographic findings in dogs with coccidioidomycosis: 24 cases (19952000). *JAVMA*, 222:461-6.

Meiser, H. & Hagedorn, H. W. (2002) Atypical time course of clinical signs in a dog poisoned by strychnine. *Vet Rec*, 151:21-4.

Parent, C. (1996) Clinical and clinicopathologic findings in dogs with acute respiratory distress syndrome: 19 cases (1985-1993). *JAVMA*, 208:1419-27.

Schermerhorn, T., et al. (2004) Pulmonary thromboembolism in cats. *JVIM*, 18:533-5.

Sherding, R. (2001) Diagnosis and management of bacterial pneumonia. *Proceedings, World Small Animal Veterinary Association World Congress*, 2001.

2.3.2 蒼白

貧血（q.v.）
末梢循環の低下
　ショック（q.v.）
薬剤/毒素
　イブプロフェン
　イベルメクチン
　クサリヘビ毒
　ジクロフェナクナトリウム
　ナプロキセン
　バクロフェン
　パラセタモール
　ビタミンD殺鼠剤
　メタアルデヒド

2.3.3 ショック

心原性
収縮能の低下
　拡張型心筋症 *
　心筋梗塞
　心筋炎
　薬剤/毒素（例）
　　・ドキソルビシン
心室充満の低下
　肥大型心筋症 *（猫）
　心膜液/タンポナーデ *
　拘束型心筋症 *（猫）
　収縮性心膜炎
閉塞
　犬糸状虫症
　心腔内マス

血栓症
重度の不整脈（q.v.）
弁膜症
　　　僧帽弁の重度な粘液腫性変性＊（犬）
分布性
　　　アナフィラキシー
　　　敗血症
低酸素症
　　　貧血＊（索引）
　　　呼吸器疾患＊（q.v.）
　　　毒素
　　　　　・一酸化炭素
　　　　　・パラセタモール
代謝性
　　　熱射病＊
　　　低血糖症
　　　敗血症＊
　　　毒素（例）
　　　　　・シアン化合物
循環血液量の低下
　　　出血＊（q.v.）
　　　副腎皮質機能低下症（犬）
脱水（例）
　　　糖尿病＊
　　　下痢＊（q.v.）
　　　利尿剤の長期投与
　　　腎不全＊（q.v.）
　　　嘔吐＊（q.v.）
低蛋白血症／血漿喪失（例）
　　　腹部の手術
　　　腹水（q.v.）
　　　火傷
　　　末梢浮腫（q.v.）
　　　胸水
神経原性
　　　急性中枢神経系疾患
　　　電気ショック
　　　熱射病

参考文献

Miller, C. W., et al. (1996) Streptococcal toxic shock syndrome in dogs. *JAVMA*, 209:1421-6.

Shafran, N. (2004) Shock overview: Cardiogenic and non-cardiogenic shock syndromes. *Proceedings, International Veterinary Emergency and Critical Care Symposium*, 2004.

2.3.4　チアノーゼ

末梢性

血管収縮
　　　低体温症＊（q.v.）

心拍出量低下 *
　　ショック *（q.v.）
静脈閉塞（例）
　　右心不全 *
　　血栓静脈炎
　　止血帯
動脈閉塞（例）
　　大動脈血栓塞栓症 *（猫）

中枢性

低酸素症
*呼吸器疾患 *（q.v.）*
　　低換気
　　・胸水 *（q.v.）
　　・気胸 *（q.v.）
　　・呼吸筋不全
　　・毒素
　　閉塞
　　・短頭種の閉塞性気道症候群
　　・異物
　　　○喉頭
　　　○気管
　　・気道の大型マス（例）
　　　○膿瘍
　　　○腫瘍
　　　○寄生虫
　　・喉頭麻痺 *
　　呼吸還流不適合
　　・急性呼吸窮迫症候群
　　・慢性閉塞性肺疾患 *
　　・肺炎
　　・肺の炎症
　　・肺腫瘍 *
　　・肺水腫 *（q.v.）
　　・肺血栓塞栓症
吸入酸素の低下
　　緯度
　　麻酔
心血管系疾患（解剖学的短絡）（例）
　　肺動静脈瘻
　　短絡が逆転した動脈管開存症
　　短絡が逆転した心室中隔欠損
　　ファロー四徴症
ヘモグロビン異常
薬剤／毒素
　　テオブロミン
　　バクロフェン
　　パラコート（メトヘモグロビン血症）
　　パラセタモール
　　メタアルデヒド

藍藻
ロペラミド

参考文献
Fine, D. M., et al. (1999) Cyanosis and congenital methemoglobinemia in a puppy. *JAAHA*, 35:33-5.
O'Sullivan, S. P. (1989) Paraquat poisoning in the dog. *JSAP*, 30:361-4.

2.3.5 腹水（全リストは 3.7.10 を参照）

胆汁
血液
乳糜
滲出液
漏出 / 変性漏出液
尿

2.3.6 末梢浮腫

全身性
低アルブミン血症 *（q.v.）
中心静脈圧の上昇
・中心静脈閉塞
　○腫瘍
　○血栓症
・うっ血性心不全 *
局所性
両前肢の浮腫 / 頭頚部の浮腫
前大静脈の圧迫（例）
・縦隔のマス
前大静脈の血栓症
両後肢の浮腫
バッド・キアリ様症候群
腰骨下リンパ節閉塞（例）
・腫瘍
中心静脈圧の上昇
中心静脈閉塞（例）
・縦隔のマス
・血栓症
中心リンパ管閉塞
限局性
動静脈瘻
蜂巣炎 *
炎症 *
リンパ水腫
神経原性またはホルモン性血管作動性刺激
近位静脈閉塞
血管外傷
血管炎
薬剤 / 毒素
・アルファキサロン / アルファドロン

- パラセタモール
- ソルブタモール

参考文献

Jaffe, M. H., et al. (1999) Extensive venous thrombosis and hind-limb edema associated with adrenocortical carcinoma in a dog. *JAAHA*, 35:306-10.

Kern, M. R. & Black, S. S. (1999) Dyspnea and pitting edema associated with T-cell lymphosarcoma. *Canine Pract*, 24:6-10.

Miller, M. W. (1989) Budd-Chiari-like syndrome in two dogs. *JAAHA*, 25:277-83.

Nicastro, A. & Cote, E. (2002) Cranial vena cava syndrome. *Compend Contin Educ Pract Vet*, 24:701-10.

2.3.7 異常な呼吸音

喘鳴音
上部気道閉塞
　短頭種の閉塞性気道症候群
　喉頭閉塞（例）
　- 異物
　- 喉頭攣縮
　- 腫瘍
　- 浮腫
　- 麻痺 *
　気管閉塞（例）
　- 虚脱 *
　- 管外性圧迫
　- 滲出液
　- 異物
　- 出血
　- 腫瘍
　- 狭窄

狭窄音
鼻咽頭閉塞（例）
　短頭種の閉塞性気道症候群
　異物 *
　腫瘍

捻髪音
　気道内の滲出液 *
　気道の出血
　肺線維症
　肺水腫 *（q.v.）

乾性ラッセル音
気道狭窄（例）
　気管支収縮 *
　管外性圧迫
　気道の滲出液 *
　気道のマス

参考文献

Allen, H. S., et al. (1999) Nasopharyngeal diseases in cats: a retrospective study of 53 cases (1991-1998). *JAAHA*, 35:457-61.

2.3.8 異常な心音

一過性心音（持続時間の短い心音）

大きな1音
    貧血＊（q.v.）
    不整脈に伴う強度の変動（例）
        ・心房細動
        ・房室ブロック
        ・洞不整脈＊
        ・心室早期拍動＊
    交感神経の緊張増大＊
    僧帽弁閉鎖不全症＊
    全身性高血圧症＊（q.v.）
    頻脈＊（q.v.）
    削痩動物＊
    若齢動物＊

小さな1音
    心筋収縮性の低下（例）
        ・拡張型心筋症＊
    横隔膜ヘルニア＊
    気腫
    第1度房室ブロック＊
    肥満＊
    心膜液（q.v.）
    胸水＊（q.v.）
    ショック＊（q.v.）

1音の分裂
    脚ブロック
    心臓ペーシング
    期外収縮＊
    健康な大型犬種では生理的＊

注意：1音の分裂は，前収縮期ギャロップ，駆出音および拡張期クリックと鑑別しなければならない．

大きな2音
    貧血＊（q.v.）
    発熱＊（q.v.）
    甲状腺機能亢進症＊（猫）
    不整脈に伴う強度の変動（例）
        ・心房細動
        ・心ブロック
        ・洞不整脈＊
        ・心室早期拍動＊
    頻脈＊（q.v.）
    削痩動物＊
    若齢動物＊

小さな2音
    心筋収縮性の低下（例）
        ・拡張型心筋症＊

横隔膜ヘルニア *
　　気腫
　　肥満 *
　　心膜液（q.v.）
　　胸水 *（q.v.）
　　胸部マス *（q.v.）
　　ショック *（q.v.）
2音の分裂
　　健康な大型犬種では生理的 *
肺動脈弁閉鎖後に続く大動脈弁閉鎖（P2後のA2）
　　大動脈弁狭窄症
　　左脚ブロック
　　全身性高血圧症
　　心室期外収縮 *
大動脈弁閉鎖後に続く肺動脈弁閉鎖（A2後のP2）
　　心腔内の左右短絡（心房中隔欠損）
　　肺高血圧（例）
　　　・犬糸状虫症
　　肺動脈弁狭窄
　　右脚ブロック
　　心室期外収縮 *
ギャロップ
3音の増強（拡張初期）
　　健康な動物の心音図で時おり記録される
　　貧血 *（q.v.）
　　甲状腺機能亢進症 *（猫）
　　僧帽弁逆流 *
　　心筋不全 *
　　動脈管開存症
　　中隔欠損
4音の増強（収縮前期）
　　健康な動物では聴取されないが，心音図で記録されることがある
　　甲状腺機能亢進症 *（猫）
　　肥大型心筋症 *（猫）
　　顕著な左室肥大
　　腱索断裂後の心不全の悪化
拡張早期音
　　開弁期弾撥音（まれ）
　　　・僧帽弁狭窄
　　心膜ノック
　　　・収縮性心膜炎
　　プロップス（plops）
　　　・可動性の心房腫瘍
駆出音（拡張早期の高周波音）
　　大動脈弁狭窄
　　大血管の拡張
　　犬糸状虫症
　　高血圧症 *（q.v.）
　　異常な半月弁の開放
　　肺動脈弁狭窄

図 2.3（c） 心雑音模式図.

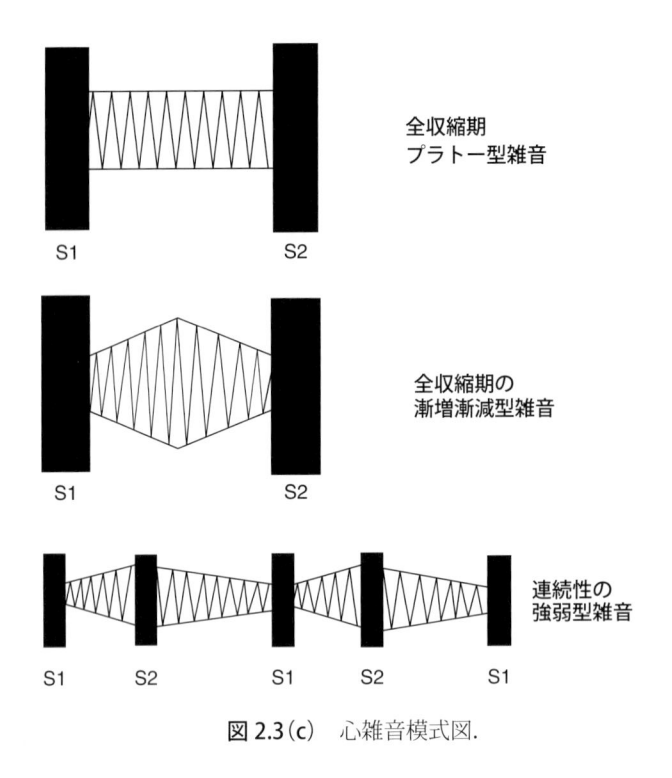

　　ファロー四徴症
収縮期クリック音（収縮中期から後期の短い，中または高周波音）
　　早期の変性性弁膜症

心雑音（血液乱流による持続時間の長い心音）

無害性雑音 *
生理的雑音
　　貧血 *（q.v.）
　　発熱 *（q.v.）
　　高血圧 *（q.v.）
　　甲状腺機能亢進症 *（猫）
　　妊娠 *
心血管疾患に伴う心雑音
収縮期
　　全収縮期プラトー型
　　　・僧帽弁逆流
　　　・三尖弁逆流
　　　・心室中隔欠損
　　全収縮期漸増漸減型雑音
　　　・大動脈弁狭窄
　　　・肺動脈弁狭窄
　　　・心室中隔欠損
拡張期
　　大動脈弁閉鎖不全症（先天性または細菌性心内膜炎に付随）
　　僧帽弁狭窄症

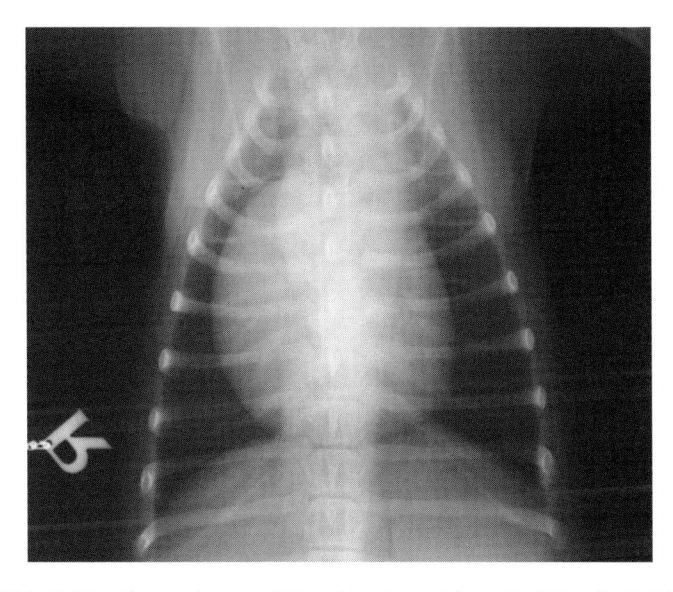

図 2.3(d) 肺動脈弁狭窄のウエスト・ハイランド・ホワイト・テリアの胸部 X 線背腹像．Downs Referral, Bristol の許可を得て掲載．

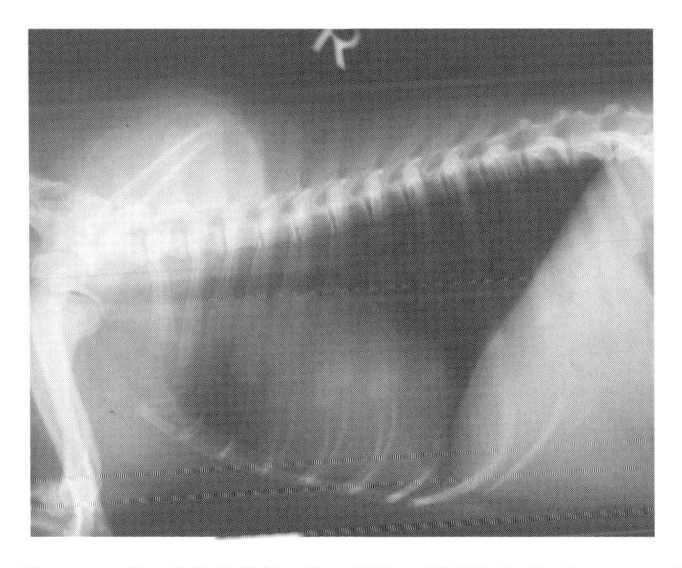

図 2.3(e) 図 2.3(d) と同じ犬の胸部 X 線側面像．肺野の灌流低下に注目．Downs Referral, Bristol の許可を得て掲載．

連続性
冠動静脈瘻
冠動脈，あるいは右心房と直接交通している洞動脈瘤の破裂
動脈管開存症
肺動静脈瘻

参考文献

Cote, E. (2004) Assessment of the prevalence of heart murmurs in overtly healthy cats. *JAVMA*, 225:384-8.

Haggstrom, J., et al. (1995) Heart sounds and murmurs: changes related to severity of chronic valvular disease in the Cavalier King Charles spaniel. *JVIM*, 9:75-85.

Kvart, C., et al. (1998) Analysis of murmur intensity, duration and frequency components in dogs with aortic stenosis. *JSAP*, 39:318-24.

2.3.9 心拍数の異常

徐脈

- 競技犬の安静／睡眠時は正常
- 心疾患／不整脈（q.v.）
- 中枢神経系疾患
- 低体温症
- 重度の全身性疾患

迷走神経の緊張亢進 *（例）
- 胃腸管疾患 * (q.v.)
- 呼吸器疾患 * (q.v.)

代謝性
- 高カリウム血症（q.v.）
- 低血糖症（q.v.）
- 甲状腺機能低下症 *
- 尿毒症 *

薬剤／毒素
- アテノロール
- アミオダロン
- イチイ
- イベルメクチン
- カーバメート
- キシラジン
- クサリヘビ毒
- グリフォスフェート
- クロニジン
- 高張食塩水
- 抗不整脈薬（例：β遮断薬）
- ジルチアゼム
- スイセン
- ソタロール
- 大麻
- テオブロミン
- バクロフェン
- パラコート
- ビタミンD殺鼠剤
- ピリドスチグミン
- フェノキシ酸除草剤
- フェンタニル
- プロプラノロール
- ベタネコール

ベラパミル
　　マレイン酸チモロール
　　メキシレチン
　　メデトミジン
　　有機リン酸
　　リグノカイン
　　ロドデンドロン
　　ロペラミド

頻脈

洞頻脈
生理的
　　興奮 *
　　運動 *
　　恐怖 *
　　疼痛 *
病的
　　心不全 *
　　呼吸器疾患 *
　　ショック *
　　全身性
　　　・貧血 *（q.v.）
　　　・発熱 *（q.v.）
　　　・甲状腺機能亢進症（猫）*
　　　・低酸素症 *
　　　・敗血症 *
その他の上室頻拍 *（q.v.）
心室頻拍 *（q.v.）
薬剤 / 毒素
　　アドレナリン
　　アトロピン
　　イブプロフェン
　　エチレングリコール
　　クサリヘビ毒
　　グリフォスフェート
　　ケタミン
　　三環系抗うつ薬
　　ジノプロストトロメタミン
　　臭化グリコピロニウム
　　臭化プロパンセリン
　　精製鉱油
　　選択的セロトニン再取り込み阻害剤
　　ソルブタモール
　　大麻
　　テオフィリン
　　テオブロミン
　　テルフェナジン
　　テルブタリン
　　ドキソプラム
　　ドキソルビシン

ドパミン
　ドブタミン
　トリニトログリセリン
　二硝酸イソソルビド
　バクロフェン
　パラコート
　パラセタモール
　ビタミンD殺鼠剤
　ヒドララジン
　ピレスリン / ピレスロイド
　フェノキシ酸除草剤
　フェノキシベンザミン
　ベラパミル
　メタアルデヒド
　藍藻
　レボサイロキシン

参考文献

Little, C. J. (2005) Hypoglycaemic bradycardia and circulatory collapse in a dog and a cat. *JSAP*, 46: 445-8.

Moise, N. S., et al. (1997) Diagnosis of inherited ventricular tachycardia in German shepherd dogs. *JAVMA*, 210:403-10.

Peterson, M. E., et al. (1989) Primary hypoadrenocorticism in ten cats. *JVIM*, 3:55-8.

2.3.10 頚静脈拡張 / 肝頚静脈逆流陽性

右心不全を引き起こす心疾患 *
容量負荷の増大（例）
　・医原性
心膜疾患

2.3.11 頚静脈波の要素

キャノンa波
房室解離（例）
　第3度房室ブロック
a波の増強
右室コンプライアンスの低下（例）
　収縮性心膜炎
　拘束性の右室疾患
　右室肥大
v波の増強
　三尖弁逆流

2.3.12 動脈拍動の変化

運動低下（減弱）した脈
　大動脈弁狭窄
　末梢抵抗の増加
　局所的な脈欠損（後述）

1回拍出量の減少（例）
- 循環血液量減少
- 左心不全＊

頻脈（q.v.）
中毒
- アルファクロラロース
- 抗凝固性殺鼠剤

運動亢進（反跳）した脈
貧血＊（q.v.）
動静脈瘻
徐脈＊（q.v.）
拡張期血圧の低下
- 大動脈弁閉鎖不全
- 短絡病変（例）
  ○ 1回拍出量の増加
  ○ 収縮期血圧の上昇
  ○ 動脈管開存症

発熱＊（q.v.）
甲状腺機能亢進症＊（猫）
奇脈
心膜タンポナーデでの増強

正常

運動亢進

減弱

交互脈

奇脈

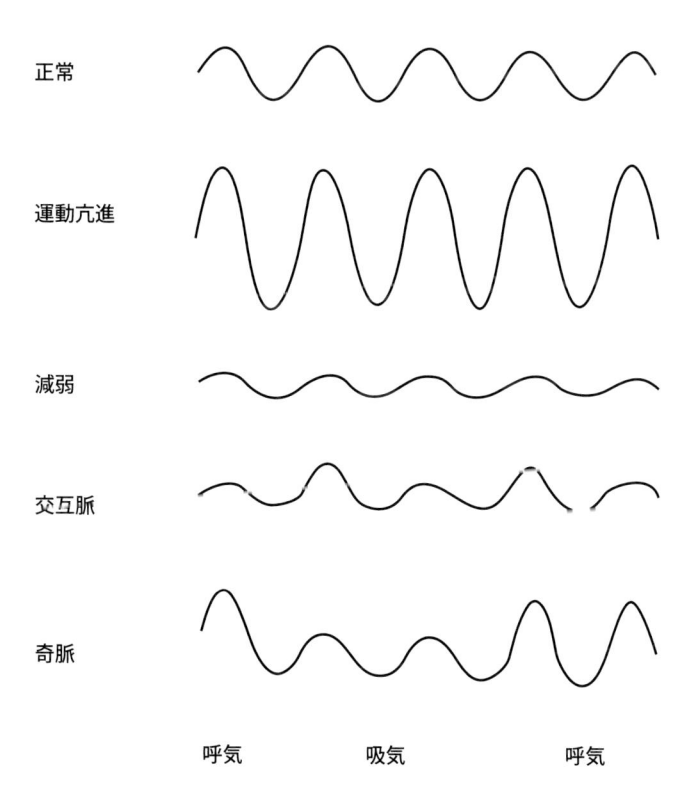

呼気　　吸気　　呼気

図 2.3（f） 動脈の拍動パターン. Fox, P.R., Sisson, D. & Moise, N. S.(1999) Texrbook of Canine and Feline Cardiology: Principles and Clinical Practice, 2nd edn. W.B. Saunders, Philadelphia より転載.

生理的
交互脈
　　心筋不全
　　頻脈性不整脈（q.v.）
二段脈
　　心室二段脈
脈欠損
　　頻脈性不整脈（q.v.）
部分的な脈欠損
　　感染性塞栓
　　腫瘍性塞栓
　　血栓塞栓症 *

参考文献
Hogan, D. F. (2002) Diagnosis of congenital heart disease. *Proceedings, ACVIM*, 2002.

2.4　皮膚の徴候

2.4.1　鱗　屑

原発性 / 遺伝性の角化異常
　　アクネ *
　　犬原発性特発性脂漏症（犬）
　　耳介辺縁皮膚症
　　表皮形成不全（アルマジロ・ウェスティ症候群）（犬）
　　猫特発性顔面皮膚炎（猫）
　　猫原発性特発性脂漏症（猫）
　　毛包形成不全
　　毛包角化亢進症
　　毛包不全角化症
　　肉球の角化亢進症
　　魚鱗癬
　　致死性肢端皮膚炎
　　苔癬様乾癬皮膚症
　　鼻部角化亢進症 *
　　鼻指角化亢進症
　　シュナウザー・コメド症候群
　　皮脂腺炎
　　尾腺過形成 *
　　ビタミン A 反応性皮膚症
　　亜鉛反応性皮膚症
表皮剥離性皮膚症
　　接触性皮膚炎 *
　　薬疹
　　上皮親和性リンパ腫
　　猫免疫不全ウイルス *（猫）
　　猫白血病ウイルス *（猫）
　　類乾癬
　　落葉状天疱瘡
　　全身性紅斑性狼瘡

胸腺腫
　　　中毒性表皮壊死症
二次性鱗屑
アレルギー性／免疫介在性
　　　アトピー＊
　　　接触性過敏症
　　　薬物過敏症
　　　食物過敏症＊
　　　ホルモン性過敏症
　　　落葉状天疱瘡
環境
　　　低湿度
　　　物理的／化学的損傷
寄生虫性／感染性疾患
　　　細菌性膿皮症
　　　ツメダニ症（Cheyletiellosis）＊
　　　牛痘ウイルス（猫）
　　　毛包虫症＊
　　　皮膚糸状菌症＊
　　　内部寄生虫＊
　　　ノミ＊
　　　リーシュマニア症
　　　マラセジア属＊
　　　シラミ寄生症＊
　　　膿皮症＊
　　　疥癬症＊（犬）
代謝性／内分泌疾患
　　　糖尿病性皮膚症
　　　成長ホルモン反応性皮膚症
　　　肝疾患
　　　副腎皮質機能亢進症
　　　アンドロゲン過剰症
　　　甲状腺機能亢進症＊（猫）
　　　下垂体機能低下症
　　　甲状腺機能低下症＊（犬）
　　　雄の特発性雌性化症候群
　　　腸疾患
　　　壊死融解性移動性紅斑
　　　エストロゲン反応性皮膚症
　　　膵臓疾患
　　　腎疾患
　　　セルトリ細胞腫
　　　性ホルモン異常
　　　表在性壊死性皮膚炎
　　　　・グルカゴノーマ
　　　　・肝皮症候群
　　　テストステロン反応性皮膚症
腫瘍
　　　上皮親和性リンパ腫

栄養性
    食事中必須脂肪酸の欠乏
    必須脂肪酸の吸収不良 / 栄養不良

参考文献

Allenspach, K., et al. (2000) Glucagon-producing neuroendocrine tumour associated with hypoaminoacidaemia and skin lesions. *JSAP,* 41:402-406.

Binder, H., et al. (2000) Palmoplanter hyperkeratosis in Irish terriers: evidence of autosomal recessive inheritance. *JSAP,* 41:52-5.

Godfrey, D. R., et al. (2004) Unusual presentations of cowpox infection in cats. *JSAP,* 45:202-205.

March, P. A., et al. (2004) Superficial necrolytic dermatitis in 11 dogs with a history of phenobarbital administration (1995-2002). *JVIM,* 18: 65-74.

McEwan, N. A., et al. (2000) Diagnostic features, confirmation and disease progression in 28 cases of lethal acrodermatitis of bull terriers. *JSAP,* 41:501-507.

Sture, G. (1995) Scaling dermatoses of the dog. *In Practice,* 17:276-86.

2.4.2　膿疱と丘疹（粟粒性皮膚炎を含む）

原発性免疫介在性
    水疱性類天疱瘡
    紅斑性天疱瘡
    落葉状天疱瘡
    増殖性天疱瘡
    尋常性天疱瘡
    全身性紅斑性狼瘡

二次性膿皮症を起こす免疫介在性疾患
    アトピー *
    接触性アレルギー *
    食物過敏症 *
    過好酸球増加症候群

二次性膿皮症を起こす寄生虫性 / 感染性疾患
    ツメダニ症
    毛包虫症 *
    デルマトフィルス症
    皮膚糸状菌症 *
    外部寄生虫咬傷 *（例）
        ・ノミ
        ・蚊
    猫免疫不全ウイルス *
    猫白血病ウイルス *
    Lynxacarus radovsky
    マラセチア属 *
    猫小穿孔ヒゼンダニ（疥癬）症
    シラミ寄生症 *
    ヒゼンダニ症 *
    表在性膿皮性皮膚炎 *
    ツツガムシ症 *

その他
    犬の線状 IgA 膿皮性皮膚症（犬）
    接触性刺激 *

薬疹
　　若年性蜂巣炎
　　無菌性好酸球膿疱性皮膚症
　　角層下膿疱症
腫瘍
　　上皮親和性リンパ腫
　　肥満細胞腫 *
栄養性
　　ビオチン欠乏症
　　必須脂肪酸欠乏症

参考文献

Beningo, K. E. & Scott, D. W. (2001) Idiopathic linear pustular acantholytic dermatosis in a young Brittany spaniel dog. *Vet Dermatol*, 12:209-13.

Preziosi, D. E., et al. (2003)Feline pemphigus foliaceus: a retrospective analysis of 57 cases. *Vet Dermatol*, 14:313-21.

2.4.3　結　節

炎症性
　　血管性浮腫
　　限局性石灰沈着症
　　皮膚石灰沈着症
　　感染性疾患
　　　・細菌 *
　　　・真菌
　　　・寄生虫
　　肉芽腫（例）
　　　・好酸球性 *
　　　・昆虫咬傷
　　組織球症
　　結節性皮膚アミロイドーシス
　　結節性皮膚線維症
　　無菌性結節性肉芽腫
　　蕁麻疹 *
　　黄色腫
蜂巣炎
　　特発性
　　　・無菌性結節
　　免疫介在性
　　　・円板状紅斑性狼瘡
　　　・全身性紅斑性狼瘡
　　　・血管炎
　　感染性疾患
　　　・細菌
　　　・真菌
　　　・ミコバクテリア
　　　・寄生虫（例）昆虫咬傷
　　膵臓疾患
　　物理的

- ・異物
- ・注射後
- ・外傷

ビタミンE欠乏症

腫瘍
上皮性
- アポクリン腺腫/癌*
- 基底細胞腫*
- 耳垢腺腫/癌*
- 角化棘細胞腫*
- 乳頭腫*
- 肛門周囲腺腫/癌*
- 毛質性上皮腫*
- 皮脂腺腫/癌*
- 扁平上皮癌*
- 汗腺腫瘍*
- 毛包上皮腫*

メラノサイト
- メラノーマ

円形細胞
- リンパ腫
  - ・上皮親和性
  - ・リンパ腫様肉芽腫症
  - ・非上皮親和性
- 組織球性肉腫
- 組織球腫*
- 肥満細胞腫*
- 形質細胞腫*
- 可移植性性器肉腫

間葉系
- 良性線維性組織球腫
- 皮膚線維腫
- 線維脂肪腫
- 線維腫
- 線維乳頭腫
- 線維肉腫
- 血管腫/肉腫
- 血管周囲細胞腫
- 平滑筋腫/肉腫
- 脂肪腫/肉腫
- リンパ管腫/肉腫
- 粘液肉腫
- 神経鞘腫

転移性

非腫瘍性, 非炎症性
- 良性結節性皮脂腺過形成
- 嚢胞*
  - ・類皮腫
  - ・類表皮腫
  - ・毛包腫

線維付属器形成不全
血腫 *
母斑/過誤腫
・膠原性
・毛包性
・皮脂腺性
・血管性
漿液腫 *
皮膚ポリープ *
色素性蕁麻疹

参考文献

Malik, R., et al. (2004) Infections of the subcutis and skin of dogs caused by rapidly growing mycobacteria. *JSAP*, 45:485-94.
Mellanby, R. J., et al. (2003) Panniculitis associated with pancreatitis in a cocker spaniel. *JSAP*, 44:24-8.

2.4.4 色素異常（被毛または皮膚）

色素脱失

全身性
老齢性白髪 *
白皮症
犬の周期性造血（犬）
チェディアック・東症候群（猫）
粘膜皮膚色素脱失
栄養欠乏症
・銅
・リシン
・パントテン酸
・蛋白質
・ピリドキシン
・亜鉛
眼皮膚白皮症
まだら症
チロシナーゼ欠乏症
ワールデンブルヒ症候群
薬剤

局所性

外傷
火傷
化学物質
物理的 *
放射線
手術 *

免疫介在性
サットン現象
ぶどう膜皮膚症候群
白斑

炎症後
　水疱性類天疱瘡
　炎症性皮膚炎＊（q.v.）
　紅斑性狼瘡
感染性疾患
　アスペルギルス症
　リーシュマニア症
特発性
　眼周囲白毛症/Aguirre症候群
　季節性鼻部色素脱失＊
腫瘍
　基底細胞腫
　上皮親和性リンパ腫
　胃癌
　乳腺癌＊
　メラノーマ
　扁平上皮癌

色素過剰症
全身性/び漫性
　脱毛X
　毛包虫症＊
　内分泌疾患
　　・副腎性ホルモン皮膚症
　　・成長ホルモン反応性皮膚症
　　・副腎皮質機能亢進症
　　・エストロゲン過剰症
　　・甲状腺機能低下症＊（犬）
　医原性
　　・グルココルチコイドの長期投与
　マラセジア属＊
　再発性体幹脱毛症
　脱毛領域の紫外線照射
多中心性
　ボウエン病（猫）
　毛包虫症＊
　皮膚糸状菌症＊
　黒子
　黒皮症
　母斑
　炎症後
　膿皮症＊
　腫瘍＊
　色素性蕁麻疹
限局性
　黒色表皮症
　毛包虫症＊
　皮膚糸状菌症＊
　黒子
　母斑

腫瘍 *
炎症後
膿皮症 *
外傷 *
薬剤
・ミノサイクリン
・ミトタン

参考文献

Ackerman, L. (2002) Pattern approach to dermatologic diagnosis. In *Proceedings, Tufts Animal Expo*, 2002.

Nelson, R. W., et al. (1988) Hyperadrenocorticism in cats: Seven cases (1978-1987). *JAVMA*, 193:245-50.

2.4.5 脱毛（カラー図版 2.4 参照）

被毛の成長不良
　腫瘍随伴性脱毛
内分泌疾患
　糖尿病 *
　副腎皮質機能亢進症
　甲状腺機能低下症 *（犬）
全身性
　慢性肝疾患（q.v.）
　末期腎疾患（q.v.）
　猫免疫不全ウイルス（猫）
　猫白血病ウイルス（猫）
毛包疾患
　成長期脱落
　　・癌化学療法
　　・内分泌疾患 *
　　・感染性疾患
　　・代謝性 *
　色素希釈性脱毛
　先天性毛包形成不全
　先天性貧毛
　暗色被毛毛包ジストロフィー
毛周期停止性脱毛
　内分泌疾患
　　・脱毛 X
　　　◦副腎性ホルモン反応性皮膚症
　　　◦去勢反応性皮膚症
　　　◦成長ホルモン反応性皮膚症
　　　◦エストロゲン反応性皮膚症
　　　◦テストステロン反応性皮膚症
　　・副腎皮質機能亢進症
　　・エストロゲン過剰症
　　・甲状腺機能低下症 *（犬）
　特発性周期性体幹脱毛
　パターン脱毛

剃毛後
　　　休止期脱落 *
　　　　・ストレス（例）
　　　　　◦ 麻酔
　　　　　◦ 妊娠
　　　　　◦ ショック（q.v.）
　　　　　◦ 手術
　　　　　◦ 全身性疾患
毛包の損傷
　　瘙痒症に続発 *（q.v.）
毛包感染症
　　細菌性毛包炎 *
　　毛包虫症 *
　　皮膚糸状菌症 *
免疫介在性
　　円形脱毛症
　　特発性リンパ球性壁性毛包炎
　　萎縮性脱毛
　　皮脂腺炎
腫瘍 *
外傷／物理的
　　感染部位反応
　　グルーミング過剰
　　感覚神経症
　　牽引性脱毛
　　毛髪縦裂
　　結節性裂毛
栄養性
　　亜鉛欠乏性
　　亜鉛反応性皮膚症
その他
　　ムチン性脱毛
　　猫後天性対称性脱毛（猫）
　　猫耳介脱毛 *（猫）
　　猫耳前部脱毛（正常）
　　ロットワイラーの毛包リピドーシス（犬）
　　毛幹髄質軟化症
　　心因性脱毛 *
　　シルキー種の短毛症候群（犬）
　　薬剤
　　　・カルビマゾール

参考文献
Frank, L. A. (2005) Growth hormone-responsive alopecia in dogs. *JAVMA*, 226:1494-7.
Sawyer, L. S. (1999) Psychogenic alopecia in cats: 11 cases (1993-1996). *JAVMA*, 214:71-4.

2.4.6　糜爛／潰瘍性皮膚疾患

免疫介在性
　　水疱性類天疱瘡

円板状紅斑性狼瘡
　　後天性表皮水疱症
　　多形性紅斑
　　粘膜天疱瘡
　　肛門周囲瘻
　　形質細胞性足皮膚炎
　　全身性紅斑性狼瘡
　　中毒性表皮壊死症
　　シェットランド・シープドッグおよびラフコリーの潰瘍性疾患（犬）
特発性
　　猫特発性潰瘍性皮膚症
感染性疾患
　　抗生物質反応性潰瘍性皮膚症
　　牛痘ウイルス（猫）
腫瘍 *
物理的
　　火傷
　　凍傷
　　放射線
　　外傷
血管炎
　　特発性
　　免疫介在性
　　感染性
薬剤／毒素
　　イトラコナゾール
　　イベルメクチン
　　イモジウム
　　ACE阻害剤
　　タリウム
　　フェニルブタゾン
　　フェノバルビトン
　　フェンベンダゾール
　　メトクロプラミド
　　メトロニダゾール
　　利尿剤

参考文献

Bassett, R. J. (2004) Antibiotic responsive ulcerative dermatoses in German Shepherd Dogs with mucocutaneous pyoderma. *Aust Vet J*, 82:485-9.

Godfrey, D. R., et al. (2004) Unusual presentations of cowpox infection in cats. *JSAP*, 45: 202-205.

2.4.7　外耳炎

一次的原因

過敏症
　　アトピー *
　　接触アレルギー *
　　薬剤反応
　　食物過敏症 *

感染性疾患
　真菌性
　　・皮膚糸状菌症
　　・*Sporothrix schenckii*
　寄生虫性
　　・毛包虫症 *
　　・ノミ *
　　・耳疥癬 *
　　・シラミ寄生症
　　・ヒゼンダニ症（犬）*
　　・ツツガムシ症 *
　膿皮症
内分泌疾患（例）
　副腎皮質機能亢進症
　甲状腺機能低下症 *（犬）
物理的
　異物 *
免疫介在性
　水疱性類天疱瘡
　寒冷凝集疾患
　薬疹
　多形性紅斑
　紅斑性狼瘡
　紅斑性天疱瘡
　落葉状天疱瘡
　血管炎
角化異常
　一次性脂漏症
　皮脂腺炎
　ビタミンA反応性皮膚症
その他
　耳垢の異常産生
　若齢性蜂巣炎
腫瘍
　腺癌
　腺腫
　乳頭腫
　扁平上皮癌
素因因子
　全身的な免疫抑制
耳の形態／構造
　耳管狭窄
　　・後天性 *
　　・遺伝性
　多毛症 *
　腫瘍
　耳介下垂 *（犬）
　ポリープ *
（耳道内の）過剰な湿気
　湿度（の上昇）

水泳
医原性
　刺激性のイヤークリーナー製剤
　クリーナー製剤の過剰使用
　外傷
持続因子
　慢性耳疾患に続発した後天的変化
　　・線維症 *
　　・過形成 *
　　・石灰化 *
　　・浮腫 *
　　・潰瘍 *
　細菌性 *
　　・エンテロバクター属
　　・プロテウス属
　　・シュードモナス属
　　・ブドウ球菌
　　・連鎖球菌属
　カンジダ症 *
　マラセジア属 *
　中耳炎

参考文献

Jacobson, L. S. (2002) Diagnosis and medical treatment of otitis externa in the dog and cat. *J S Afr Vet Assoc*, 73:162-70.
Little, C. (1996) A clinician's approach to the investigation of otitis externa. *In Practice,* 18:9-16.

2.4.8　足皮膚炎

非対称性足皮膚炎
　異物 *
　刺激 *
　腫瘍
　外傷
感染性疾患
　細菌性 *
　　・アクチノミセス属
　　・ノカルジア属
　　・プロテウス属
　　・シュードモナス属
　　・ブドウ球菌
　真菌性
　　・ブラストミセス症
　　・カンジダ症
　　・クリプトコッカス症
　　・皮膚糸状菌症 *
　　・真菌性菌腫
　　・マラセジア属
　寄生虫性（例）
　　・毛包虫症 *

その他
　肢端舐性皮膚炎 *
　動静脈瘻
　限局性石灰沈着症
　骨髄炎
　感覚性神経症
対称性足皮膚炎
先天性
　ブル・テリアの肢端皮膚炎（犬）
　アイリッシュ・テリアの家族性角化亢進殖症（犬）
　ジャーマン・シェパードの家族性血管症（犬）
　特発性肉球角化亢進症
　チロシン血症
　ジャックラッセル・テリアの血管炎（犬）
免疫介在性 / アレルギー性
　アトピー *
　水疱性類天疱瘡
　寒冷凝集
　接触アレルギー *
　皮膚筋炎（犬）
　薬疹
　食物アレルギー *
　落葉状天疱瘡
　尋常天疱瘡
　形質細胞足皮膚炎（猫）
　無菌性肉芽腫 / 化膿性肉芽腫
　全身性紅斑性狼瘡
　血管炎
免疫不全
　後天性
　先天性
感染性疾患
　細菌性（例）
　　・ブドウ球菌
　真菌性（例）
　　・マラセジア属
　寄生虫性（例）
　　・毛包虫症
　　・鉤虫
　　・リーシュマニア症
　　・糞線虫症
刺激性
代謝性
　限局性石灰沈着症
　表在性壊死性皮膚炎
その他
　皮膚線維症
　ジステンパー（犬）
腫瘍

栄養性
　亜鉛反応性皮膚症
心因性 / 神経原性
　ジャーマン・ショートヘアード・ポインターの肢端断節（犬）
　感覚性神経症

参考文献
Boord, M. J. (2002) Canine pododermatitis. In *Proceedings, Western Veterinary Conference,* 2002.
Pereira, P. D. & Faustine, A. M. R. (2003) Feline plasma cell pododermatitis: a study of 8 cases. *Vet Dermatol,* 14:333-7.
Rosychuk, R. A. (2002) Pododermatitis in dogs and cats. In *Proceedings, ACVIM,* 2002.

2.4.9　爪の疾患

特発性
　特発性爪異栄養症
　特発性爪鉤弯症
　特発性爪脱落症
免疫介在性
　水疱性類天疱瘡
　寒冷グロブリン血症
　円板状紅斑性狼瘡 / 対称性類狼瘡性爪異栄養症
　薬疹
　好酸球性肉芽腫症候群
　天疱瘡複合症
　全身性紅斑性狼瘡
　血管炎
感染性疾患
　細菌性
　　・外傷またはウイルスに続発 *
　真菌性
　　・ブラストミセス症
　　・カンジダ症
　　・クリプトコッカス症
　　・皮膚糸状菌症
　　・ゲオトリクム症
　　・マラセジア属
　　・スポロトリクス症
　寄生虫性
　　・回虫
　　・毛包虫
　　・鉤虫皮膚炎
　原虫性
　　・リーシュマニア症
　ウイルス性
　　・犬ジステンパーウイルス *（犬）
　　・猫免疫不全ウイルス *（猫）
　　・猫白血病ウイルス *（猫）
遺伝性 / 原発性
　無爪症

皮膚筋炎
表皮水疱症
母斑
一次性脂漏症
過剰爪
代謝性 / 内分泌疾患
末端巨大症
糖尿病 *
副腎皮質機能亢進症
甲状腺機能亢進症 *（猫）
甲状腺機能低下症 *（犬）
壊死融解性移動性紅斑
腫瘍（例）
転移性肺癌
扁平上皮癌
栄養性
致死性肢端皮膚炎
亜鉛反応性皮膚症
薬剤 / 毒素
タリウム中毒
外傷
刺激性化学物質 *
物理的損傷 *
血管性
播種性血管内凝固
レイノー様疾患

参考文献

Carlotti, D. N. (1999) Claw diseases in dogs and cats. *Eur J Comp An Prac*, IX:21-33.

Mueller, R. S., et al. (2003) A retrospective study regarding the treatment of lupoid onychodystrophy in 30 dogs and literature review. *JAAHA*, 39:139-50.

Scott, D. W., et al. (1995) Symmetrical lupoid onychodystrophy in dogs: a retrospective analysis of 18 cases (19891993). *JAAHA*, 31:194-201.

2.4.10　肛門嚢 / 肛門周囲疾患

肛門周囲 / 尾の瘙痒症
肛門嚢停滞
肛門嚢炎 *
アトピー *
ノミ咬傷過敏症 *
食物過敏症 *
間擦疹 *
・会陰部
・尾部皺襞
・外陰部皺襞
寄生虫性 *（例）
・ツメダニ症
・疥癬症

肛門周囲の腫脹
　肛門嚢膿瘍 *
　肛門嚢腫瘍 *
　肛門周囲腺腫 *
　その他の肛門周囲腫瘍
　会陰ヘルニア *
　直腸脱 *
肛門周囲瘻
　肛門フルンケル症 *
　肛門嚢膿瘍の破裂 *

参考文献
Esplin, D. G. (2003) Squamous cell carcinoma of the anal sac in five dogs. *Vet Pathol,* 40:332-4.

2.5　神経学的徴候

2.5.1　脳神経（CN）の反応異常

　検査の異常に関連する病変の解剖学的位置を，脳神経検査の結果を変化させるその他の疾患と共にあげた．頭蓋内疾患では複数の脳神経が影響されることが多く，そして通常は他にも神経症状が存在するため，頭蓋内疾患と末梢神経症は鑑別しやすいことがある．代表的な脳神経の特定の疾患も以下に列挙した．

瞳孔不同症（カラー図版 2.5 参照）
異常な瞳孔-収縮
　角膜の潰瘍 / 裂傷
　ホルネル症候群
　虹彩後癒着
　過去の炎症
　ぶどう膜炎 *
　薬剤（例）
　　・ピロカルピン
異常な瞳孔-散大
　虹彩，網膜，CN Ⅱ，CN Ⅲ
　　・脈絡網膜炎
　　・緑内障
　　・虹彩の萎縮 / 低形成
　　・虹彩損傷
　　・虹彩後癒着
　　・片側性盲目
　　・薬剤（例）
　　　◦アトロピン
　　　◦フェニルフリン
聴覚反応低下
　CN Ⅷ
　外耳道 *
　中耳 * または内耳
角膜反射低下
　脳幹
　CN Ⅴ
　CN Ⅶ

嚥下反射低下
　脳幹
　CN Ⅸ
　CN Ⅹ
顔面左右不対称（カラー図版 2.5(b) 参照）
　顔面麻痺
　　・CN Ⅶ
　　・特発性神経炎
　　・中耳の腫瘍
　　・中耳炎 *
　咀嚼筋羸痩
　　・CN Ⅴ
　　　◦ 特発性三叉神経炎
　　　◦ 悪性三叉神経鞘腫
　　・咀嚼筋炎
顎緊張の低下 / 顎の閉鎖不能
　CN Ⅴ
　　・特発性三叉神経炎
　　・リンパ腫 *
　　・ネオスポラ症
非刺激臭への反応欠如
　CN Ⅰ
　鼻疾患
威嚇反応低下
　脳幹
　小脳
　CN Ⅱ
　CN Ⅶ
　前脳
　未成熟動物
　網膜
眼瞼反射低下
　脳幹
　CN Ⅴ
　CN Ⅶ
瞳孔光反射低下
　脳幹
　CN Ⅱ
　CN Ⅲ
　網膜
鼻粘膜刺激への反応低下
　脳幹
　CN Ⅴ
　前脳
迷走神経刺激への反応低下
　CN Ⅹ
突発性眼振
　脳幹
　CN Ⅷ
　中毒（例）

- 大麻
- メタアルデヒド

前庭疾患（q.v.）（例）
- 犬の特発性老齢性前庭疾患 *
- 先天性前庭疾患
- 中耳疾患

斜視
腹外側
CN Ⅲ
背外側
CN Ⅳ
内側
CN Ⅵ
前庭 - 眼球反射低下
脳幹
CN Ⅲ
CN Ⅳ
CN Ⅵ
CN Ⅷ
CN Ⅴの疾患
特発性三叉神経炎
浸潤性腫瘍（例）
- リンパ腫
- 神経鞘腫

CN Ⅶの疾患
特発性
インスリノーマ
中耳炎/内耳炎
中耳の外傷
内耳の腫瘍

参考文献
Bagley, R. S. (2002) Differential diagnosis of animals with intracranial disease, Part 2: diseases of the brainstem, cranial nerves, and cerebellum. In *Proceedings, Atlantic Coast Veterinary Conference*, 2002.
Braund, K. G., et al. (1987) Insulinoma and subclinical peripheral neuropathy in two dogs. *JVIM*, 1:86-90.
Mayhew, P. D., Bush, W. W. & Glass, E. N. (2002) Trigeminal neuropathy in dogs: a retrospective study of 29 cases (1991-2000), *JAAHA*, 38:262-70.

2.5.2　前庭疾患

（次の症状が含まれる：斜頚，眼振，旋回，傾斜，転倒，回転）

末梢前庭系

先天性前庭疾患
代謝性
甲状腺機能低下症 *（犬）
腫瘍
耳垢腺癌
軟骨肉腫
線維肉腫

骨肉腫
神経鞘腫
扁平上皮癌
特発性
特発性老齢性前庭疾患 *
感染性疾患
外耳炎の波及 *（q.v.）
異物 *
感染の血行性播種
中耳炎 / 内耳炎 *
ポリープ *
外傷
薬剤 / 毒素
抗生物質
アミノグリコシド
アンフォテリシン B
アンピシリン
バシトラシン
クロラムフェニコール
コリスチン
エリスロマイシン
グリセオフルビン
ヒグロマイシン B
メトロニダゾール
ミノサイクリン
ポリミキシン B
テトラサイクリン
バンコマイシン
殺菌剤
塩化ベンザルコニウム
塩化ベンゼトニウム
セトリミド
クロルヘキシジン
エタノール
ヨード
ヨードフォア
癌化学療法剤
アクチノマイシン
シスプラチン
シクロフォスファミド
ビンブラスチン
ビンクリスチン
利尿剤
ブメタニド
エタクリン酸
フロセミド
金属 / 重金属
ヒ素
金塩
鉛

水銀
トリエチル / トリメチルスズ
その他
耳垢溶解剤
ダナゾール
洗浄剤
ジゴキシン
ジメチルスルフォキシド
ジフェニルヒドラジン
インスリン
メキシレチン
臭化カリウム
プレドニゾン
プロピレングリコール
キニジン
サリチル酸

中枢前庭系

外傷
変性
　リソソーム貯蔵病
先天性
　キアリ様形成異常
　水頭症
代謝性
　電解質異常＊（q.v.）
　肝性脳症＊（q.v.）
　尿毒症性脳症＊（q.v.）

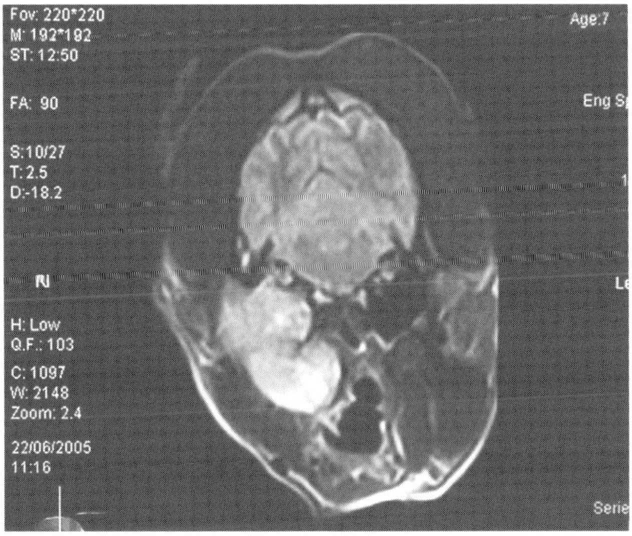

図 2.5(a)　犬の頭部の T1 強調 MR スキャン横断面像．中耳に大型腫瘍が認められる．Downs Referral, Bristol の許可を得て掲載．

腫瘍
　脈絡叢腫瘍
　類皮嚢腫
　類表皮嚢腫
　神経膠腫
　リンパ腫
　髄芽腫
　髄膜腫
　転移性腫瘍
栄養性
　チアミン欠乏症
免疫介在性 / 感染性疾患
　猫海綿状脳症（猫）
　髄膜脳炎
特発性
　くも膜嚢胞
薬剤 / 毒素
　メトロニダゾール
血管障害
　脳血管障害

参考文献

Dewey, C. W. (2003) Chiari-like malformation in the dog. *Proceedings, ACVIM*, 2003.

Forbes, S. & Cook, J. R. (1991) Congenital peripheral vestibular disease attributed to lymphocytic labyrinthitis in two related litters of Dobermann Pinscher pups. *JAVMA*, 198:447-9.

Troxel, M. T., et al. (2005) Signs of neurologic dysfunction in dogs with central versus peripheral vestibular disease. *JAVMA*, 227:570-4.

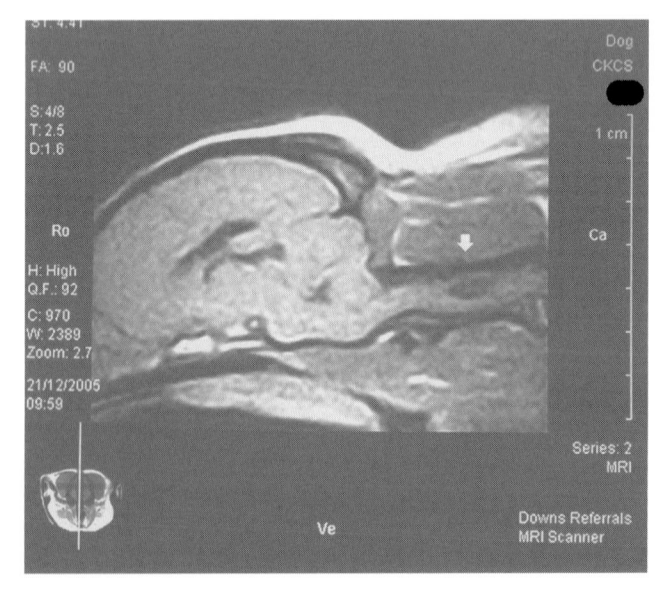

図 2.5 (b)　キャバリア・キング・チャールズ・スパニエルの脳および頸椎の T1 強調 MR スキャン矢状断面像．水脊髄空洞症が認められる（矢印）．Downs Referral, Bristol の許可を得て掲載．

2.5.3 ホルネル症候群

一次性（視床下部，吻側中脳，T3 までの脊髄）
頭蓋内疾患（例）
・腫瘍
脊髄疾患（q.v.）
胸部疾患（例）
・前縦隔マス

二次性（前神経節）（T1-T3，迷走交感神経幹，後および前頚神経節）
腕神経叢断裂
頚部軟部組織疾患（例）
・マス
・腫瘍
・外傷
頚部手術（例）
・甲状腺摘出術

三次性（後神経節）（中耳，頭蓋腔，眼）
猫免疫不全ウイルス＊（猫）
医原性（例）
・鼓室包骨切り術
特発性＊
中耳
・マス
・腫瘍
中耳炎／内耳炎＊
・中耳の下
後眼球
・損傷
・マス＊
・腫瘍

参考文献
Kern T.J., et al. (1989) Horner's syndrome in dogs and cats: 100 cases (1975-1985). *JAVMA*, 195:369-73.

2.5.4 半側無視（hemineglect）症候群（前脳機能不全 q.v.）

2.5.5 脊髄疾患（神経学的位置決めは図 2.5(e) 参照）

C1 － C5
急性
環軸亜脱臼
頚部脊椎脊髄症（犬）
変性性椎間板疾患＊（犬）
椎間板脊椎炎
線維軟骨塞栓症＊
骨折＊
肉芽腫性髄膜脳脊髄炎
血腫

虚血性脊髄症
　　脱臼
　　腫瘍
慢性
　　環椎後頭骨形成不全
　　環軸亜脱臼
　　限局性石灰沈着症
　　頚椎線維性狭窄症
　　頚部変形性脊髄症＊（犬）
　　猫伝染性腹膜炎（猫）
　　ビタミンA過剰症
　　腫瘍
　　脊髄くも膜嚢胞
　　滑膜嚢胞
　　水脊髄空洞症＊

C6 － T2
急性
　　腕神経叢断裂
　　頚部変形性脊髄症＊（犬）
　　変性性椎間板疾患＊（犬）
　　椎間板脊椎炎
　　線維軟骨塞栓症＊
　　骨折＊
　　肉芽腫性髄膜脳脊髄炎
　　血腫
　　脱臼
　　腫瘍
慢性（カラー図版 2.5(c) 参照）
　　頚部変形性脊髄症＊（犬）
　　類皮洞

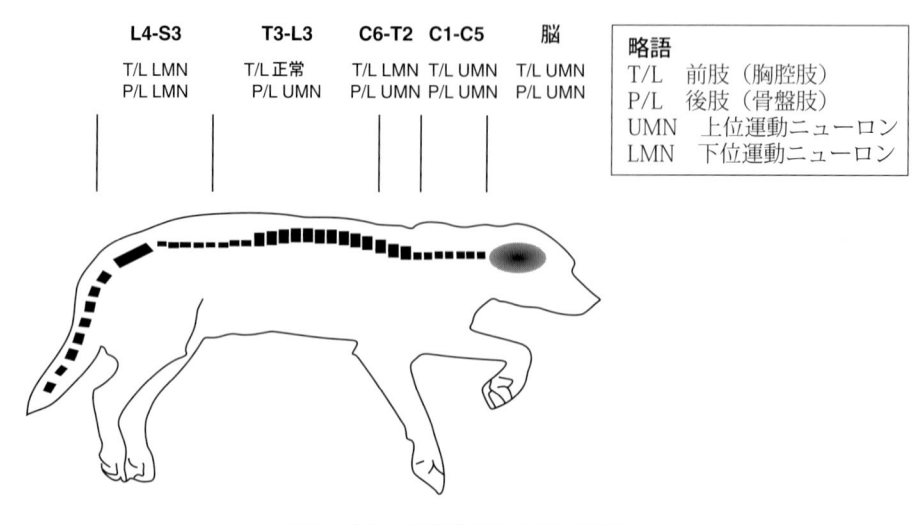

	L4-S3	T3-L3	C6-T2	C1-C5	脳
T/L	T/L LMN	T/L 正常	T/L LMN	T/L UMN	T/L UMN
P/L	P/L LMN	P/L UMN	P/L UMN	P/L UMN	P/L UMN

略語
T/L　前肢（胸腔肢）
P/L　後肢（骨盤肢）
UMN　上位運動ニューロン
LMN　下位運動ニューロン

図 2.5(c)　脊髄病変の位置の特定.

腫瘍
脊髄くも膜嚢胞
滑膜嚢胞

T3 － L3
急性
上行性脊髄軟化症
変性性椎間板疾患 *（犬）
椎間板脊椎炎
線維軟骨塞栓症 *
骨折 *
肉芽腫性髄膜脳脊髄炎
脱臼
腫瘍

慢性
限局性石灰沈着症
変性性椎間板疾患 *（犬）
変性性脊髄症 *
腫瘍
脊髄くも膜嚢胞
滑膜嚢胞

L4 － S3
急性
上行性脊髄軟化症
馬尾神経炎 *（犬）
変性性椎間板疾患 *（犬）
椎間板脊椎炎
線維軟骨塞栓症 *
骨折 *
肉芽腫性髄膜脳脊髄炎
虚血性神経筋症
脱臼
腫瘍
腰筋損傷

慢性
変性性脊髄症 *
類皮洞
腰仙椎椎間板疾患 *（犬）
腫瘍
仙骨離断性骨軟骨炎
仙尾椎発育異常
二分脊椎
脊髄係留症候群

参考文献

Jurina, K. & Grevel, V. (2004) Spinal arachnoid pseudocysts in 10 Rottweilers. *JSAP*, 45:9-15.

Knipe, M. F., et al. (2001) Intervertebral disc extrusion in six cats. *J Feline Med Surg*, 3:161-8.

Salvadori, C., et al. (2003) Degenerative myelopathy associated with cobalamin deficiency in a cat. *J Vet Med A Physiol Pathol Clin Med*, 50:292-6.

2.6 眼の徴候

2.6.1 レッドアイ

結膜炎
化学性
　酸
　アルカリ
　防腐剤
　シャンプー
免疫介在性
　アレルギー性
　節足動物の咬傷 *
　アトピー *
　薬剤反応
　食物過敏症 *
　特発性
　乾性角結膜炎 *
感染性疾患
　細菌 *
　真菌（例）
　　・ブラストミセス症
　マイコプラズマ
　寄生虫（例）
　　・テラジア属
　リケッチア
　ウイルス（例）
　　・犬ジステンパーウイルス *（犬）
神経学的疾患
　まばたき反射の欠如
　　・顔面神経の病変（q.v.）
　　・三叉神経の病変（q.v.）
　涙液産生の欠如
　　・神経原性乾性角結膜炎
物理的
　睫毛 *
　塵 *
　異物 *
　マス *
　眼瞼の解剖学的奇形 *
　　・外反症
　　・内反症
放射線療法
腫瘍（例）
　肥満細胞腫
　メラノーマ
　扁平上皮癌
全身性
　ヘパトゾーン症

リーシュマニア症
　　リステリア症
　　多発性骨髄腫
　　全身性組織球症
　　チロシン血症（犬）

前ぶどう膜炎

　　特発性
電離放射線
感染性疾患
藻類
　　プロトテカ症
細菌性
　　バルトネラ症
　　ボレリア症
　　ブルセラ症（犬）
　　レプトスピラ症
　　敗血症
　　　・膿瘍 *
　　　・細菌性心内膜炎
　　　・歯牙感染
　　　・新生子の臍帯感染
　　　・前立腺炎 *
　　　・腎盂腎炎
　　　・子宮蓄膿症 *
　　　・膿胸
真菌性
　　ブラストミセス症
　　カンジダ症
　　コクシジオイディス症
　　クリプトコッカス症
　　ヒストプラズマ症
寄生虫性
　　住血線虫症
　　アライグマ回虫
　　双翅目
　　犬糸状虫
　　トキソカラ症
原虫
　　リーシュマニア症
　　ネオスポラ症（犬）
　　トキソプラズマ症
リケッチア
　　エールリヒア症
　　ロッキー山紅斑熱
ウイルス
　　犬アデノウイルス1型（犬）
　　犬ジステンパーウイルス
　　犬ヘルペスウイルス（犬）
　　猫免疫不全ウイルス（猫）*

猫伝染性腹膜炎（猫）*
猫白血病ウイルス（猫）*
狂犬病

腫瘍
腺癌
毛様体
毛様体腺腫
髄上皮腫
メラノーマ
転移性腫瘍，特に
・血管肉腫
・リンパ腫
肉腫
全身性組織球症

非感染性炎症
水晶体関連性前ぶどう膜炎
・白内障*
・脱臼*
・穿孔創*
肉芽腫性髄膜脳脊髄炎
特発性
免疫介在性血管炎
色素性ぶどう膜炎
ぶどう膜皮膚症候群

全身性（例）
凝固障害
高脂血症（q.v.）
全身性高血圧*（q.v.）
毒血症

外傷
鈍性外傷*
穿孔創*/眼球内異物
薬剤（例）
・縮瞳剤

眼球充血/血管うっ血

前強膜炎
外傷*

上強膜炎
結節性
単発性

緑内障

原発性
隅角発生不全
原発性解放角緑内障

二次性
白内障*（q.v.）
眼内出血*（q.v.）
水晶体脱臼*
腫瘍

櫛状靱帯を覆う新生血管組織
色素性緑内障
外傷
ぶどう膜炎*（q.v.）
水晶体切除後の硝子体逸脱
薬剤
　・アトロピン
　・シルデナフィル
内側のレッドアイ
　前ぶどう膜炎
　前房出血
　虹彩マス
　網膜剥離
　硝子体出血
角膜のレッドアイ
　新生血管形成
　肉芽組織
　出血

参考文献
Pena, M. T., et al. (2000) Ocular and periocular manifestations of leishmaniasis in dogs: 105 cases (1993-1998). *Vet Ophthalmol*, 3:35-41.
Sansom, J. (2000) Diseases involving the anterior chamber of the dog and cat. *In Practice*, 22:58-70.
Whitley, R. D. (2000) Canine and feline primary ocular bacterial infections. *Vet Clin North Am Small Anim Pract*, 30:1151-67.

2.6.2　角膜混濁

角膜浮腫
　前ぶどう膜炎*（q.v.）
　犬アデノウイルス1型（犬）
　角膜潰瘍*（q.v.）
　眼内炎
　内皮異栄養症
　緑内障（q.v.）
　犬アデノウイルス1型生ワクチンの投与歴
　眼内腫瘍
　機械的外傷*/医原性
　新生血管形成
　瞳孔膜遺残
　薬剤/毒素
　　・トカイニド
色素沈着
　虹彩前癒着
　慢性角膜傷害*
　先天性内皮色素沈着
　角膜分離
　角膜縁のメラノーマ
　瞳孔膜遺残
　色素性緑内障

角膜血管新生
    眼内炎
    緑内障（q.v.）
    眼内腫瘍
    角膜炎 *
    パンヌス *
    ぶどう膜炎 *（q.v.）
その他
    カルシウム沈着
    細胞浸潤
    変性性変化
    異物 *
    脂肪沈着
    腫瘍浸潤
    瘢痕形成 *
    乾燥症

参考文献
Adam, S. & Crispin, S. (1995) Differential diagnosis of keratitis in cats. *In Practice*, 17:355-63.
Pentlarge, V. W. (1989) Corneal sequestration in cats. *Compend Contin Educ Pract Vet*, 11:24-32.

2.6.3　角膜潰瘍 / 糜爛

変性
    角膜の石灰変性
    脂肪性角膜症
異栄養性
    水疱性角膜症
    角膜内皮異栄養症
    角膜分離（猫）
    上皮基底膜異栄養症（無痛性潰瘍）
感染性疾患
細菌（二次性の侵入細菌）
    バチルス属
    コリネバクテリウム属
    大腸菌
    シュードモナス属
    ブドウ球菌属
    連鎖球菌属
真菌
    アクレモニウム属
    アルテルナリア属
    アスペルギルス症
    カンジダ症
    セファロスポリウム属
    Curvalia 属
    シュードアレシェリア属
    スケドスポリウム属
原虫

ウイルス
　猫ヘルペスウイルス *（猫）
炎症性 / 免疫介在性
　猫好酸球性角膜炎
　乾性角結膜炎 *
　点状角膜症（犬）
機械的 / 刺激性外傷
　異所性被毛 *
　睫毛重生 *
　異所性睫毛 *
　眼瞼異常 *
　　・外反症
　　・内反症
　温熱
　刺激性化学物質
　自傷 *
　シャンプー
　煙 *
　睫毛乱生 *
　紫外線 *
神経学的問題
　電離放射線
　瞬き反射の欠如
　　・顔面神経の病変（q.v.）
　　・三叉神経の病変（q.v.）
　涙液産生の欠如
　　・神経原性乾性角結膜炎

参考文献
Adam, S. & Crispin, S. (1995) Differential diagnosis of keratitis in cats. *In Practice,* 17:355-63.
Morgan, R. V., et al. (1996) Feline eosinophilic keratitis: a retrospective study of 54 cases: (1989-1994). *Vet Comp Ophthalmol,* 6:131 4.
Nasisse, M. (2002) Corneal ulcers. In *Proceedings, Tufts Animal Expo,* 2002.

2.6.4　水晶体病変

白内障
　老齢性 *
　感電
　緑内障（q.v.）
　水晶体脱臼（以下参照）
　非遺伝性発育性
　炎症後
　放射線
　網膜変性
遺伝性（例）
　小眼球症および回転性眼振を伴う先天異常
　早期に発症し進行性
　後極嚢下白内障

代謝性
　糖尿病 *
　低カルシウム血症
　栄養性二次性上皮小体機能亢進症
栄養性
　母乳代用品による飼育
外傷 *
　鈍性
　穿孔性
薬剤／毒素
　局所用デキサメサゾン
　ケトコナゾール
　ジアゾキシド
　ジニトロフェノール
　ジメチルスルフォキシド
　スルホニル尿素グリメピリド
　ヒドロキシメチルグルタリル - コエンザイム A 還元酵素阻害剤
　フェニルピペラジン
　プロゲステロン性避妊薬
　ペフロキサシン
脱臼／亜脱臼
原発性
続発性
　慢性ぶどう膜炎（q.v.）
　緑内障（q.v.）
　水晶体の形状／大きさの異常
　外傷

参考文献

Beam, S., et al. (1999) A retrospective-cohort study on the development of cataracts in dogs with diabetes mellitus: 200 cases. *Vet Comp Ophthalmol*, 2:169-72.

Crispin, S., Bedford, P., Yellowley, J. & Warren, C. (1995) Hereditary eye disease and the BVA/KC/ISDS Eye scheme. *In Practice*, 17:254-64.

Da Costa, P. D., et al. (1996) Cataracts in dogs after long-term ketoconazole therapy. *Vet Comp Ophthalmol*, 6:176-80.

2.6.5　網膜病変

網膜剥離
　線維性硝子体網膜癒着
　　外傷 *
遺伝性（例）
　コリーアイ奇形
　一次硝子体過形成遺残および網膜形成不全
医原性
　水晶体手術の合併症
占拠性病変
　眼外性
　眼内性

全身性
  高血圧＊（q.v.）
  重度の全身性炎症性疾患
  ぶどう膜皮膚症候群

視神経乳頭の腫脹
乳頭浮腫（例）
  急性緑内障
  高血圧（q.v.）
  視神経腫瘍
  眼窩の占拠性病変
  頭蓋内圧上昇
    ・脳腫瘍
    ・頭蓋内出血

視神経炎
  炎症性
    ・肉芽腫性髄膜脳脊髄炎
  感染性疾患
    ・ブラストミセス症
    ・犬ジステンパーウイルス＊（犬）
    ・クリプトコッカス症
    ・ヒストプラズマ症
    ・トキソプラズマ症
  特発性
  局所性
    ・眼窩膿瘍＊
    ・眼窩蜂巣炎＊
  腫瘍
  外傷＊
  中毒

偽乳頭浮腫
  先天的欠損

視神経乳頭の浮腫
  緑内障（q.v.）
  術後の緊張低下
  ぶどう膜炎（q.v.）

腫瘍
  転移性
  原発性

網膜出血：（例）
  凝固障害
  高血圧性網膜症
  過粘稠度
  炎症/感染性脈絡網膜炎
  腫瘍性脈絡網膜炎

参考文献

Crispin, S., Bedford, P., Yellowley, J. & Warren, C. (1995) Hereditary eye disease and the BVA/KC/ISDS Eye scheme. *In Practice*, 17:254-64.

Grahn, B. H., et al. (2004) Inherited retinal dysplasia and persistent hyperplastic primary vitreous in Miniature Schnauzer dogs. *Vet Ophthalmol*, 7:151-8.

Sansom, J. & Bodey, A. (1997) Ocular signs in four dogs with hypertension. *Vet Rec*, 140:593-8.

2.6.6 眼内出血 / 前房出血

慢性緑内障
凝固障害
先天性
   コリーアイ奇形
   硝子体動脈遺残
   一次硝子体過形成遺残
   硝子体形成不全
高粘稠度症候群
   高グロブリン血症
   多血症（q.v.）
医原性
   術後
炎症性（例）
   ぶどう膜炎
腫瘍
新生血管形成
   網膜
   ぶどう膜
網膜剥離（q.v.）
全身性高血圧 *（q.v.）
外傷 *

参考文献

Friedman, D. S., et al. (1989) Malignant canine anterior uveal melanoma. *Vet Pathol*, 26:523-5.
Nelms, S. R. (1993) Hyphema associated with retinal disease in dogs: 17 cases (19861991). *JAVMA*, 202:1289-92.
Sansom, J., et al. (1994) Ocular disease associated with hypertension in 16 cats. *JSAP*, 35:604-11.

2.6.7 前眼房の外観異常

虹彩前癒着
前ぶどう膜炎（q.v.）
先天的病変
   コロボーム
   虹彩嚢胞
   瞳孔膜遺残
前房出血（q.v.）
前房蓄膿
   深部角膜潰瘍
   ぶどう膜炎（q.v.）
腫瘍細胞の浸潤
脂肪性眼房水
マス
   異物 *
   虹彩嚢胞
   水晶体脱臼

炎症後のフィブリン形成 *
ぶどう膜腫瘍
・腺癌
・腺腫
・髄上皮腫
・メラノーマ
・転移性

参考文献
Bedford, P. G. (1998) Collie eye anomaly in the Lancashire heeler. *Vet Rec*, 143:354-6.
Friedman, D. S. (1989) Malignant canine anterior uveal melanoma. *Vet Pathol*, 26:523-5.

2.7 筋骨格系の徴候

2.7.1 筋肉の萎縮または肥大

萎縮
廃用萎縮 *
　整形外科的疾患 *（q.v.）
　運動制限 *
代謝性 / 内分泌疾患 / 全身性
　悪液質 *
　　・心疾患 *
　　・腫瘍 *
　グリコーゲン貯蔵病
　副腎皮質機能亢進症
　甲状腺機能亢進症 *（猫）
　甲状腺機能低下症性筋症（犬）
　脂質貯蔵筋症
　ミトコンドリア筋症
　栄養不良
　　・胃腸管疾患（q.v.）
　　・蛋白質・カロリー摂取不足
筋症（ミオパシー）
変性性 / 遺伝性
　ロットワイラーの遠位筋症（犬）
　線維性筋症
　ラブラドール・レトリーバーの筋症（犬）
　メロシン欠乏筋症
　筋異栄養症
　ネマリン筋症
炎症性 / 感染性疾患
　細菌性
　皮膚筋炎
　眼外筋炎
　レプトスピラ症
　咀嚼筋炎
　多発性筋炎
　原虫性

・ネオスポラ症（犬）
・トキソプラズマ症
破傷風
神経原性
　腫瘍（例）
　　・悪性神経鞘腫
　末梢性ニューロパシー（q.v.）
　脊髄疾患（q.v.）

筋肉の肥大／腫脹

　トレーニング*
　品種関連性*
　筋炎骨形成
　筋緊張症（犬）
　筋異栄養症
　上部固定回転窓とガレージドアによる外傷性虚血性神経筋症（猫）

参考文献
Bley, T., et al. (2002) Genetic aspects of Labrador retriever myopathy. *Res Vet Sci*, 73:231-6.
Evans, J., et al. (2004) Canine inflammatory myopathies: a clinicopathologic review of 200 cases. *JVIM*, 18:679-91.
Fischer, I., et al. (2002) Acute traumatic hind limb paralysis in 30 cats. *Tierarztl Prax Ausg K Klientiere Heimtiere*, 30:61.
Hickford, F. H., et al. (1998) Congenital myotonia in related kittens. *JSAP*, 39:281-5.

2.7.2　開口障害（ロックジョー）

顎関節硬直症
　感染
　全身性関節症
　外傷*
　腫瘍
開口時の顎の疼痛
　異物*
　後眼球の蜂巣炎または膿瘍*
　顎関節炎*
　歯根膿瘍*
　口腔頬部または顎関節の外傷*
炎症性
　皮膚筋炎
　肉芽腫性髄膜脳脊髄炎
　感染性疾患
　　・ネオスポラ症
　　・破傷風
　　・トキソプラズマ症
　咀嚼筋炎
　三叉神経炎
機械的
　異物
　悪意（例：輪ゴムで縛る）

腫瘍
- 下顎
- 上顎
- 口腔
- 眼窩
- 後眼球

薬剤 / 毒素（例）
コカイン

参考文献

Gilmour, M. A., et al. (1992) Masticatory myopathy in the dog: A retrospective study of 18 cases. *JAAHA*, 28:300-306.

Meomartino, L., et al. (1999) Temporomandibular ankylosis in the cat: a review of seven cases. *JSAP*, 40:7-10.

Polizopoulou, Z. S. (2002) Presumed localized tetanus in two cats. *J Feline Med Surg*, 4:209-12.

2.7.3 虚弱（完全なリストは 1.1.8 参照）

心血管系疾患 *
内分泌疾患 *
血液疾患 *
免疫介在性
感染症 *
代謝性
神経筋疾患
栄養障害
生理的
呼吸器疾患
全身性 *
薬剤 / 毒素

2.8 泌尿生殖器系の身体的徴候

2.8.1 触診による腎臓の異常

腎臓腫大（カラー図版 2.8 を参照）
表面不整
猫伝染性腹膜炎（猫）
梗塞
腫瘍 *
被膜周囲膿瘍
被膜周囲血腫
多嚢胞性腎疾患
腎嚢胞
表面平滑
急性腎不全（q.v.）
アミロイドーシス
代償性肥大
水腎症
腫瘍 *

腎周囲偽囊胞
　　多囊胞性腎疾患
　　腎盂腎炎
　　化膿性肉芽腫性腎炎
　　腎囊胞
大きさ正常，表面不整な腎臓
　　梗塞
　　腫瘍 *
　　被膜周囲血腫
　　多囊胞性腎疾患
　　腎囊胞
　　被膜下血腫
腎臓萎縮
表面不整
　　慢性広汎性の糸球体または尿細管間質性疾患 *（q.v.）
　　腎低形成
　　多発性梗塞
表面平滑
　　低形成
腎臓の欠如
　　無形成
　　腎摘出術

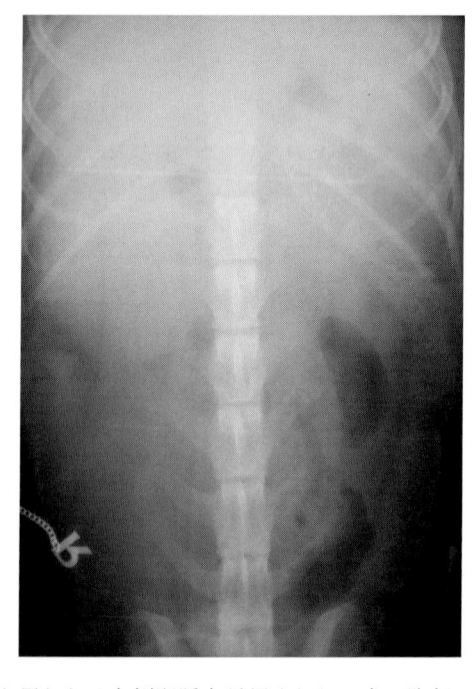

図 2.8　腎腺癌によるものと思われる右側腎腫大が認められる犬の腹部 X 線背腹像．Downs Referral, Bristol の許可を得て掲載．

参考文献

Cuypers, M. D., et al. (1997) Renomegaly in dogs and cats. Part I. Differential diagnoses. *Compend Contin Educ Pract Vet,* 19:1019-32.

Ochoa, V. B., et al. (1999) Perinephric pseudocysts in the cat: A retrospective study and review of the literature. *JVIM,* 13:47-55.

Rentko, V. T., et al. (1992) Canine leptospirosis: A retrospective study of 17 cases *J Vet Intern Med,* 6:235-44.

Zatelli, A. & D'Ippolito, P. (2004) Bilateral perirenal abscesses in a domestic neutered shorthair cat. *JVIM,* 18:902-903.

2.8.2 膀胱の異常

触知可能なマス
　腫瘍 *
　結石 *

尿排出が困難な膀胱の拡張

機械的閉塞
　基質・結晶栓（プラグ）*
　腫瘍 *
　　・膀胱
　　・尿道
　前立腺肥大 *
　尿道狭窄
　尿石症 *
　　・膀胱頚部
　　・尿道

機能的閉塞
　神経学的疾患
　　・上位運動ニューロン膀胱 *
　　　○ L7 より頭側の脊髄障害（q.v.）
　心因 *
　　・疼痛
　　・ストレス
　反射性共同運動障害
　薬剤 / 毒素（例）
　　・アトロピン
　　・臭化グリコピロニウム
　　・臭化プロパンテリン
　　・三環系抗うつ剤

尿排出が容易な膀胱の拡張
　正常

神経学的疾患（例）
　自律神経障害
　下位運動ニューロン膀胱 *
　　・馬尾症候群
　　・仙髄の病変
　　・骨盤 / 腰仙部神経叢の病変

小さい / 触診できない膀胱
　先天性低形成
　異所性尿管

非膨張性膀胱
  ・び漫性の膀胱壁腫瘍
  ・重度の膀胱炎（例）
    ◦ 結石
    ◦ 感染
    ◦ 外傷
乏尿／無尿性腎不全（q.v.）
排尿直後 *
膀胱破裂
尿管破裂

2.8.3　触診による前立腺の異常

腫大
び漫性
  細菌性前立腺炎
  良性前立腺過形成 *
  腫瘍
局所性
  膿瘍
  嚢胞
    ・傍前立腺
    ・前立腺
  腫瘍

2.8.4　触診による子宮の異常

拡大
  子宮血腫
  子宮留水症
  子宮留粘液症
  腫瘍 *
    ・腺癌
    ・腺腫
    ・平滑筋腫
    ・平滑筋肉腫
  分娩後 *
  妊娠 *
  子宮蓄膿症 *

2.8.5　精巣の異常

一側の精巣は触知可能
  片側性潜在精巣のため，下降している精巣だけを切除した後に，潜伏していた精巣が下降した場合
  片側性潜在精巣
  片側性精巣無形成
精巣が触知できない
  両側性潜在精巣 *
  両側性精巣無形成
  半陰陽

過去の去勢手術 *
大きい精巣
　急性感染
　鼠径陰嚢ヘルニア
　腫瘍
　精子肉芽腫
　精巣捻転
小さい精巣
　慢性炎症
　潜在精巣
　変性
　低形成
　半陰陽
　反対側の精巣のセルトリ細胞腫

参考文献

Yates, D. (2003) Incidence of cryptorchidism in dogs and cats. *Vet Rec*, 152:502-504.

2.8.6　陰茎の異常

嵌頓包茎
　慢性亀頭包皮炎
　包皮内異物
　陰茎骨骨折
　特発性
　長毛による包皮開口部の閉塞 *
　小さい包皮開口部
　　・先天性
　　・術後
　　・外傷
　軟部組織の外傷 *
　脊髄病変
陰茎出血
　血尿 *（q.v.）
　ヘルペスウイルス
　可移植性性器肉腫
　その他の腫瘍
　外傷
前立腺疾患（例）
　良性過形成
尿道疾患（例）
　尿道脱

参考文献

Papazoglou, L. G. (2001) Idiopathic chronic penile protrusion in the dog: a report of six cases. *JSAP*, 42:510-13.

PART 3
X線および超音波画像検査の徴候

3.1 胸部X線

3.1.1 肺の不透過性を亢進させるアーチファクトの原因

現像液／カセットの汚れ
被毛が汚れている，または濡れている
前肢が前方へ十分に引かれていない
動きによるぶれ
肥満
十分に拡張していない肺
・腹部膨満
・呼気に撮影
・上部気道閉塞
現像不足
露出不足

3.1.2 気管支パターンの増強

正常な変化*
  軟骨異栄養性の犬種
  高齢犬
気管支壁の水腫（例）
  うっ血性心不全*
気管支拡張症
慢性気管支炎*
  原発性線毛不動症（犬）
感染性疾患
  細菌性*
  真菌性（例）
    ・*Pneumocystis carinii*
  寄生虫性（例）
    ・*Crenosoma vulpis*（犬）
  原虫性（例）
    ・トキソプラズマ症
  ウイルス性
炎症性（例）
  好酸球性気管支肺症（好酸球の肺浸潤）（犬）
  猫喘息（猫）
内分泌疾患
  副腎皮質機能亢進症
腫瘍
  気管支原発の癌
  リンパ腫

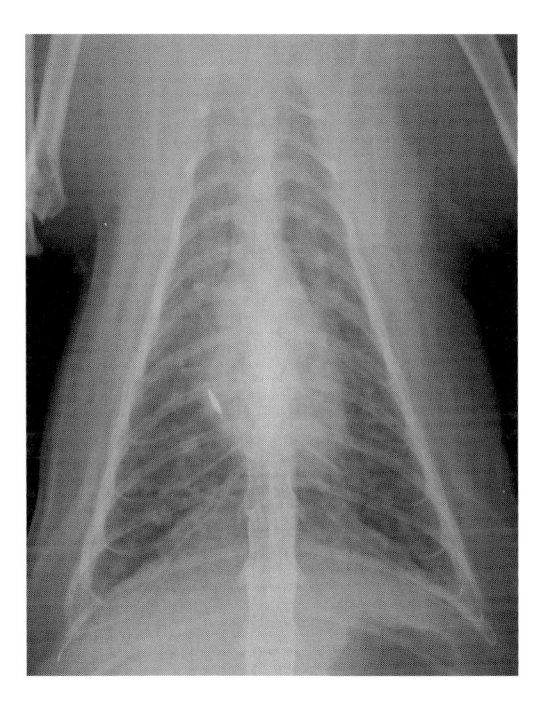

図 3.1 (a)　猫喘息の猫の胸部 X 線背腹像．顕著な気管支パターンが認められる．マイクロチップも見える．Downs Referral, Bristol の許可を得て掲載．

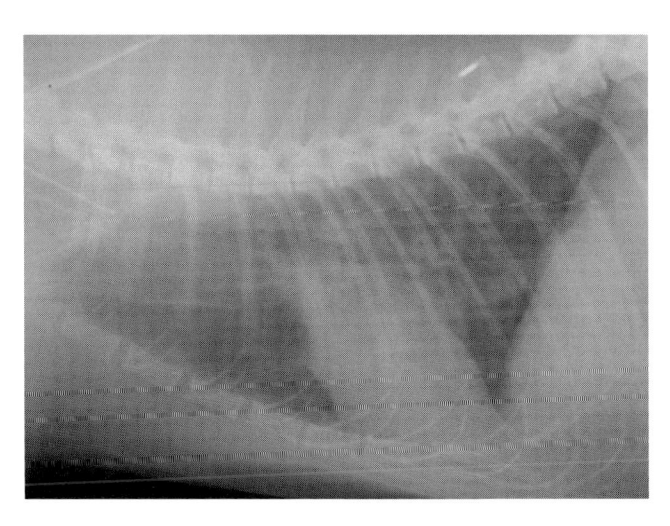

図 3.1 (b)　図 3.1 と同じ症例の胸部 X 線側面像．Downs Referral, Bristol の許可を得て掲載．

参考文献

Clercx, C. (2002) Is canine eosinophilic bronchopneumopathy an asthmatic disease? *Proceedings, 12th ECVIM-CA/ESVIM Congress*, 2002.

Foster, S. F. (2004) Twenty-five cases of feline bronchial disease (1995-2000). *J Feline Med Surg*, 6:181-8.

Kirberger, R. M. & Lobetti, R. G. (1998) Radiographic aspects of *Pneumocystis carinii* pneumonia in the

miniature Dachshund. *Vet Radiol Ultrasound,* 39:313-17.
Mantis, P., et al. (1998) Assessment of the accuracy of thoracic radiography in the diagnosis of canine chronic bronchitis. *JSAP,* 39:518-20.
McCarthy, G. (1999) Investigation of lower respiratory tract disease in the dog. *In Practice,* 21:521-7.
Unterer, S., et al. (2002) Spontaneous *Crenosoma vulpis* infection in 10 dogs: laboratory, radiographic and endoscopic findings. *Schweiz Arch Tierheilkd,* 144:174-9.

3.1.3 肺胞パターンの増強

無気肺
　気道閉塞
　慢性的な胸膜または肺疾患 *
　全身麻酔による肺葉虚脱 *
　肺以外の胸部マス
　猫喘息 *（猫）
　界面活性物質の欠如（新生子，急性呼吸窮迫症候群）
　肺葉捻転
　胸水 *（q.v.）
　気胸 *（q.v.）
　横臥

腫瘍
　悪性組織球症
　原発性肺腫瘍（例）
　　・気管支肺胞癌
　肺リンパ腫様肉芽腫症

肺水腫
　スェーディッシュ・ハンティング・ドッグの急性呼吸困難
　急性膵炎 *
　気道閉塞
　脳外傷
　うっ血性心不全 *
　感電
　低アルブミン血症
　沈下性うっ血 *
　医原性
　　・高張造影剤の誤嚥
　　・IV 用造影剤
　　・過剰水和
　刺激性ガス / 煙の吸入
　肺葉捻転
　溺水
　肺の排液路の閉塞（例）
　　・肺門部マス
　発作後
　再拡張（例）
　　・気胸後
　発作
　その他の CNS 疾患
　尿毒症（q.v.）

急性呼吸窮迫症候群
医原性（例）
- 過剰水和
- 酸素療法

感染性疾患
吸入性肺炎
膵炎
外傷

毒素
アルファナフチルチオ尿素
内毒素
エチレングリコール
パラセタモール
ヘビ毒

肺炎

誤嚥性肺炎
異物誤嚥 *
口蓋裂
胃気管支瘻
全身性虚弱
医原性（例）
- 麻酔の合併症
- 食事の強制給与
- 胃チューブの不適切な設置

食道気管／気管支瘻
吐出（例）
- 巨大食道症

嚥下障害
嘔吐

気管支肺炎（例）
細菌の二次感染を伴う犬ジステンパーウイルス *（犬）
気管気管支炎 *

細菌性（例）
結核
野兎病

真菌性（例）
Pneumocystis carinii

寄生虫性（例）
猫肺虫（*Aelurostrongylus abstrusus*）（猫）
仕血線虫（*Angiostrongylus vasorum*）（犬）
犬糸状虫症（*Dirofilaria immitis*）
オスラー肺虫（*Oslerus osleri*）（犬）

その他
カルタゲナー症候群
原発性線毛不動症
放射線療法

肺出血
凝固障害（q.v.）
運動誘発性
特発性

腫瘍 *
外傷 *
炎症性 / 免疫介在性
好酸球性気管支肺症（好酸球の肺浸潤）
肺血栓塞栓症

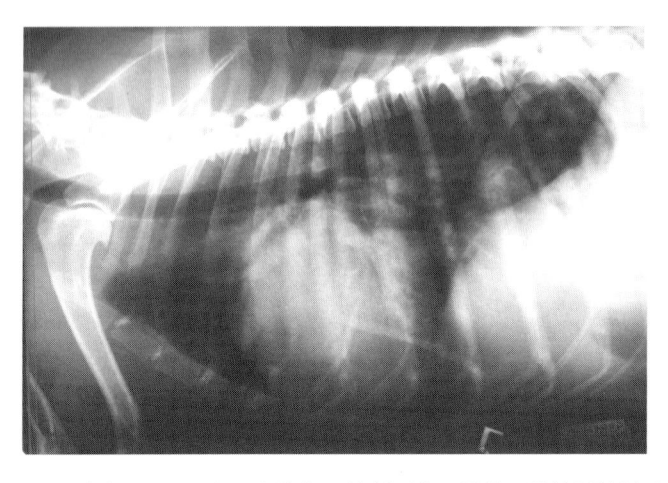

図 3.1 (c) 肺水腫による肺胞パターンを示す胸部 X 線側面像．前葉の肺静脈拡張が左心系のうっ血性心不全に続発したことを示唆している．Downs Referral, Bristol の許可を得て掲載．

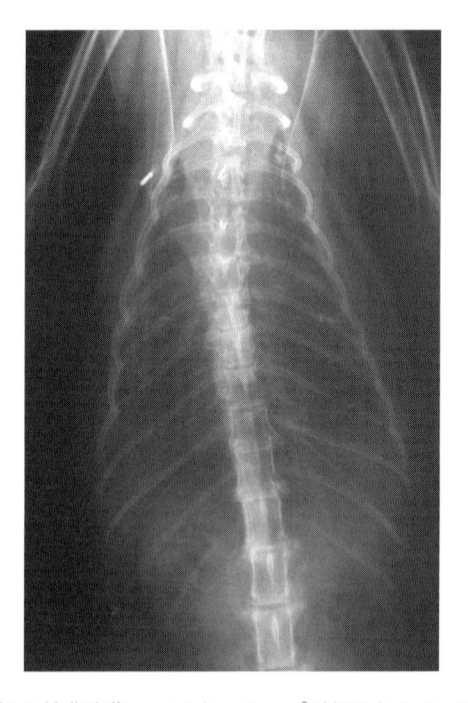

図 3.1 (d) 乳糜胸の猫の胸部 X 線背腹像．マイクロチップが認められる．Downs Referral, Bristol の許可を得て掲載．

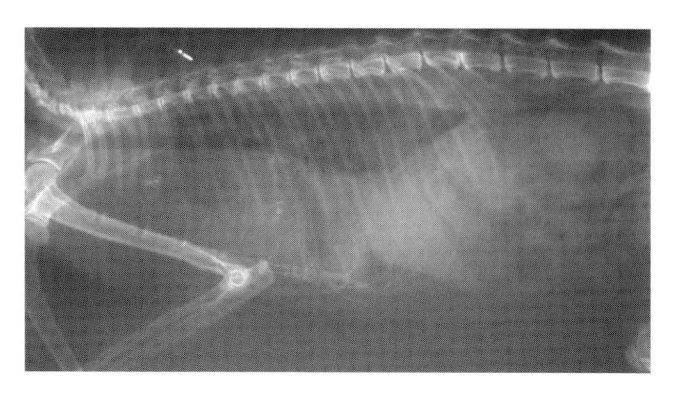

図 3.1(e) 図 3.1(d) と同じ猫の胸部 X 線側面像．Downs Referral, Bristol の許可を得て掲載．

参考文献

Ballegeer, E. A., et al. (2002) Radiographic appearance of bronchoalveolar carcinoma in nine cats. *Vet Radiol Ultrasound*, 43:267-71.

Boag, A. K. (2004) Radiographic findings in 16 dogs infected with *Angiostrongylus vasorum*. *Vet Rec*, 154:426-30.

Drobatz, K. J. (1995) Noncardiogenic pulmonary edema in dogs and cats: 26 cases (1987-1993). *JAVMA*, 206:1732-6.

Egenvall, A., et al. (2003) Pulmonary oedema in Swedish hunting dogs. *JSAP*, 44:209-17.

Forrest, L. J. & Graybush, C. A. (1998) Radiographic patterns of pulmonary metastasis in 25 cats. *Vet Radiol Ultrasound*, 39:4-8.

Kirberger, R. M. & Lobetti, R. G. (1998) Radiographic aspects of *Pneumocystis carinii* pneumonia in the miniature Dachshund. *Vet Radiol Ultrasound*, 39:313-17.

McCarthy, G. (1999) Investigation of lower respiratory tract disease in the dog. *In Practice*, 21:521-7.

Sherding, R. (2001) Bronchopulmonary parasite infections. Proceedings, *World Small Animal Veterinary Association World Congress*, 2001.

3.1.4 間質パターンの増強

結節性
アーチファクト
　血管のエンドオン像
　乳頭
　被毛に付着した物質
　肋軟骨結合部の骨化
　胸壁の結節
感染性疾患
　膿瘍
　猫伝染性腹膜炎＊（猫）
　肉芽腫
　　・細菌性
　　・異物＊
　　・真菌性
　包虫嚢胞
　寄生虫性

- 猫肺虫（猫）
- キツネ肺虫（犬）
- オスラー肺虫（犬）
- ケリコット肺吸虫（犬）
- 野兎病
- 臓器への幼虫移行

肺炎
- 真菌性肺炎
- 血行性細菌性肺炎
- ミコバクテリア性肺炎

原虫性（例）
- トキソプラズマ症

腫瘍
リンパ腫 *
転移性腫瘍 *
原発性肺腫瘍

その他
石灰化した胸膜プラーク *
播種性血管内凝固
血腫
特発性石灰沈着症
肺骨腫（異所性骨）*

び漫性 / 無構造性
アーチファクト（例）
- 呼気時に撮影

腫瘍
浮腫（早期）（q.v.）

内分泌疾患
副腎皮質機能亢進症

感染性疾患
細菌性
真菌性（例）
- ブラストミセス症
- コクシジオイディス症
- クリプトコッカス症
- ヒストプラズマ症
- *Pneumocystis carinii*（犬）

マイコプラズマ
寄生虫性
- 猫肺虫（猫）
- 住血線虫（犬）
- バベシア症
- 犬糸状虫症

原虫性（例）
リケッチア性（例）
- ロッキー山紅斑熱（犬）

トキソプラズマ症
ウイルス性（例）
- 犬ジステンパーウイルス *（犬）
- 猫伝染性腹膜炎 *（猫）

吸入
  塵
  刺激性ガス
肺線維症
  特発性
  慢性呼吸器疾患に続発
肺出血
  凝固障害（q.v.）
  運動誘発性
  特発性
  腫瘍
  外傷
その他
  急性呼吸窮迫症候群
  膵炎
  肺血栓塞栓症
  放射線療法
  尿毒症 *（q.v.）
  非常に高齢の犬
  非常に若齢の犬
薬剤／毒素
  グルココルチコイドの長期的投与
  パラコート
網状パターン
  加齢による正常所見 *
  慢性線維症
  真菌性肺炎
  リンパ腫 *
  転移性腫瘍 *

参考文献

Boag, A. K. (2004) Radiographic findings in 16 dogs infected with *Angiostrongylus vasorum*. *Vet Rec*, 154:426-30.

Forrest, L. J. & Graybush, C. A. (1998) Radiographic patterns of pulmonary metastasis in 25 cats. *Vet Radiol Ultrasound*, 39:4-8.

Kirberger, R. M. & Lobetti, R. G. (1998) Radiographic aspects of *Pneumocystis carinii* pneumonia in the miniature Dachshund, *Vet Radiol Ultrasound*, 39:313-17.

Lobetti, R. G. (2001) Chronic idiopathic pulmonary fibrosis in five dogs. *JAAHA*, 37:119-27.

McCarthy, G. (1999) Investigation of lower respiratory tract disease in the dog. *In Practice*, 21:521-7.

3.1.5 血管パターンの増強

肺動脈のサイズ増大
  猫肺虫（猫）
  住血線虫（犬）
  犬糸状虫症
  大量の左右短絡（例）
    ・心房中隔欠損
    ・心内膜床欠損症
    ・動脈管開存症

・心室中隔欠損
肺高血圧
肺血栓塞栓症

肺静脈のサイズ増大
左心不全*
一部の症例では左右短絡

肺動静脈のサイズ増大
左右短絡（例）
・心房中隔欠損
・心内膜床欠損症
・動脈管開存症
・心室中隔欠損

参考文献

Hayward, N. J., et al. (2004) The radiographic appearance of the pulmonary vasculature in the cat. *Vet Rad & Ultrasound,* 45:501-504.

McCarthy, G. (1999) Investigation of lower respiratory tract disease in the dog. *In Practice,* 21:521-7.

3.1.6 血管パターンの減弱

広汎性

心膜疾患（例）
心膜液*（q.v.）
収縮性心膜炎

肺の低灌流
副腎皮質機能低下症（犬）
肺血栓塞栓症による局所的低灌流
肺動脈弁狭窄
重度の脱水*
ショック*
ファロー四徴症

肺の過膨張
空気のトラップ
・慢性気管支炎*（犬）
・猫喘息*（猫）
・上部気道閉塞（例）
　○異物*
　○鼻咽頭ポリープ*（猫）
代償性
・肺葉切除術後
・他の肺葉の無気肺に続発
・先天性肺葉閉鎖/無形成症に続発
気腫
医原性
・麻酔

右左短絡（例）
心房中隔欠損
短絡が逆転した動脈管開存症
ファロー四徴症
心室中隔欠損

局所性
　気腫
　肺血栓塞栓症

参考文献
McCarthy, G. (1999) Investigation of lower respiratory tract disease in the dog. *In Practice*, 21:521-7.

3.1.7　心陰影が正常な場合がある心疾患

　細菌性心内膜炎
　利尿剤で過剰治療したうっ血性心不全
　収縮性心膜炎
　機能性雑音 *
　肥大型心筋症 * (猫)
　腫瘍
　小さい心房中隔欠損
　小さい心室中隔欠損

3.1.8　心陰影の拡大

全体的な心拡大
　正常な変動（例）
　　・グレーハウンド *
　アーチファクト
　　・細菌性心内膜炎
　　・徐脈 *（q.v.）
　　・慢性貧血 *（q.v.）
　　・僧帽弁および三尖弁閉鎖不全症
　　・形成不全
　　・心膜内脂肪
　　・縦隔の脂肪
　　・粘液腫様変性 *（犬）
　先天性心疾患（例）
　　・腹膜心膜横隔膜ヘルニア
　特定の心腔サイズの拡大（q.v.）
　心膜液 *（q.v.）

心筋疾患
　炎症性
　　・免疫介在性（例）リウマチ様関節炎
　　・感染性疾患（例）
　　　○細菌性
　　　○真菌性
　　　○パルボウイルス
　　　○原虫性
　虚血性
　　・細動脈硬化症
　非炎症性
　　・拡張型心筋症 *
　　・肥大型心筋症（猫）*
　　・拘束型心筋症（猫）

二次性
- 末端巨大症
- アミロイドーシス
- 末期の僧帽弁閉鎖不全症＊（犬）
- グリコーゲン貯蔵病
- 高血圧＊（q.v.）
- 甲状腺機能亢進症＊（猫）
- ムコ多糖体症
- 腫瘍
- 神経筋疾患
- 栄養性
  - L カルニチン欠乏症
  - タウリン欠乏症
- 外傷
- 薬剤 / 毒素
  - ドキソルビシン
  - 重金属

過剰な容量負荷
医原性
左心不全
- 細菌性心内膜炎
- 拡張型心筋症＊
- 僧帽弁異形成
- 僧帽弁の粘液腫様変性＊（犬）

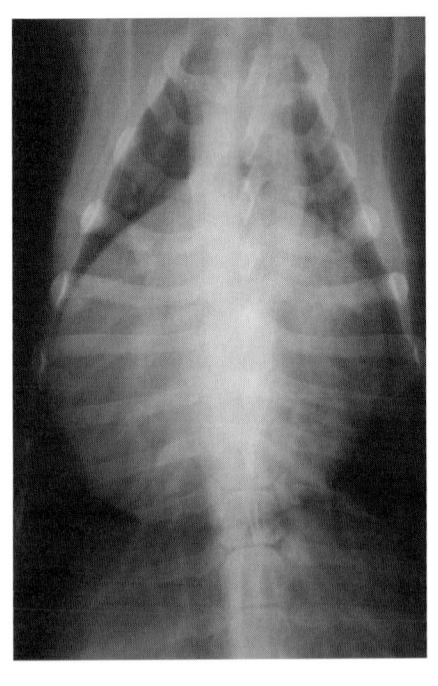

図 3.1（f） 犬の胸部 X 線背腹像．心膜液により非常に拡大した心陰影を示す．Downs Referral, Bristol の許可を得て掲載．

参考文献

Dark, R. D. (2002) Radiology of cardiac diseases. *Proceedings, Western Veterinary Conference*, 2002.
Ferasin, L., et al. (2002) Feline idiopathic cardiomyopathy. A retrospective study of 106 cats (1994-2001). *Proceedings, ACVIM*, 2002.
Yaphe, W., et al. (1993) Severe cardiomegaly secondary to anemia in a kitten. *JAMVA*, 202:961-4.

3.1.9 心陰影のサイズ減少

 委縮性筋症
 収縮性心膜炎
 副腎皮質機能低下症（犬）
 開胸術後
アーチファクト
 胸の深い犬
 深い吸気
 心臓の胸骨からの変位（例）
  ・縦隔の移動
  ・気胸
 肺の過膨張（例）
  ・気腫
  ・過換気
筋肉量の減少
 慢性全身性疾患
 栄養不良
 筋症
ショック* (q.v.)（例)
 循環血液量低下（例）
  ・失血
  ・重度脱水

参考文献

Melian, C., et al. (1999) Radiographic findings in dogs with naturally-occurring primary hypoadrenocorticism. *JAAHA*, 35:208-12.

3.1.10 肋骨の異常

先天性
 剣状突起の欠如
 第 13 肋骨の無形成 / 低形成
 漏斗胸
 過剰肋骨
新生骨
 軟骨性外骨腫
 治癒した骨折
 肋軟骨の石灰化 *
 腫瘍
 骨折の癒合不全
 軟部組織マスに対する骨膜反応
骨融解
 転移性腫瘍

骨髄炎
原発性腫瘍
・軟骨肉腫
・線維肉腫
・血管肉腫
・多発性骨髄腫
・骨腫
・骨肉腫
胸壁の外傷 *

参考文献
Fossum, T. W. (1989) Pectus excavatum in eight dogs and six cats. *JAAHA*, 25:595-605.
Franch, J., et al. (2005) Multiple cartilaginous exostosis in a golden retriever cross-bred puppy. Clinical, radiographic and backscattered scanning microscopy findings. *Vet Comp Ortho Trauma*, 18:189-93.

3.1.11 食道の異常

食道拡張

広汎性
一過性巨大食道症
　裂孔ヘルニア
　呼吸器感染症
　鎮静 / 麻酔 *
後天性巨大食道症
　特発性
　免疫介在性筋症
　　・重症筋無力症
　　・多発性筋炎
　　・多発性神経根神経炎
　　・全身性紅斑性狼瘡
　代謝性 / 内分泌疾患
　　・糖尿病 *
　　・グルココルチコイドの投与 *
　　・副腎皮質機能亢進症 *
　　・副腎皮質機能低下症（犬）
　　・甲状腺機能低下症 *（犬）
　　・インスリノーマ
　　・腎不全 *（q.v.）
　その他
　　・自律神経障害
　　・胃拡張 / 捻転 *
　　・肥大性筋ジストロフィー
　　・食道内異物
　　・逆流性食道炎
　　・チアミン欠乏症
　毒素
　　・ボツリヌス中毒
　　・塩素化炭化水素
　　・重金属

- 除草剤
- 有機リン酸
- ヘビ毒
- 破傷風

先天性巨大食道症
犬の巨大軸索神経症（犬）
グリコーゲン貯蔵病
遺伝性巨大食道症
遺伝性筋症
血管輪奇形（例）
- 二重大動脈弓
- 異所性右鎖骨下動脈を伴う正常な大動脈
- 右大動脈弓遺残
- 右動脈管遺残
- 異所性右鎖骨下動脈を伴う右大動脈弓

局所性
余剰な食道

一過性
空気嚥下 *
呼吸困難 *
嚥下 *

先天性
先天性狭窄部より頭側の拡張
食道裂孔ヘルニアより頭側の拡張
分節性の食道低運動低下
血管輪奇形（例）
- 二重大動脈弓
- 異所性右鎖骨下動脈を伴う正常な大動脈
- 右大動脈弓遺残
- 右動脈管遺残
- 異所性右鎖骨下動脈を伴う右大動脈弓
- 食道憩室

後天性
胃食道重積部より頭側の拡張
後天性狭窄部より頭側の拡張（例）
- 管外圧迫
- 肉芽腫
- 粘膜癒着
- 腫瘍
- 全身麻酔後

食道内異物より頭側の拡張 *
食道炎
外傷後の瘢痕組織

食道の不透過性亢進

軟部組織の密度
食物 / 水分が貯留している食道
正常な変動（例）
- 食道内の液体 *
- 気管との重複

軟部組織マス
　管内性
　　・食物を含む食道憩室
　　・異物 *
　　・胃食道重積
　　・食道裂孔ヘルニア
　壁内性
　　・膿瘍
　　・異物
　　・肉芽腫（例）
　　　○血色食道虫（犬）
　　・腫瘍
　　　○転移性
　　　○原発性食道腫瘍（例）
　　　　平滑筋腫／肉腫
　　　　扁平上皮癌
　　　○血色食道虫に続発（犬）
　管外性
　　・膿瘍
　　・腫瘍
　　・傍食道裂孔ヘルニア
骨性密度
　異物 *
　食物が貯留している巨大食道症
　骨肉腫（例）
　　・血色食道虫に続発（犬）

参考文献

Beasley, J. N. (1988) Gastrointestinal parasites in dogs and cats: Some common and unusual complications. *Companion Anim Pract*, 2:27-30.

Buchanan, J. W. (2004) Tracheal signs and associated vascular anomalies in dogs with persistent right aortic arch. *JVIM*, 18:510-14.

Kornegay, J. N. (2003) Feline neuromuscular diseases. *Proceedings, ACVIM*, 2003.

Mears, E. A. (1997) Canine and feline megaesophagus. *Compend Contin Educ Pract Vet*, 19:313-26.

Ranen, E., et al. (2004) Spirocercosis-associated esophageal sarcomas in dogs. A retrospective study of 17 cases (1997-2003). *Vet Parasitol*, 119:209-21.

Shelton, G. D. (1998) Myasthenia gravis: lessons from the past 10 years. *JSAP*, 39:368-72.

Spielman, B. L., et al. (1992) Esophageal foreign body in dogs: A retrospective study of 23 cases. *JAAHA*, 28:570-74.

3.1.12　気管の異常

背側変位
　アーチファクト
　　・呼気
　　・回転
　　・腹側屈曲
　品種による変動 *
　心拡大 *
　前腹側縦隔のマス

心基部腫瘍
　　気管気管支リンパ節症 *
腹側変位
　　前背側縦隔のマス
　　巨大食道症
　　食道内異物 *
　　大動脈弁狭窄の拡張後
　　椎体脊椎症
外側変位
　　アーチファクト
　　　・呼気
　　　・回転
　　　・腹側屈曲
　　品種による変動 *
　　前縦隔マス
　　心基部腫瘍
　　縦隔変位（q.v.）
　　巨大食道症
　　血管輪奇形
狭窄
　　先天性低形成
アーチファクト
　　頸部の過伸展
　　筋肉 / 食道の重複
外部圧迫
　　前縦隔のマス
　　巨大食道症
　　食道内異物 *
　　血管輪奇形
粘膜肥厚
　　猫伝染性腹膜炎 *（猫）
　　炎症性（例）
　　　・アレルギー *
　　　・感染 *
　　　・刺激性ガス
　　粘膜下出血（例）
　　　・凝固障害
狭窄／狭小
　　先天性
　　気管内チューブのカフによる過剰圧迫
　　限局的な管腔内マス
　　外傷による損傷後
気管虚脱 *
　　後天性（例）
　　　・慢性気管支炎に続発
　　先天性
管腔内の不透過物
　　膿瘍
　　陽性造影剤の誤嚥
　　異物 *

肉芽腫
　　オスラー肺虫
　　ポリープ
腫瘍
　　腺癌
　　軟骨肉腫
　　平滑筋肉腫
　　リンパ腫
　　肥満細胞腫
　　骨軟骨腫
　　骨肉腫

参考文献

Brown, M. Q. & Rogers, K. S. (2003) Primary tracheal tumors in dogs and cats. *Compend Contin Educ Pract Vet*, 25:854-60.

Buchanan, J. W. (2004) Tracheal signs and associated vascular anomalies in dogs with persistent right aortic arch. *JVIM*, 18:510-14.

Coyne, B. E. (1992) Hypoplasia of the trachea in dogs: 103 cases (1974-1990). *JAVMA*, 201:768-72.

3.1.13 胸　水

胆汁性胸膜炎
　　横隔膜ヘルニアを担う胆管破裂
血液
　　自己免疫性疾患（例）
　　　・免疫介在性血小板減少症
　　凝固障害
　　腫瘍（例）
　　　・血管肉腫
　　外傷
乳糜
　　先天性リンパ管形成異常（犬）
　　収縮性胸膜炎
　　前縦隔のマス
　　横隔膜破裂 *
　　猫糸状虫症（猫）
　　特発性 *
　　肺葉捻転
　　腫瘍
　　腹膜心膜横隔膜ヘルニア
　　ペースメーカ設置後（猫）
　　胸管破裂
心疾患 *
　　拡張型心筋症（猫）
　　肥大型心筋症（猫）*
　　心膜疾患
　　右心不全（猫）
胸管閉塞
　　管腔内
　　　・肉芽腫

- 腫瘍

管腔外
- 胸腔内圧上昇

滲出液
アクチノミセス症
自己免疫性疾患（例）
- リウマチ様関節炎
- 全身性紅斑性狼瘡

猫伝染性腹膜炎＊（猫）
真菌性
腫瘍＊
ノカルジア症
肺炎＊
膿胸＊
- 異物
- 血行性播種
- 胸部穿孔創
- 気管／食道の穿孔

結核

漏出液／変性漏出液
うっ血性心不全＊
横隔膜破裂＊
異物
甲状腺機能亢進症＊（猫）
低蛋白血症（q.v.）＊
- 肝疾患＊
- 蛋白漏出性腸症＊
- 蛋白漏出性腎症＊

特発性
肺葉捻転
腫瘍（例）
- リンパ腫

肺炎＊
血栓塞栓症

参考文献

Demetriou, J. L., et al. (2002) Canine and feline pyothorax: a retrospective study of 50 cases in the UK and Ireland. *JSAP*, 43:388-94.

Rebar, A. H. (2003) Cytology of pleural and peritoneal effusions. *Proceedings, Western Veterinary Conference*, 2003.

Sturgess, K. (2001) Diagnosis and management of chylothorax in dogs and cats. *In Practice*, 23:506-13.

3.1.14 気 胸

アーチファクト
過剰現像
過剰露出＊
肺の過膨張
皮膚の襞＊
低循環

医原性
　心肺蘇生
　胸腔ドレーンの漏出
　肺の吸引 / バイオプシー
　胸腔穿刺
　開胸術
自然発生性
　細菌性肺炎
　寄生虫性
　　・糸状虫症
　　・オスラー肺虫
　　・肺吸虫
　胸膜癒着
　先天性または後天性のブラ，嚢胞またはブレブの破裂
　腫瘍 *
外傷
　肺穿孔 *
　食道穿孔
　胸壁穿孔 *
　気管 / 気管支穿孔 *

参考文献

Lipscomb, V. J., et al. (2003) Spontaneous pneumothorax caused by pulmonary blebs and bullae in 12 dogs. *JAAHA*, 39:435-45.

Smith, J. W., et al. (1998) Pneumothorax secondary to Dirofilaria immitis infection in two cats. *JAVMA*, 213:91-3.

3.1.15　横隔膜の異常

頭側変位
　横隔膜の破裂 / ヘルニア *
腹腔内の原因
　腹腔内腫瘍 *
　腹水 *
　胃拡張 *
　肥満 *
　臓器腫大 *（例）
　　・肝臓
　　・脾臓
　気腹症
　妊娠 *
　子宮蓄膿症 *
胸腔内の原因
　無気肺
　横隔膜麻痺
　横隔膜腫瘍
　呼気に撮影 *
　肺葉切除術
　胸膜癒着
　肺線維症

尾側変位
腹腔内の原因
　腹壁の破裂／ヘルニアによる腹腔内臓器の変位
　体調不良
胸腔内の原因
　慢性呼吸困難 *
　深い吸気 *
　胸腔内のマス *
　胸水 *
　気胸 *
横隔膜の不整な輪郭
　横隔膜の破裂／ヘルニア *
　肥大性筋ジストロフィー
　胸膜のマス（例）
　　・肉芽腫
　　・腫瘍
　肺の重度な過膨張
横隔膜ラインの消失
　アーチファクト（例）
　　・呼気時に撮影
　横隔膜ヘルニア *
　肺密度の増加（例）
　　・肺胞パターン
　横隔膜に隣接した腫瘍 *
　腹膜心膜横隔膜ヘルニア
　胸水 *

参考文献

Hyun, C. (2004) Radiographic diagnosis of diaphragmatic hernia: review of 60 cases in dogs and cats. *J Vet Sci*, 5:157-62.

Rexing, J. F. & Coolman, B. R. (2004) A peritoneopericardial diaphragmatic hernia in a cat. *Vet Med*, 99:314-18

Smelstoys, J. A., et al. (2004). Outcome of and prognostic indicators for dogs and cats with pneumoperitoneum and no history of penetrating trauma: 54 cases (1988-2002). *JAVMA*, 225:251-5.

3.1.16 縦隔の異常

縦隔の変位
罹患した半胸郭から離れる
　横隔膜の破裂／ヘルニア *
　肺葉気腫
　肺のマス *
　斜位像
　胸膜のマス *
　片側性胸水 *
　片側性気胸 *
罹患した半胸郭に向かう
　無気肺
　　・猫喘息 *（猫）
　　・異物 *

- マス*
- 放射線

沈下性うっ血*（例）
- 全身麻酔
- 長期的に横臥位になる疾病

肺葉の無形成/低形成
肺葉切除術
肺葉捻転
斜位像
放射線誘発性線維症
片側性横隔膜神経麻痺

気縦隔症
気腫性縦隔炎
医原性
重度の呼吸困難に続発*

頸部からの気体
ガス産生菌
外傷*（例）
- 頸静脈穿刺
- 食道
- 咽頭
- 軟部組織
- 気管

気管支/肺からの気体（例）
肺葉捻転
特発性
外傷*

幅広い縦隔
正常な変動*
- ブルドッグ

膿瘍
- 異物

マス（後述）
巨大食道症（q.v.）
肥満*

縦隔滲出（例）
乳糜縦隔症
出血
- 凝固障害
- 腫瘍
- 外傷*

縦隔炎/縦隔膿瘍
猫伝染性腹膜炎（猫）
リンパ節炎
食道/気管の穿孔
頸部の穿孔創*
胸膜炎*
肺炎*

浮腫*
うっ血性心不全*

低蛋白血症 *（q.v.）
腫瘍 *
外傷 *

縦隔マス
大動脈瘤
囊胞
肉芽腫
・アクチノミセス症
・ノカルジア症
血腫
裂孔ヘルニア
食道拡張
食道内異物 *
食道肉芽腫
・血色食道虫（犬）
胸腺

アーチファクト
左または右心房拡大
肺葉尖
胸水
大動脈または肺動脈弁の狭窄後拡張

リンパ節症
腫瘍
・リンパ腫 *
・悪性組織球症
・転移性腫瘍 *
細菌性
・アクチノミセス症
・ノカルジア症
・結核
好酸球性肺肉芽腫症
真菌性
・ブラストミセス症
・コクシジオイディス症
・クリプトコッカス症
・ヒストプラズマ症

腫瘍
異所性上皮小体腫瘍
異所性甲状腺腫瘍
線維肉腫
心基部腫瘍
脂肪腫 *
リンパ腫 *
悪性組織球症
肋骨腫瘍
胸腺腫

参考文献

Mason, G. D., et al. (1990) Fatal mediastinal hemorrhage in a dog. *Vet Radiol Ultrasound*, 31:214-16.
Mellanby, R. J., et al. (2002) Canine pleural and mediastinal effusions: a retrospective study of 81 cases.

JSAP, 43:447-51.

Zekas, L. J. & Adams, W. M. (2002) Cranial mediastinal cysts in nine cats. *Vet Radiol Ultrasound*, 43:413-18.

3.2 腹部X線

3.2.1 肝臓

全体的な腫大
内分泌疾患
 糖尿病 *
 副腎皮質機能亢進症
炎症性／感染性疾患
 膿瘍
 猫伝染性腹膜炎 *（猫）
 真菌性
 肉芽腫
 肝炎 *
 リンパ球性胆管炎 *
腫瘍（例）
 血管肉腫
 リンパ腫 *
 悪性組織球症
 転移性腫瘍 *
静脈うっ血
 後大静脈閉塞（後大静脈症候群）
  ・癒着
  ・心臓腫瘍
  ・先天性心疾患
  ・横隔膜の破裂／ヘルニア *
  ・犬糸状虫症
  ・心膜疾患
  ・胸腔内のマス
  ・血栓症
  ・外傷 *
 右心系のうっ血性心不全（例）
  ・拡張型心筋症 *
  ・心膜液（q.v.）
  ・三尖弁逆流
その他
 アミロイドーシス
 胆汁うっ滞（q.v.）*
 肝硬変（初期）*
 肝リピドーシス（猫）
 結節性過形成 *
 貯蔵病
薬剤
 グルココルチコイド

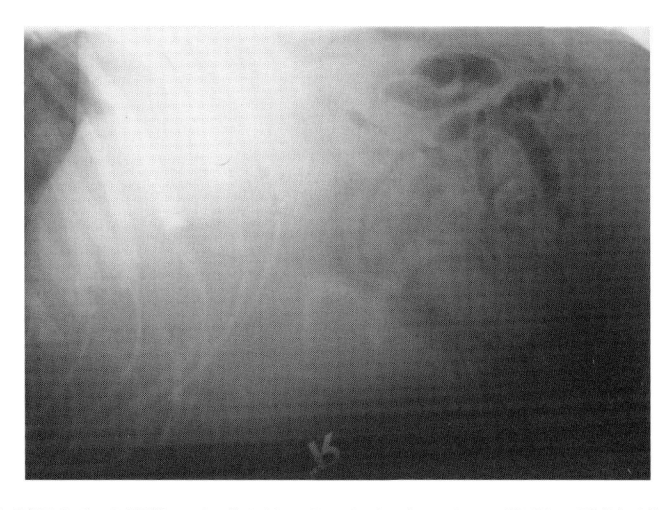

図 3.2(a) 肝腫大が見られる若齢のラブラドール・レトリーバーの腹部 X 線側面像. 細胞診により肝臓リンパ腫による腫大であることが判明した. Downs Referral, Bristol の許可を得て掲載.

局所的な腫大
炎症性/感染性疾患
　膿瘍
　肉芽腫
腫瘍 *
　胆管嚢胞腺腫
　血管肉腫
　肝細胞癌 *
　肝癌
　リンパ腫 *
　悪性組織球症
　転移性 *
その他
　胆管偽嚢胞
　嚢胞
　血腫
　肝動静脈瘻
　過形成/再生性結節 *
　肝葉捻転
サイズの縮小
　肝硬変
　横隔膜の破裂/ヘルニア
　副腎皮質機能低下症（犬）
　特発性肝線維症
　門脈体循環シャント
　　・後天性
　　・先天性

参考文献
Farrar, E. T., et al. (1996) Hepatic abscesses in dogs: 14 cases (1982-1994). *JAVMA*, 208:243-7.

Liptak, J. M. (2004) Massive hepatocellular carcinoma in dogs: 48 cases (1992-2002). *JAVMA*, 225:1225-30.

Melian, C., et al. (1999) Radiographic findings in dogs with naturally-occurring primary hypoadrenocorticism. *JAAHA*, 35:208-12.

3.2.2 脾 臓

腫大

正常（例）
  品種関連性 *

うっ血
  胃拡張/捻転 *
  門脈高血圧
  右心系のうっ血性心不全
  鎮静および全身麻酔 *
  脾臓の血栓症
  脾臓捻転

血腫 *
  特発性
  腫瘍に続発
  外傷

過形成 *
  慢性貧血（q.v.）
  慢性感染症
  リンパ球系

炎症性/免疫介在性
  過好球増加症候群
  免疫介在性溶血性貧血
  全身性紅斑性狼瘡

感染性疾患
  膿瘍
  バベシア症
  菌血症
  エールリヒア症
  猫伝染性腹膜炎 *（猫）
  真菌性
  ヘモバルトネラ症
  犬伝染性肝炎（犬）
  リーシュマニア症
  ミコバクテリア症
  トキソプラズマ症
  サルモネラ症
  敗血症 *

腫瘍
  線維肉腫
  血管腫
  血管肉腫 *
  平滑筋肉腫
  白血病
  リンパ腫 *

悪性組織球症
多発性骨髄腫
全身性肥満細胞症
その他
アミロイドーシス
髄外造血 *
梗塞
脾臓の骨髄様化生
外傷
異物
穿孔創
大きさの減少
脱水 *
ショック * （q.v.）
欠如
アーチファクト
ヘルニア / 破裂による変位
脾臓摘出術

参考文献

O'Brien, R. T. (2004) Sonographic features of drug-induced splenic congestion. *Vet Radiol Ultrasound*, 45:225-7.

Shaiken, L. C., et al. (1991) Radiographic findings in canine malignant histiocytosis. *Vet Radiol Ultrasound*, 32:237-42.

Spangler, W. L. & Kass, P. H. (1999) Splenic myeloid metaplasia, histiocytosis, and hypersplenism in the dog (65 cases). *Vet Pathol*, 36:583-93.

3.2.3 胃

前方変位
横隔膜のヘルニア / 破裂 *
裂孔ヘルニア
妊娠後期 *
小肝症
腫瘍 / マス（例）
・結腸
・腸管膜
・膵臓
腹膜心膜横隔膜ヘルニア
後方変位
胸腔の拡張（例）
・肺の過膨張
・胸水 * （q.v.）
肝腫大 * （q.v.）
拡張
急性胃炎 *
胃拡張 / 捻転 *
膵炎 *
空気嚥下 *
急速な採食

呼吸困難
疼痛
医原性
抗コリン作動薬
内視鏡による拡張
気管内チューブの誤挿入
胃チューブ
流出路閉塞
線維化 / 瘢痕化
異物 *
肉芽腫
筋または粘膜の肥大
腫瘍
幽門痙攣
潰瘍
異常な内容物
ガス
空気嚥下 *
胃拡張 / 捻転 *
鉱質性不透過物
異物 *
砂利状サイン（流出路閉塞）*
医原性
・バリウム
・ビスマス
・カオリン
軟部組織性不透過物
凝血塊
食物 / 摂取した液体 *
異物 *
重積
腫瘍
ポリープ
壁厚の増加（X線造影）
限局性
アーチファクト
・空虚な胃
肥大
・粘膜
・筋肉
炎症性
・好酸球性
・真菌性
・肉芽腫様
腫瘍
・腺癌
・平滑筋腫
・平滑筋肉腫
・リンパ腫

び慢性
  炎症性
    ・慢性胃炎 *
    ・好酸球性胃炎 *
  腫瘍
    ・リンパ腫
    ・膵臓腫瘍
  慢性過形成性胃症
胃送出の遅延
  胃炎 *
  全身麻酔 / 鎮静 *
機能的障害
  麻痺性イレウス *
  自律神経障害
  膵炎 *
  原発性運動異常症
  尿毒症 *（q.v.）
幽門痙攣
  不安
  ストレス
幽門流出閉塞
  慢性過形成性胃症
  線維化 / 瘢痕化
  異物 *
  肉芽腫
  腫瘍
    ・胆管
    ・十二指腸
    ・胃
    ・膵臓
  幽門肥大
    ・粘膜
    ・筋肉
  潰瘍
潰瘍
  十二指腸
  胃

参考文献

Guildford, G. W. (2005) Motility disorders: Approach and management. *Proceedings, BSAVA Congress,* 2005.

Swann, H. M., et al. (2002) Canine gastric adenocarcinoma and leiomyosarcoma: A retrospective study of 21 cases (1986-1999) and literature review. *JAAHA*, 38:157-64.

3.2.4 腸 管

小腸

観察できる小腸ループ数の増加
  液体，食物またはガスによる正常な拡張 *

機能的閉塞
- 腹痛 *
- 急性胃腸炎 *
- 麻痺性イレウス / 偽閉塞 *
- アミロイドーシス
- 神経原性疾患
- 浮腫
- 術後
- 血管疾患
- 薬剤

物理的閉塞
- 癒着 *
- 異物 *
- 重積
- 限局的な炎症
- 腫瘍

観察できる小腸ループ数の減少
- 体壁 / 横隔膜ヘルニア / 破裂 *
- 腸管切除術
- 重積
- 線状異物 *
- 漿膜の鮮影度の消失（q.v.）
- 正常に空虚な小腸
- 肥満 *

変位

横隔膜の異常
- 腹膜心膜横隔膜ヘルニア
- 破裂 / ヘルニア *

前方変位
- 空虚な胃 *
- 拡張した膀胱 *（q.v.）
- 拡張した子宮 *
  - 妊娠 *
  - 子宮蓄膿症 *
- 小肝症

後方変位
- 拡張した胃 *
- 空虚な膀胱 *
- 肝腫大 *（q.v.）
- ヘルニア *
  - 鼠径 *
  - 会陰 *

側方変位
- 肝腫大 *（q.v.）
- 長時間の横臥 *
- 腎腫大 *（q.v.）
- 脾腫大 *（q.v.）

集合
- 癒着 *
- 線状異物 *

肥満 *
小腸ループの幅の増大
アーチファクト
　　大腸と小腸の間違い
機械的閉塞
　　膿瘍
　　癒着 *
　　盲腸嵌頓
　　便秘 *
　　異物 *
　　肉芽腫
　　腸捻転
　　重積
　　腫瘍（例）
　　　・腺癌
　　　・平滑筋腫
　　　・平滑筋肉腫
　　　・リンパ腫
　　ポリープ
　　ヘルニアの絞扼 / 腸間膜裂傷
　　狭窄
機能的閉塞
　　自律神経障害
　　電解質不均衡 *（q.v.）
　　膵炎 *
　　腹膜炎 *
　　最近の腹部手術 *
　　慢性機械的閉塞に続発 *
　　重度の胃腸炎 *
小腸内容物の変化
ガス性密度
　　正常 *
　　癒着 *
　　空気嚥下 *
　　腸炎 *
　　機能的閉塞
　　　・自律神経障害
　　　・電解質不均衡 *（q.v.）
　　　・膵炎 *
　　　・腹膜炎 *
　　　・最近の腹部手術 *
　　　・慢性機械的閉塞に続発 *
　　　・重度の胃腸炎 *
　　機械的閉塞
　　　・膿瘍
　　　・癒着
　　　・盲腸嵌頓
　　　・便秘 *
　　　・異物 *
　　　・肉芽腫

- 腸捻転
- 重積
- 腫瘍（例）
  - 腺癌
  - 平滑筋腫
  - 平滑筋肉腫
  - リンパ腫
- ポリープ
- ヘルニアの絞扼 / 腸間膜裂傷

部分閉塞 *
長時間の横臥 *

液体 / 軟部組織性密度

正常 *
び慢性の浸潤性腫瘍
機能的閉塞
- 自律神経障害
- 電解質不均衡 *（q.v.）
- 膵炎 *
- 腹膜炎 *
- 最近の腹部手術 *
- 慢性的な機械的閉塞に続発 *
- 重度の胃腸炎 *

機械的閉塞
- 膿瘍
- 癒着 *
- 盲腸嵌頓
- 便秘 *
- 異物 *
- 肉芽腫
- 腸捻転
- 重積
- 腫瘍（例）
  - 腺癌
  - 平滑筋腫
  - 平滑筋肉腫
  - リンパ腫
- ポリープ
- ヘルニアの絞扼 / 腸間膜裂傷

結腸または腫大した子宮と小腸の間違い

骨性密度 / 鉱質性密度

食物 *
異物 *
医原性
- 造影剤
- 薬剤

腸管通過時間の遅延

び慢性腫瘍
腸炎 *
炎症性腸疾患 *
鎮静 / 全身麻酔 *

機能的閉塞
- 自律神経障害
- 電解質不均衡 * (q.v.)
- 膵炎 *
- 腹膜炎 *
- 最近の腹部手術 *
- 慢性機械的閉塞に続発 *
- 重度の胃腸炎 *

機械的閉塞（部分的）
- 膿瘍
- 癒着 *
- 盲腸嵌頓
- 便秘 *
- 異物 *
- 肉芽腫
- 腸捻転
- 重積
- 腫瘍（例）
  - 腺癌
  - 平滑筋腫
  - 平滑筋肉腫
  - リンパ腫
- ポリープ
- ヘルニアの絞扼 / 腸間膜裂傷

X線造影による管腔の充填欠損
- 異物 *
- 重積
- 腫瘍
- 寄生虫性 *
- ポリープ

壁厚の増加（X線造影）
- 炎症性腸疾患 *
- 真菌性
- リンパ管拡張症
- 腫瘍（例）
  - 腺癌
  - 平滑筋腫
  - 平滑筋肉腫
  - リンパ腫

大腸

変位
上行結腸
- 副腎のマス
- 十二指腸拡張 *
- 肝腫大 * (q.v.)
- リンパ節腫大 * (q.v.)
- 膵臓のマス
- 腎腫大 (q.v.)

横行結腸
　　横隔膜の破裂 / ヘルニア *
　　胃拡張 *
　　膀胱拡大 *（q.v.）
　　子宮拡大 *
　　肝腫大 *（q.v.）
　　リンパ節腫大 *（q.v.）
　　小肝症（q.v.）
　　中腹部のマス *
　　膵臓のマス
下行結腸
　　副腎のマス
　　膀胱拡大 *（q.v.）
　　子宮拡大 *（q.v.）
　　肝腫大 *（q.v.）
　　リンパ節腫大 *（q.v.）
　　前立腺腫大 *
　　腎腫大 *（q.v.）
　　後腹膜の液体
　　脾腫大 *（q.v.）
直腸
　　傍前立腺嚢胞
　　会陰ヘルニア *
　　前立腺腫大 *
　　仙椎または椎体のマス
　　尿道のマス
　　腟のマス
　　その他の骨盤 / 骨盤腔内のマス
拡張
　　便秘 / 重度の便秘 *（q.v.）
内容物の変化
空虚
　　正常
　　盲腸反転
　　浣腸
　　胃 / 小腸の閉塞 *（q.v.）
　　大腸性下痢 *（q.v.）
　　重積
　　腫瘍
　　盲腸炎
軟部組織 / 鉱質性密度
　　盲腸嵌頓
　　便秘 / 重度の便秘 *（q.v.）
　　未消化の食物成分 *
X線造影による管腔の充填欠損
　　盲腸反転
　　糞便 *
　　異物 *
　　重積
　　マス

・腫瘍
・ポリープ
壁厚の増加（X線造影）
　大腸炎 *
　過去の外傷 / 手術による線維化
　腫瘍

参考文献

Bowersox, T. S. (1991) Idiopathic, duodenogastric intussusception in an adult dog. *JAVMA*, 199: 1608-1609.
Cohn, L. A. (2002) What is your diagnosis? *JAVMA*, 220:169-70.
Junius, G., et al. (2004) Mesenteric volvulus in the dog: a retrospective study of 12 cases. *JSAP*, 45:104-107.
Paoloni, M. C., et al. (2002) Ultrasonographic and clinicopathological findings in 21 dogs with intestinal adenocarcinoma. *Vet Rad and Ult*, 43:562-7.
Patsikas, M. N., et al. (2003) Ultrasonographic signs of intestinal intussusception associated with acute enteritis or gastroenteritis in 19 young dogs. *JAAHA*, 39:57-66.
Prosek, R., et al. (2000) Using radiographs to diagnose the cause of vomiting in a dog. *Vet Med*, 95:688-90.

3.2.5 尿　管

拡張
　上行感染
　異所性尿管
　　・先天性
　　・医原性（例）
　卵巣子宮摘出術後
　外部圧迫（例）
　　・腹部のマス *
　水尿管症
　　・医原性
　　・腫瘍
　　・尿管結石またはその他の外傷後の狭窄
　　・尿管結石
　尿管憩室
　尿管瘤

参考文献

Sutherland, J. (2004) Ectopic ureters and ureteroceles in dogs: Presentation, cause, and diagnosis. *Compend Contin Educ Pract Vet*, 26:303-10.

3.2.6 膀　胱

消失
　腹水
　膀胱低形成
　膀胱破裂
　空虚な膀胱
　　・両側性異所性尿管

- ・膀胱炎 *
- ・排尿後 *
- 腹腔内脂肪の欠如
- ポジショニングによるエラー

変位
- 腹腔内のヘルニア / 破裂 *
- 便秘 / 重度の便秘 *（q.v.）
- 拡張した子宮 *（q.v.）
- リンパ節腫大 *（q.v.）
- 肥満 *
- 会陰ヘルニア *
- 前恥骨腱断裂
- 前立腺腫大 *
- 短い尿道
- 外傷性尿道損傷

拡張した膀胱
- 正常 *

機能的閉塞
- 神経原性
  - ・馬尾症候群
  - ・自律神経障害
  - ・上位運動ニューロン脊髄病変（q.v.）（例）
    - ○椎間板疾患 *（犬）
    - ○外傷
    - ○腫瘍
- 心因性 *
  - ・屋外 / トイレに行けない
  - ・疼痛
  - ・ストレス

機械的閉塞
- 結晶基質栓 *
- 腫瘍
  - ・膀胱
  - ・尿道
- 前立腺腫大 *
- 尿道狭窄
- 尿石症 *
  - ・膀胱頚
  - ・尿道

小さい膀胱
- 無尿
- 先天的低形成
- 異所性尿管
- 非拡張性膀胱
  - ・び慢性膀胱壁腫瘍
  - ・重度の膀胱炎（例）
    - ○結石 *
    - ○感染 *
    - ○外傷 *
- 排尿直後 *

膀胱破裂
　　尿管破裂
異常な形状
　　憩室
　　ヘルニア
　　腫瘍
　　尿膜管開存症
　　ポジショニングによるエラー
　　破裂
不透過性の増大
　　慢性膀胱炎 *
　　異物
　　腫瘍
　　X線不透過性結石 *
　　　・シュウ酸
　　　・シリカ
　　　・ストラバイト
　　その他の臓器との重複
不透過性の減弱
　　気腫性膀胱炎
　　医原性
異常な膀胱内容物（膀胱造影）
充填欠損
　　アーチファクト
　　　・気泡 *
　　凝血塊 *
　　結石 *
　　腫瘍
　　ポリープ
　　重度な膀胱炎
不透過性の増大
　　凝血塊 *
　　腫瘍
　　ポリープ
　　尿石症 *
膀胱壁の肥厚（膀胱造影）
　　慢性膀胱炎 *
　　慢性流出路閉塞
　　ポリープ
　　小さい膀胱 *
腫瘍
　　腺癌
　　平滑筋腫
　　平滑筋肉腫
　　転移性腫瘍
　　横紋筋肉腫
　　扁平上皮癌
　　移行上皮癌
膀胱拡張不全（X線造影）
　　先天的欠損（例）

・胃所性尿管
・低形成
膀胱炎 *
腫瘍
破裂

参考文献
Labato, M. A. (2002) Management of micturition disorders. *Proceedings, Tufts Animal Expo*, 2002.
Norris, A. M., et al. (1992) Canine bladder and urethral tumors: A retrospective study of 115 cases (19801985). *JVIM*, 6:145-53.

3.2.7 尿 道

充填欠損（X 線造影）
気泡 *
凝血塊
腫瘍
尿石症 *

狭窄 / 不整な表面
腫瘍
過去の手術
過去の尿石症
前立腺疾患 *
尿道炎 *

変位
隣接する腫瘍
膀胱変位
前立腺疾患 *

造影剤の漏出
尿道下裂
正常
過去の尿道切開術 / 造瘻術
前立腺疾患 *
尿道破裂
・医原性
・外傷

参考文献
Moroff, S. D. (1991) Infiltrative urethral disease in female dogs: 41 cases (1980-1987). *JAVMA*, 199:247-51.

3.2.8 腎 臓

消失
アーチファクト / 技術的要因
腎臓摘出術
胃腸管内容物により不明瞭 *
腹腔内コントラストの低下 * (q.v.)
後腹膜腔滲出液
・出血

・尿
片側性腎無形成
非常に小さい腎臓
拡大
平滑な輪郭
急性腎盂腎炎
急性腎不全（q.v.）
アミロイドーシス
代償性腎肥大
先天性
・異所性尿管
・尿管瘤
猫伝染性腹膜炎＊（猫）
水腎症
・外因性マス
・腫瘍（例）
　◦膀胱
　◦前立腺
　◦膀胱三角
・傍尿管偽嚢胞
・尿管凝血塊
・尿管炎症
・尿管結石
・尿管狭窄
腫瘍（例）
・リンパ腫＊
腎炎＊
腎周囲偽嚢胞
門脈体循環シャント
嚢胞下膿瘍
嚢胞下血腫
不整な輪郭
膿瘍
嚢胞
肉芽腫
血腫
梗塞
腫瘍
・腺腫
・退形成性肉腫
・嚢胞腺癌
・血管腫
・転移性腫瘍
・腎芽細胞腫
・乳頭腫
・腎細胞癌
・移行上皮癌
多嚢胞性腎疾患
小さい腎臓
慢性糸球体腎炎

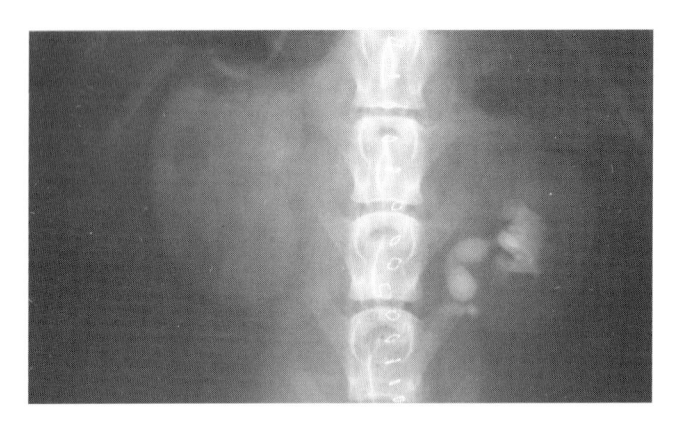

図 3.2(b) 静脈性尿路造影中に撮影した腹部 X 線背腹像．右腎は拡大し，尿管は右側尿管結石によって不透過性が欠如している．Downs Referral, Bristol の許可を得て掲載．

　慢性間質性腎炎 *
　慢性腎盂腎炎
X 線不透過性の増強
　腎結石
アーチファクト
　重複
異栄養性石灰沈着
　膿瘍
　肉芽腫
　血腫
　腫瘍
　骨様化生
腎石灰沈着症
　慢性腎不全 *（q.v.）
　エチレングリコール中毒
　副腎皮質機能亢進症
　高カルシウム血症（q.v.）
　腎毒性薬剤
　腎毛細管拡張症
腎盂の拡張（X 線造影）
　慢性腎盂腎炎
　利尿剤
　異所性尿管
　腎石症
　腎腫瘍
水腎症
　外因性マス
　腫瘍
　　・膀胱
　　・前立腺
　　・膀胱三角
　傍尿管偽嚢胞

尿管凝血塊
尿管の炎症
尿管狭窄
尿管結石
腎盂凝血塊
凝固障害
医原性（バイオプシー後）
特発性腎出血
腫瘍
外傷

参考文献
Diez-Prieto, I., et al. (2001) Diagnosis of renal agenesis in a beagle. *JSAP,* 42:599-602.
Grooters, A. M., et al. (1997) Renomegaly in dogs and cats. Part II. Diagnostic approach. *Compend Contin Educ Pract Vet,* 19:1213-29.
Hansen, N. (2003) Bilateral hydronephrosis secondary to anticoagulant rodenticide intoxication in a dog. *J Vet Emerg Crit Care,* 13:103-107.

3.2.9 腹腔内コントラストの消失

アーチファクト
被毛に付着した超音波ゲル *
濡れた被毛 *
腹水／腹膜腔の液体
胆汁
胆管破裂
- 腫瘍
- 術後（例）
  ◦ 胆嚢摘出術
- 重度の胆嚢炎
- 外傷

血液
凝固障害（q.v.）
腫瘍 *（例）
- 血管肉腫
外傷

乳糜
リンパ管拡張症
乳糜槽破裂
- 腫瘍
- 外傷

滲出液
猫伝染性腹膜炎 *（猫）
敗血症性腹膜炎（例）
- 医原性／院内感染
- 腫瘍 *
- 膵炎 *
- 穿孔創
- 臓器破裂
  ◦ 腫瘍 *

　　　　○ 術後（例）
　　　　　　腸切開術創の裂開 *
　　　　○ 外傷 *
漏出液／変性漏出液（例）
　　心タンポナーデ
　　後大静脈閉塞
　　肝疾患
　　　・胆管肝炎 *
　　　・慢性肝炎 *
　　　・肝硬変 *
　　　・線維症 *
　　低アルブミン血症 *（q.v.）
　　腫瘍
　　門脈高血圧
　　右心不全 *
尿
　　下部尿路破裂
　　　・膀胱
　　　・尿管
　　　・尿道
び漫性の腹膜腫瘍
腹部脂肪の欠如
　　削痩 *
　　未成熟 *
腹膜炎
　　腫瘍 *
刺激物質
　　胆汁
　　尿
敗血症性
　　胆汁漏出
　　胃腸管漏出
　　　・機能障害
　　　　○ 異物 *
　　　　○ 胃拡張／捻転 *
　　　　○ 腸捻転
　　　　○ 重積
　　　・穿孔
　　　　○ 腸切開術創の裂開 *
　　　　○ 胃十二指腸潰瘍
　　　　○ 穿孔創
　　肝膿瘍
　　前立腺膿瘍の破裂
　　子宮破裂
　　敗血症 *
　　脾臓膿瘍
　　尿路破裂
ウイルス性
　　猫伝染性腹膜炎 *（猫）

その他
　膵炎 *

参考文献

Costello, M. F., et al. (2004) Underlying cause, pathophysiologic abnormalities and response to treatment in cats with septic peritonitis:51 cases (1990-2001). *JAVMA*, 225:897-902.

King, L. G. & Gelens, H. C. J. (1992) Ascites. *Compend Contin Educ Pract Vet*, 14:1063-75.

3.2.10 前立腺

変位
　腹部虚弱
　膨満した膀胱 *
　会陰ヘルニア *
　前立腺肥大

腫大
　良性前立腺過形成 *
　傍前立腺嚢胞
　前立腺嚢胞
　前立腺腫瘍
　前立腺炎 *
　精巣腫瘍 *

参考文献

Caney, S. M., et al. (1998) Prostatic carcinoma in two cats. *JSAP*, 39:140-3.

3.2.11 子宮

拡張
　子宮血腫
　子宮留水症
　子宮留粘液症
　腫瘍
　分娩後 *
　妊娠 *
　子宮蓄膿症 *
　捻転

3.2.12 腹腔内のマス

前腹部
　副腎のマス
　肝臓の腫大 / マス *（q.v.）
　膵臓のマス
　胃拡張 / マス *

中腹部
　潜伏精巣 *
　腸間膜リンパ節腫脹 *
　卵巣のマス *
　腎臓腫大 / 腎臓のマス *（q.v.）

小腸
・異物 *
・腫瘍 *
・閉塞 *
脾臓の腫大 / マス *（q.v.）
後腹部
拡張した膀胱 *（q.v.）
拡張した子宮 *（q.v.）
大腸
・異物 *
・腫瘍
・閉塞 *
前立腺肥大 *

3.2.13　腹部の石灰沈着 / 鉱質性密度

腹部脂肪
特発性
汎脂肪組織炎
副腎
特発性
腫瘍
動脈
動脈硬化症
胃腸管
異物および摂取物 *
医原性
・造影剤
・薬剤
尿毒症性胃炎 *（q.v.）
生殖器
慢性前立腺炎 *
潜伏精巣 *
腫瘍
卵巣腫瘍
卵巣または前立腺嚢胞 *
妊娠 *
肝臓
膿瘍
胆石症
慢性胆嚢炎 *
慢性肝症 *
嚢胞
肉芽腫
血腫
腫瘍
結節性過形成 *
リンパ節
炎症性 *
腫瘍 *

膵臓
    慢性膵炎 *
    脂肪壊死
    腫瘍
    膵臓偽嚢胞
脾臓
    膿瘍
    血腫 *
    ヒストプラズマ症
尿路
    慢性炎症 *
    腫瘍
    腎石灰沈着症
        ・慢性腎不全 *（q.v.）
        ・副腎皮質機能亢進症
        ・高カルシウム血症 *（q.v.）
        ・腎毒性薬剤（q.v.）
    尿石症 *
その他
    皮膚石灰沈着症
    慢性ヒグローマ
    異物 *
    乳腺腫瘍 *
    骨化性筋炎

参考文献

Lamb, C. R., et al. (1991) Diagnosis of calcification on abdominal radiographs. *Vet Rad and Ultrasound*, 32:211-20.

Lefbom, B. K., et al. (1996) Mineralized arteriosclerosis in a cat. *Vet Radiol*, 37:420-23.

3.3　骨格のX線検査

3.3.1　骨 折

先天性/遺伝性虚弱（例）
    上腕骨顆の不完全骨化
病的
    骨嚢胞
    骨減少
腫瘍
    軟骨肉腫
    線維肉腫
    血管肉腫
    転移性腫瘍
    多分葉性骨軟骨肉腫
    多発性骨髄腫
    骨肉腫 *
骨髄炎
    細菌性 *
    真菌性

原虫性（例）
・リーシュマニア症
医原性
骨バイオプシー
整形外科手術の合併症
外傷 *

参考文献

Banks, T., et al. (2003) Repair of three pathologic fractures in a dog with multiple myeloma. *Aust Vet Pract*, 33:98-102.

Higginbotham, M. L. (2003) Primary bone tumors in dogs. *Proceedings, Western Veterinary Conference*, 2003.

Marcellin-Little, D. J., et al. (1994) Incomplete ossification of the humeral condyle in Spaniels. *Vet Surg*, 23:475-87.

3.3.2 長骨形状の変化

直線性の異常
成長板の早期閉鎖
屈曲角
骨折 *
弓状化
非対称性の成長板ブリッジ
・医原性（例）
　○プレート装着
・骨幹端骨症
軟骨形成不全症
軟骨異栄養症
・品種によっては正常な変化のことがある *
先天性甲状腺機能低下症
くる病
張力
・四頭筋拘縮
・尺骨の短縮
輪郭不整
石灰化腱症
骨嚢胞
・内軟骨腫症
骨幹端骨症
腫瘍
・軟骨肉腫
・多発性軟骨外骨腫症
・骨肉腫 *
骨膜リモデリング（q.v.）

参考文献

Watson, C. L. & Lucroy, M. D. (2002) Primary appendicular bone tumors in dogs. *Compend Contin Educ Pract Vet*, 24:128-38.

3.3.3 小人症

均一性
甲状腺機能低下症（犬）
下垂体性小人症

不均一性
軟骨異栄養症
ビタミンA過剰症
甲状腺機能低下症（犬）
ムコリピドーシスⅡ
ムコ多糖体症
くる病

参考文献
Tanner, E. & Langley-Hobbs, S. J. (2005) Vitamin D-dependent rickets type 2 with characteristic radiographic changes in a 4-month-old kitten. *J Feline Med Surg*, 7:307-11.

3.3.4 骨化／成長板閉鎖の遅延

軟骨異栄養症
銅欠乏症
早期中性化
ビタミンD過剰症
甲状腺機能低下症（犬）
ムコ多糖体症
下垂体性小人症

3.3.5 X線不透過性の増強

アーチファクト
骨梗塞
膨隆骨折 *
成長停止線
鉛中毒
骨幹端骨症
腫瘍
汎骨炎
骨格未成熟 *（骨幹端圧縮）

骨髄炎
細菌性 *
真菌性
原虫性（例）
・リーシュマニア症

大理石骨症
後天性
・慢性的なカルシウムの過剰摂取
・慢性ビタミンD過剰症
・猫白血病ウイルス *（猫）
・特発性
・骨髄線維症

先天性

参考文献
Buracco, P., et al. (1997) Osteomyelitis and arthrosynovitis associated with *Leishmania donovani* infection in a dog. *JSAP*, 38:29-30.

3.3.6 骨膜反応

頭蓋下顎骨症
股関節形成不全 *
肥大性骨症
ビタミン A 過剰症
骨幹端骨症
ムコ多糖体症
腫瘍
汎骨炎
外傷 *

感染性疾患
　細菌性 *
　真菌性
　原虫性
　　・ヘパトゾーン症
　　・リーシュマニア症
　結核

参考文献
Gawor, J. P. (2004) Case reports of four cases of craniomandibular osteopathy. *Eur J Comp An Pract*, 14:209-13.
Tyrrel, D. (2004) Hypertrophic osteodystrophy. *Aust Vet Pract*, 34:124-6.

3.3.7 骨のマス

腫瘍
良性
　軟骨腫
　内軟骨腫
　単骨性骨軟骨腫
　多発性骨軟骨腫（猫）
　骨腫
　多骨性骨軟骨腫 / 多発性軟骨様外骨腫
悪性
　局所浸潤性軟部組織腫瘍
　　・指の悪性メラノーマ
　　・軟部組織肉腫
　　・指の扁平上皮癌
　原発性骨腫瘍
　　・軟骨肉腫
　　・線維肉腫
　　・巨細胞腫
　　・血管肉腫

- 脂肪肉腫
- リンパ腫
- 多発性骨髄腫
- 多分葉性骨軟骨肉腫
- 骨肉腫
- 骨膜傍骨肉腫
- 形質細胞腫
- 未分化肉腫

骨転移腫瘍
- 乳腺癌
- 前立腺癌
- 肺癌
- 肋骨 / 胸壁の肉腫

増殖性関節疾患
播種性骨格骨化過剰症
猫骨膜増殖性多発性関節症（猫）
ビタミン A 過剰症
変形性関節症 *

外傷
仮骨 *
肥大性癒合不全
骨膜反応

その他
頭蓋下顎骨症
腱付着部症

参考文献

Blackwood, L. (1999) Bone tumours in small animals. *In Practice*, 21:31-7.

Franch, J., et al. (2005) Multiple cartilaginous exostosis in a Golden Retriever cross-bred puppy. Clinical, radiographic and backscattered scanning microscopy findings. *Vet Comp Ortho Trauma*, 18:189-93.

Gawor, J. P. (2004) Case reports of four cases of craniomandibular osteopathy. *Eur J Comp An Pract*, 14:209-13.

3.3.8 骨減少症

アーチファクト
廃用性
骨折 *
跛行 *
麻痺

医原性
長期の抗けいれん療法（例）
- フェノバルビトン
- フェニトイン
- プリミドン

長期のグルココルチコイドの投与
プレート / ギプスによるストレス防御

代謝性 / 内分泌疾患 / 全身性
糖尿病 *
副腎皮質機能亢進症

甲状腺機能亢進症 *（猫）
泌乳 *
ムコ多糖体症
妊娠 *
原発性上皮小体機能亢進症
腎性二次性上皮小体機能亢進症 *
腫瘍
多発性骨髄腫
偽上皮小体機能亢進症（以下参照）
栄養性
慢性的な蛋白質欠乏
ビタミンA過剰症
ビタミンD過剰症/欠乏症
栄養性二次性上皮小体機能亢進症
偽上皮小体機能亢進症
・肛門嚢のアポクリン腺癌
・胃の扁平上皮癌
・リンパ腫 *
・乳腺癌
・多発性骨髄腫
・精巣の間質細胞腫
・甲状腺癌
くる病
その他
加齢性変化
骨形成不全症
汎骨炎
毒素
鉛中毒

参考文献

Schwarz, T., et al. (2000) Osteopenia and other radiographic signs in canine hyperadrenocorticism. *JSAP*, 41:491-5.
Seeliger, F., et al. (2003) Osteogenesis imperfecta in two litters of dachshunds. *Vet Pathol*, 40:530-39.
Tomsa, K., et al. (1999) Nutritional secondary hyperparathyroidism in six cats. *JSAP*, 40:533-9.

3.3.9　骨融解

大腿骨頭の無血管性壊死 *（犬）
骨嚢胞
猫の大腿骨骨幹端骨症（猫）
線維性骨形成不全
線維性形成不全
梗塞
骨内類表皮嚢胞
骨幹端骨症
圧迫性委縮
軟骨性コアの停留
外傷 *

感染性疾患
　細菌性
　　・骨膿瘍
　　・医原性（例）外科インプラントの周囲 *
　　・骨髄炎 *
　　・腐骨
　真菌性
　原虫性
　　・リーシュマニア症
腫瘍
　内軟骨腫
　悪性軟部組織腫瘍
　転移腫瘍
　多発性骨髄腫
　骨軟骨腫 / 多発性軟骨様外骨腫
　破骨細胞腫

参考文献
Piek, C. J., et al. (1996) Long-term follow-up of avascular necrosis of the femoral head in the dog. *JSAP*, 37:12-18.

3.3.10　混合性の骨融解 / 骨形成性病変

腫瘍
　軟骨肉腫
　線維肉腫
　血管肉腫
　脂肪肉腫
　悪性軟部組織腫瘍 *
　転移性 *
　骨肉腫 *
感染性疾患
細菌性
　骨髄炎 *
　腐骨
真菌性
　アスペルギルス症
　ブラストミセス症
　コクシジオイデス症
　クリプトコッカス症
　ヒストプラズマ症
原虫性
　リーシュマニア症

参考文献
Johnson, K. A. (1994) Osteomyelitis in dogs and cats. *JAVMA*, 204:1882-7.

3.3.11 関節の変化

軟部組織腫脹－関節滲出
   関節血症
   靱帯損傷
   骨関節症
   骨軟骨症
   シャー・ペイ熱（犬）
   軟部組織仮骨
   滑膜嚢胞
   外傷 *
   絨毛結節性滑膜炎

関節炎
   医原性
      ・薬剤（例）
          ○スルフォンアミド
      ・ワクチン反応
   特発性多発性関節炎
   免疫介在性
      ・秋田犬の関節炎（犬）
      ・胃腸管疾患関連性
      ・特発性
      ・腫瘍関連性
      ・結節性多発性動脈炎
      ・多発性関節炎 / 髄膜炎
      ・全身性紅斑性狼瘡
      ・ワクチン反応
   感染性疾患
      ・ボレリア症
      ・エールリヒア症
      ・敗血症（細菌性）*

関節周囲の腫脹
   膿瘍 *
   蜂巣織炎 *
   血腫
   腫瘍
   浮腫 *

関節腔の大きさ減少
   変性性関節疾患 *
   糜爛性リウマチ様関節炎
   糜爛性敗血症性関節炎
   関節周囲線維症
   ポジショニングによるアーチファクト *

関節腔の大きさ増加
   変性性関節疾患
   関節内軟部組織マス
   関節滲出 *
   若齢動物
   ポジショニングによるアーチファクト / 牽引
   亜脱臼

骨端形成不全
　軟骨形成不全
　先天性甲状腺機能低下症
　ムコ多糖体症
　下垂体性小人症
軟骨下骨融解
　腫瘍
　骨軟骨症
　リウマチ様関節炎
　敗血症性関節炎 *
骨融解性関節疾患
　大腿骨頭の無血管性壊死 *（犬）
　慢性関節血症
　明らかな骨融解を起こしている骨端形成不全
　若齢動物の不完全骨化
　骨軟骨症
　骨減少症（q.v.）
　リウマチ様関節炎
　軟骨下嚢胞
　絨毛結節性滑膜炎
感染性疾患
　猫結核（猫）
　リーシュマニア症
　マイコプラズマ症
　敗血症性関節炎 *
腫瘍
　転移性の指の癌
　滑膜肉腫
　その他の軟部組織腫瘍
増殖性関節疾患
　播種性特発性骨増殖症
　腱付着部症
　ビタミンA過剰症
　ムコ多糖体症
　全身性紅斑性狼瘡
腫瘍
　骨腫
　骨肉腫 *
　滑膜骨軟骨腫
変形性関節症
　加齢 *
　四肢の屈曲変形
　軟骨形成不全
　肘関節形成不全 *
　股関節形成不全 *
　関節骨折後 *
　術後 *
　その他の関節への慢性的ストレス
　反復性関節血症
　軟部組織損傷（例）

・前十字靱帯断裂 *
混合性の骨融解 / 増殖性関節疾患
　大腿骨頭の無血管性壊死 *（犬）
　猫の骨膜増殖性多発性関節症（猫）
　猫結核（猫）
　リーシュマニア症
　腫瘍
　非感染性糜爛性多発性関節炎
　骨軟骨腫症
　骨膜増殖性多発性関節炎
　反復性関節血症
　リウマチ様関節炎
　敗血症性関節炎 *
　絨毛結節性滑膜炎

参考文献

Nieves, M. A. (2002) Differential diagnosis for 'swollen joints'. *Proceedings, Western Veterinary Conference,* 2002.

Roush, J. K. (1989) Rheumatoid arthritis subsequent to *Borrelia burgdorferi* infection in two dogs. *JAVMA*, 195:951-3.

3.4　頭部および頸部の X 線像

3.4.1　上顎の X 線不透過性 / 骨性増殖の増加

　治癒中 / 治癒後の骨折 *
　腫瘍
　骨髄炎 *

3.4.2　上顎の X 線不透過性の減弱

　肉芽腫
　鼻涙管嚢胞
上皮小体機能亢進症
　栄養性二次性
　原発性
　腎性二次性 *
腫瘍
　線維肉腫
　腫瘍の局所伸展（例）
　　・鼻腔由来 *
　悪性メラノーマ
　骨肉腫 *
　扁平上皮癌
歯牙原性嚢胞
　アダマンチノーム
　エナメル上皮腫
　複雑性歯牙腫
　含歯性嚢胞
歯周病 *

参考文献
Watanabe, K. (2004) Odontogenic cysts in three dogs: one odontogenic keratocyst and two dentigerous cysts. *J Vet Med Sci*, 66:1167-70.

3.4.3 下顎のX線不透過性/骨増殖の増加
　末端巨大症
　犬の白血球接着不全（犬）
　頭蓋下顎骨症
　治癒中/治癒後の骨折 *
　腫瘍
　骨髄炎

参考文献
Trowald-Wigh, G., et al. (2000) Clinical, radiological and pathological features of 12 Irish Setters with canine leukocyte adhesion deficiency. *JSAP*, 41:211-17.

3.4.4 下顎のX線不透過性の減弱
　肉芽腫
　歯周病
上皮小体機能亢進症
　栄養性二次性
　原発性
　腎性二次性 *
腫瘍
　線維肉腫
　悪性メラノーマ
　骨肉腫 *
　扁平上皮癌
歯牙原性嚢胞
　アダマンチノーム
　エナメル上皮腫
　複雑性歯牙腫
　含歯性嚢胞

参考文献
Watanabe, K. (2004) Odontogenic cysts in three dogs: one odontogenic keratocyst and two dentigerous cysts. *J Vet Med Sci*, 66:1167-70.

3.4.5 鼓室包のX線不透過性の増強
ポジショニングによるアーチファクト
異常な内容物
　コレステリン腫
　肉芽腫
　腫瘍
　中耳炎 *
　ポリープ *

鼓室壁の肥厚
犬の白血球接着不全（犬）
頭蓋下顎骨症
腫瘍
中耳炎 *
ポリープ *

参考文献

Griffiths, L. G., et al. (2003) Ultrasonography versus radiography for detection of fluid in the canine tympanic bulla. *Vet Radiol Ultrasound*, 44:210-13.

Trowald-Wigh, G., et al. (2000) Clinical, radiological and pathological features of 12 Irish Setters with canine leukocyte adhesion deficiency. *JSAP*, 41:211-17.

3.4.6 鼻腔のX線不透過性の減弱

アーチファクト
鼻甲介の破壊
アスペルギルス症
硬口蓋の先天性欠損
口蓋または上顎骨の破壊（例）
・腫瘍 *
異物 *
過去の鼻切開術
ウイルス性鼻炎

参考文献

Henderson, S. M., et al. (2004) Investigation of nasal disease in the cat ― a retrospective study of 77 cases. *J Feline Med Surg*, 6:245-57.

Tomsa, K., et al. (2003) Fungal rhinitis and sinusitis in three cats. *JAVMA*, 222:1380-84.

3.4.7 鼻腔のX線不透過性の増強

アーチファクト
鼻出血（q.v.）
腫瘍
鼻腔 *
　腺癌 *
　軟骨肉腫
　感覚神経芽細胞腫
　線維肉腫
　血管肉腫
　組織球腫
　平滑筋肉腫
　脂肪肉腫
　リンパ腫 *
　悪性線維性組織球腫
　悪性メラノーマ
　悪性神経鞘腫
　肥満細胞腫
　粘液肉腫

神経内分泌腫瘍
　　骨肉腫
　　傍鼻髄膜腫
　　横紋筋肉腫
　　扁平上皮癌 *
　　移行上皮癌
　　可移植性性器肉腫
　　未分化癌 *
　　未分化肉腫
鼻平面
　　皮膚のリンパ腫
　　線維腫
　　線維肉腫
　　血管腫
　　肥満細胞腫 *
　　メラノーマ
　　扁平上皮癌
その他
　　異物
　　上皮小体機能亢進症
　　カルタゲナー症候群
　　ポリープ
　　原発性線毛不動症
鼻炎 *（q.v.）

参考文献

Henderson, S. M., et al. (2004) Investigation of nasal disease in the cat − a retrospective study of 77 cases. *J Feline Med Surg*, 6:245-7.

3.4.8　前頭洞の X 線不透過性の増強

腫瘍
　　癌 *
　　局所的伸展（例）
　　　・鼻腫瘍
　　骨腫
　　骨肉腫
排液の閉塞
　　腫瘍
　　外傷 *
洞炎
　　アレルギー性 *
　　細菌性 *
　　真菌性
　　カルタゲナー症候群
　　ウイルス性 *
その他
　　犬の白血球接着不全（犬）
　　頭蓋下顎骨症

3.4.9 咽頭のX線不透過性の増強

異物 *
喉頭軟骨の石灰沈着
鼻咽頭狭窄
肥満 *
咽頭麻痺
唾石（唾液腺結石）

咽頭の軟部組織のマス

膿瘍 *
肉芽腫
鼻咽頭ポリープ *
腫瘍
・癌
・リンパ腫

咽頭後部のマス

膿瘍 *
腫大したリンパ節 *
腫瘍（例）
・リンパ腫 *

軟口蓋の肥厚

短頭種の閉塞性気道症候群 *（犬）
マス
・嚢胞
・肉芽腫
・腫瘍

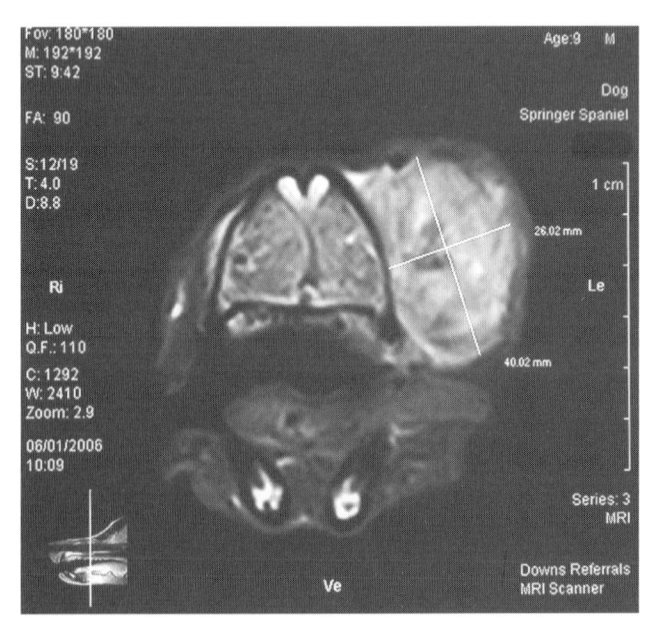

図 3.4 顔面に大型肉腫がある犬のT2強調MRスキャン横断面像．Downs Referral, Bristol の許可を得て掲載．

3.4.10　頭部および頸部軟部組織の肥厚

限局性
　膿瘍 *
　嚢胞 *
　異物 *
　肉芽腫
　血腫 *
　医原性（例）
　　・皮下輸液 *
　腫瘍 *
び漫性
　末端巨大症
　蜂巣織炎 *
　前大静脈症候群
　腫瘍 *
　肥満 *
　浮腫 *

参考文献
Peterson, M. E., et al. (1990) Acromegaly in 14 cats. *JVIM*, 4:192-201.

3.4.11　頭部および頸部軟部組織のX線不透過性の減弱

ガス
　膿瘍 *
　穿孔
　　・食道
　　・咽頭
　　・皮膚
　　・気管
　気縦隔症
脂肪
　脂肪腫 *
　肥満 *

3.4.12　頭部および頸部軟部組織のX線不透過性の増強

アーチファクト
石灰沈着
　限局性石灰沈着症
　皮膚石灰沈着症
以下の病変の石灰沈着：
　膿瘍
　肉芽腫
　血腫
　腫瘍
異物 *
腫瘍

医原性
　バリウム
　マイクロチップ

参考文献

Kooistra, H. S. (2005) Growth hormone disorders: diagnosis & treatment: the veterinary perspective. *Proceedings, ACVIM*, 2005.

McEntee, M. C. (2001) Nasal neoplasia in the dog and cat. *Proceedings, Atlantic Coast Veterinary Conference*, 2001.

Nicastro, A. & Cote, E. (2002) Cranial vena cava syndrome. *Compend Contin Educ Pract Vet*, 24:701-10.

3.5　脊椎のX線像

3.5.1　椎体の形状と大きさの正常および先天性の変化

正常な変化
　C7は隣接する椎体よりも短いことがある
　L7は隣接する椎体よりも短いことがある
　腹側のL3とL4は不明瞭なことがある

先天性の変化
　C2歯突起の異常な背側屈曲角
　C2歯突起の無形成/不完全発育
　腰椎横突起の発育異常
　塊状椎
　蝶形椎
　頚椎形成異常および関節異常症候群（ウォブラー症候群）＊（犬）
　軟骨異栄養性小人症
　先天性代謝疾患
　　・先天性甲状腺機能低下症
　　・下垂体性小人症
　背側棘突起癒合
　半側椎骨
　ムコ多糖体症
　脊柱管狭窄
　　・頚椎形成異常および関節異常症候群（ウォブラー症候群）（犬）
　　・先天性腰仙椎狭窄
　　・半側脊椎または塊状椎に続発
　　・胸椎狭窄
　後頭骨形成不全
　Perocormus
　仙尾骨発育不全
　脊椎側弯症
　C2歯突起の短縮
　二分脊椎
　脊椎狭窄
　移行椎

3.5.2 椎体の形状と大きさの後天性の変化

椎体形状の変化
  上皮小体機能亢進症
    ・栄養性二次性
    ・原発性
    ・腎性二次性 *
  ビタミン A 過剰症
  ムコ多糖体症
  変形性脊椎症
  外傷
    ・骨折 *
腫瘍
  軟骨肉腫
  線維肉腫
  血管肉腫
  転移性腫瘍 *
    ・血管肉腫
    ・リンパ腫
    ・前立腺癌
  多発性軟骨様外骨腫
  多発性骨髄腫
  骨軟骨腫
  骨肉腫 *

椎体の大きさの増加
  バーストルップ病
  骨嚢胞
  外傷 / 病的骨折に続発した仮骨形成
  汎発性特発性骨増殖症
  ビタミン A 過剰症
  ムコ多糖体症
腫瘍
  軟骨肉腫
  線維肉腫
  血管肉腫
  転移性腫瘍 *（例）
    ・血管肉腫
    ・リンパ腫
    ・前立腺癌
  多発性軟骨様外骨腫
  骨軟骨腫
  骨肉腫 *
脊椎炎
  細菌性（例）
    ・異物 *
    ・血行性
    ・穿孔創
  真菌性（例）
    ・アクチノミセス症
    ・アスペルギルス症

・コクシジオイディス症
寄生虫性（例）
・血色食道虫
原虫性（例）
・ヘパトゾーン症
変形性脊椎症
頚椎形成異常および関節異常症候群（ウォブラー症候群）*（犬）
慢性椎間板疾患*（犬）
線維輪変性
椎間板脊椎炎
半側椎骨
術後
外傷*
椎体の大きさの減少
椎間板脊椎炎
骨折*
椎間板ヘルニア*（犬）
ムコ多糖体症
栄養性二次性上皮小体機能亢進症
脊柱管の変化
幅の増加
くも膜嚢胞
水脊髄空洞症
腫瘍
狭窄
隣接する骨の病変（例）
・仮骨
頚椎形成異常および関節異常症候群（ウォブラー症候群）*（犬）
腰仙椎狭窄

参考文献

Bailey, C. S. & Morgan, J. P. (1992) Congenital spinal malformations. *Vet Clin North Am Small Anim Pract*, 22:985-1015.

Morgan, J. P. (1999) Transitional lumbosacral vertebral anomaly in the dog: a radiographic study. *JSAP*, 40:167-72.

Sturges, B. K. (2003) Congenital spinal malformations. *Proceedings, Western Veterinary Conference*, 2003.

Tomsa, K., et al. (1999) Nutritional secondary hyperparathyroidism in six cats. *JSAP*, 40:533-9.

3.5.3 椎体のX線不透過性の変化

X線不透過性の全体的な減弱
廃用委縮
副腎皮質機能亢進症
上皮小体機能亢進症
・栄養性二次性
・原発性
・偽上皮小体機能亢進症*
・腎性二次性*
甲状腺機能亢進症*（猫）
甲状腺機能低下症*（犬）

骨形成不全症
  老齢性骨粗鬆症
X線不透過性の全体的な増強
  大理石骨病
X線不透過性の局所性または多中心性の減弱
  椎間板脊椎炎
  骨髄炎 *
  骨端炎
腫瘍
  軟骨肉腫
  線維肉腫
  血管肉腫
  転移性腫瘍
  多発性骨髄腫
  骨軟骨腫
  骨肉腫 *
X線不透過性の局所性または多中心性の増強
腫瘍
  軟骨肉腫
  線維肉腫
  血管肉腫
  転移性腫瘍 *（例）
    ・血管肉腫
    ・リンパ腫
    ・前立腺癌
  骨軟骨腫
  骨肉腫 *

参考文献

Bertoy, R. W. & Umphlet, R. C. (1989) Vertebral osteosarcoma in a dog : Pathologic fracture resulting in acute hind limb paralysis. *Companion Anim Pract*, 19:7-10.

Jimenez, M. M. & O'Callaghan, M. W. (1995) Vertebral physitis: a radiographic diagnosis to be separated from discospondylitis: a preliminary report. *Vet Radiol*, 36:188-95.

3.5.4 椎間腔の異常

椎間腔の増加
  正常な変化
  半側椎骨に隣接
  アーチファクト（牽引）
  終板の侵食
    ・椎間板脊椎炎
    ・腫瘍
  ムコ多糖体症
  外傷
    ・脱臼
    ・亜脱臼
椎間腔の大きさの減少
  半側椎骨に隣接
  腫瘍に隣接

アーチファクト
  ・X線像の辺縁部でのX線ビームの逸脱
  ・ポジショニングによるアーチファクト
頚椎形成異常および関節異常症候群（ウォブラー症候群）*（犬）
犬の変性性腰仙椎狭窄
椎間板脊椎炎
ハンセン1型椎間板突出*（犬）
ハンセン2型椎間板逸脱*（犬）
術後
変形性脊椎症*
亜脱臼
塊状椎の内側

輪郭不整な椎間腔
  猫の加齢
  変性性椎間板疾患
  椎間板脊椎炎
  ムコ多糖体症
  栄養性二次性上皮小体機能亢進症
  変形性脊椎症*

椎間腔のX線不透過性の増強
  アーチファクト
    ・正常な骨/軟部組織の重複
  偶発的な石灰沈着
  椎間板疾患*（犬）

参考文献
Dickinson, P. J. (2003) Non-Contrast Spinal Radiography. *Proceedings, Western Veterinary Conference,* 2003.

3.5.5 脊髄のX線造影検査（脊髄造影）

アーチファクト
  脊柱管外側の軟部組織での造影剤
  脊髄実質内の造影剤
  硬膜外漏出
  中心管内への造影剤注入
  くも膜下腔へのガス注入
  硬膜下注入

硬膜外病変
  先天性異常
  異物
  腫瘍

変性性
  ハンセン1型椎間板突出*（犬）
  ハンセン2型椎間板逸脱*（犬）
  ハンセン3型椎間板高速低容量突出
  肥大性黄色靱帯
  くも膜嚢胞

炎症性
  膿瘍

肉芽腫
外傷
　骨折 *
　脱臼 *
血管性
　血腫
　出血
硬膜内 / 髄外（病変）
変性性
　椎間板疾患
腫瘍
　リンパ腫
　髄膜腫
　神経根腫瘍
　神経鞘腫
特発性
　くも膜内嚢胞
炎症性
　硬膜下肉芽腫
血管性
　くも膜下血腫
　くも膜下出血

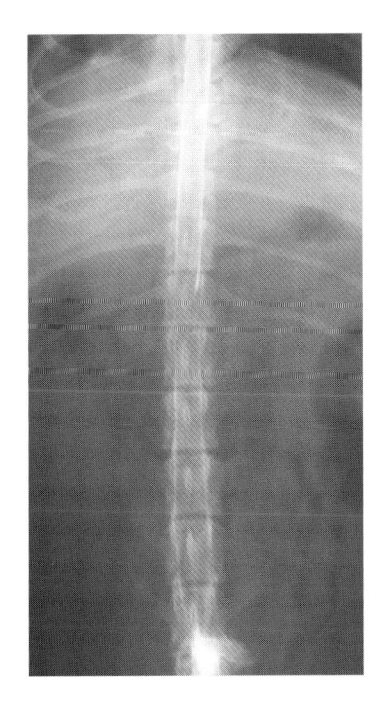

図 3.5(a)　犬の胸腰椎脊髄造影背腹像．T13 から L1 で造影剤が消失していることから，椎間板虚脱が示唆される．Downs Referral, Bristol の許可を得て掲載．

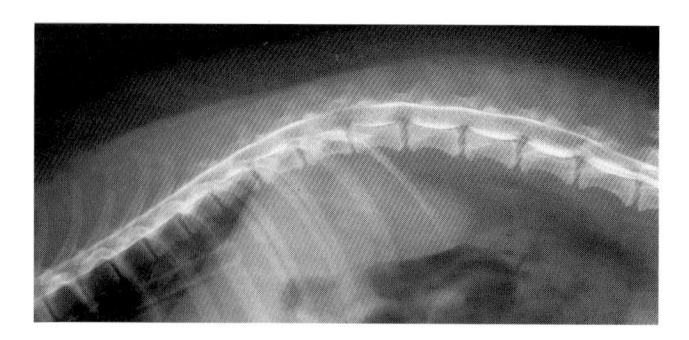

図 3.5(b)　図 3.5(a) と同じ犬の側面像．Downs Referral, Bristol の許可を得て掲載．

髄内
変性性
　椎間板疾患 *（犬）
先天性
　水脊髄空洞症 *（犬）
腫瘍
　上衣細胞腫
　神経膠腫
　リンパ腫
　転移性腫瘍
炎症性
　肉芽腫性髄膜脳脊髄炎
外傷
　脊髄腫脹
　　・振とう
　　・椎間板突出
血管性
　虚血性脊髄症 *
　梗塞に続発した脊髄軟化症
造影カラムの分裂
　側方硬膜外圧迫
　正中硬膜外圧迫

参考文献
Diaz, F. L. (2005) Practical contrast radiography. 4. Myelography. *In Practice,* 27:502-10.
Tanaka, H., et al. (2004) Usefulness of myelography with multiple views in diagnosis of circumferential location of disc material in dogs with thoracolumbar intervertebral disc herniation. *J Vet Med Sci,* 66:827-33.

3.6　胸部の超音波画像

3.6.1　胸　水

（完全なリストは 3.1.13 を参照）
　胆汁性胸膜炎

血液
乳糜
滲出液
漏出液／変性性漏出液

3.6.2　縦隔のマス

肉芽腫
特発性縦隔囊胞
腫瘍
　・リンパ腫 *
　・肥満細胞腫
　・メラノーマ
　・胸腺腫 *
　・甲状腺癌
反応性リンパ節腫脹 *
胸腺鰓囊胞

参考文献
Malik, R., et al. (1997) Benign cranial mediastinal lesions in three cats. *Aust Vet J,* 75:183-7.

3.6.3　心膜液

　心筋症に続発（猫）*
出血性
　凝固障害（q.v.）
　左心房破裂
特発性 *（犬）
腫瘍 *
　血管肉腫
　心基部腫瘍

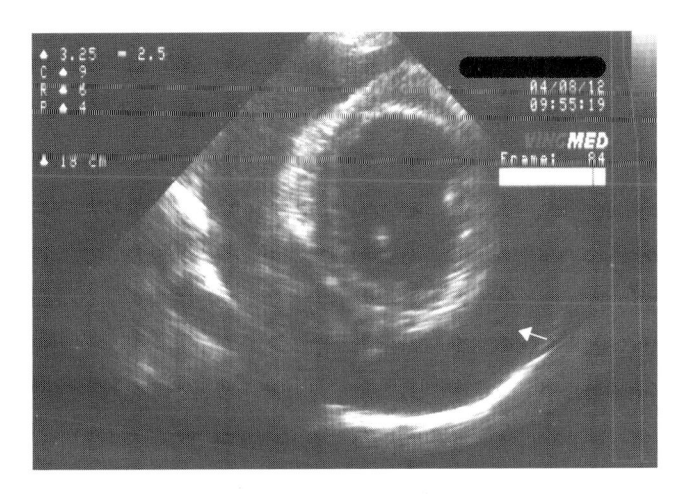

図 3.6(a)　腱索レベルで描出した右側傍胸骨短軸心エコー画像．心膜液（矢印）が認められる．Downs Referral, Bristol の許可を得て掲載．

- 非クロム親和性傍神経節腫
- 転移性上皮小体腫瘍
- 転移性甲状腺腫瘍
- その他の転移性腫瘍 *
- 非クロム親和性傍神経節腫

リンパ腫
中皮腫

心膜炎
　細菌性
- 咬傷
- 肺感染の伸展
- 異物
- 食道穿孔

　真菌性
　尿毒症性
　ウイルス性
- 猫伝染性腹膜炎 *（猫）

参考文献

Miller, M. W. (2002) Pericardial diseases. *Proceedings, Waltham/OSU Symposium, Small Animal Cardiology*, 2002.

Stafford Johnson, M., et al. (2004) A retrospective study of clinical findings, treatment and outcome in 143 dogs with pericardial effusion. *JSAP*, 45:546-52.

3.6.4　心腔径の変化

左心系

左心房拡大
　慢性徐脈

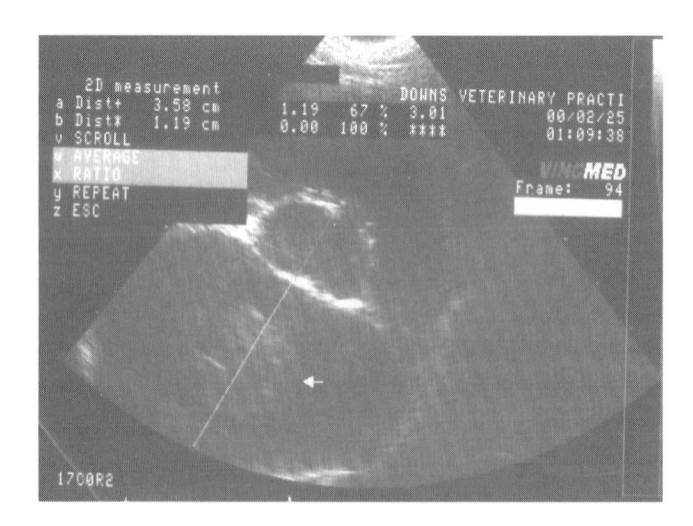

図 3.6（b）　大動脈弁レベルで描出した左心房の右側傍胸骨短軸像．左心房拡張および心房血栓（矢印）が認められる．Downs Referral, Bristol の許可を得て掲載．

拡張型心筋症 *
甲状腺機能亢進症 *（猫）
肥大型心筋症 *（猫）
左右短絡
僧帽弁異形成
僧帽弁の粘液腫様変性 *（犬）
原発性心房疾患
拘束性心筋症（猫）

左心室

拡張

貧血
動静脈瘻
慢性徐脈（q.v.）
慢性頻脈性不整脈（q.v.）
拡張型心筋症
- 特発性 *
- パルボウイルス
- タウリン欠乏症
- 薬剤 / 毒素（例）
  ○ ドキソルビシン

高心拍出量状態
- 貧血 *（q.v.）
- 甲状腺機能亢進症 *（猫）

心筋炎
過剰な容量負荷
- 大動脈弁閉鎖不全症
- 左右短絡
  ○ 動静脈瘻
  ○ 心房中隔欠損
  ○ 動脈管開存症
  ○ 心室中隔欠損
- 僧帽弁逆流（例）
  ○ 僧帽弁異形成
  ○ 僧帽弁の粘液腫様変性 *（犬）

肥大

心筋症
- 肥大型 *（猫）

大動脈縮窄
心内膜線維症
甲状腺機能亢進症 *（猫）
浸潤性心疾患（例）
- リンパ腫

過剰な圧負荷
- 大動脈弁 / 大動脈弁下の狭窄
- 全身動脈高血圧 *

容量枯渇による偽肥大

縮小

循環血液量減少（q.v.）*

壁肥厚

動脈瘤

拡張型心筋症 *
梗塞
過去の心筋炎

右心系

右心房
貧血（q.v.）
動静脈瘻
心房中隔欠損
慢性徐脈
肺性心
拡張型心筋症 *
犬糸状虫症
甲状腺機能亢進症 *（猫）
肥大型心筋症 *（猫）
三尖弁の粘液腫様変性 *（犬）
原発性心房心筋疾患
肺高血圧
拘束型心筋症
右左短絡
三尖弁異形成
三尖弁の狭窄 / 閉鎖

右心室

拡張
右心室の過剰な容量負荷
・心房中隔欠損
・心筋症
  ◦ 拡張型心筋症 *（犬）
  ◦ 肥大型心筋症 *（猫）
  ◦ 拘束型心筋症（猫）

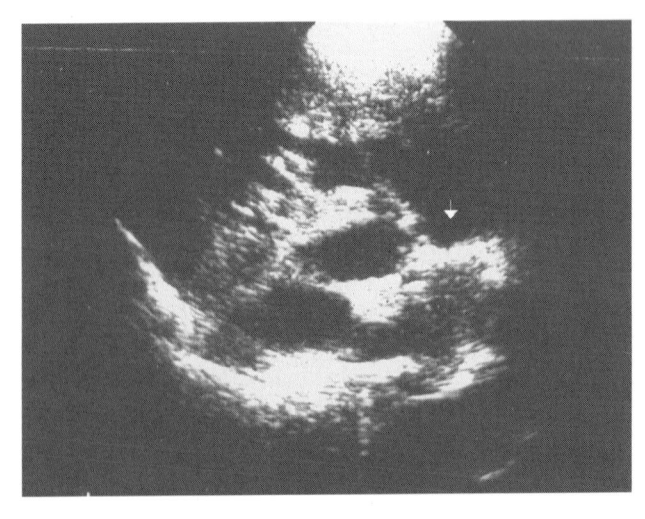

図 3.6(c) 肺動脈弁狭窄の犬の肺動脈弁レベルで描出した右側傍胸骨短軸心エコー画像（矢印は狭窄した肺動脈弁）．Downs Referral, Bristol の許可を得て掲載．

- 肺動脈弁閉鎖不全
- 三尖弁閉鎖不全
    - 三尖弁の粘液腫様変性 *（犬）
    - 三尖弁異形成

肥大
  肥大型心筋症 *（猫）
  過剰な圧負荷
  - 肺性心
  - 犬糸状虫症
  - 大型の心室中隔欠損
  - 肺高血圧
  - 肺血栓塞栓症
  - 肺動脈弁狭窄
  - ファロー四徴症

  拘束型心筋症（猫）

縮小
  心タンポナーデ
  循環血液量減少 *（q.v.）

参考文献
Guglielmini, C., et al. (2002) Atrial septal defect in five dogs. JSAP, 43:317-22.
Luis-Fuentes, V. (2003) Echocardiography: Canine & feline case vignettes. *Proceedings, ACVIM*, 2003.
Washizu, M., et al. (2003) Hypertrophic cardiomyopathy in an aged dog. *J Vet Med Sci*, 65:753-6.

3.6.5　左心室駆出期指数の変化（左室内径短縮率－FS%，左室駆出分画－EF）

明らかな機能低下（FS%の減少，EFの減少）
前負荷の減少（例）
　循環血液量減少 *（q.v.）
後負荷の増加（例）
　大動脈弁狭窄

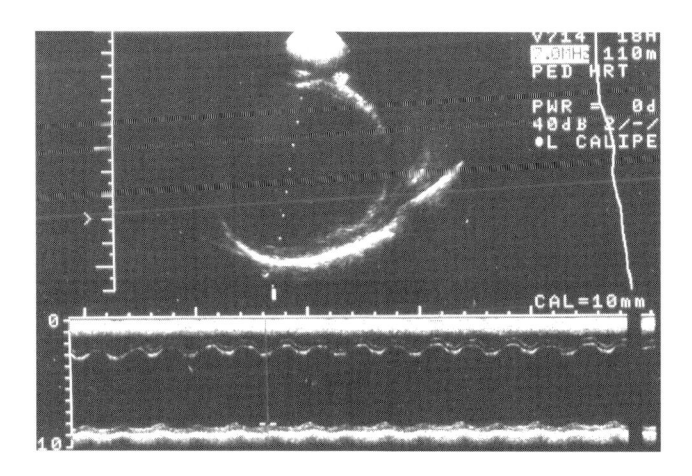

図 3.6(d)　左心室の M モード画像．拡張型心筋症により心室拡張および左室内径短縮率の低下が認められる．Downs Referral, Bristol の許可を得て掲載．

全身動脈高血圧 *（q.v.）

収縮能低下
　　犬の X 染色体性筋ジストロフィー
　　慢性弁膜心疾患 *（犬）
　　拡張型心筋症 *

明らかな機能亢進（FS% の増加，EF の増加）

後負荷の減少（例）
　　低血圧
　　僧帽弁逆流 *

前負荷の増加（例）
　　医原性の過剰輸液 *

心筋疾患（例）
　　肥大型心筋症 *（猫）

参考文献

Vollmar, A. C. (1999) Use of echocardiography in the diagnosis of dilated cardiomyopathy in Irish Wolfhounds. *JAAHA*, 35:279-83.

3.7　腹部の超音波画像

3.7.1　腎疾患

び漫性の異常
　　腎臓腫大（q.v.）
　　小さい腎臓（q.v.）

皮髄境界部が正常または増強した皮質エコー源性の増加
　　末期の腎疾患 *（q.v.）
　　エチレングリコール中毒
　　皮質内の脂肪 *
　　猫伝染性腹膜炎 *（猫）
　　糸球体腎炎
　　間質性腎炎 *
　　腎石症
　　腎リンパ腫
　　扁平上皮癌

髄質のリムサイン
　　正常所見のこともある *
　　慢性間質性腎炎 *
　　エチレングリコール中毒
　　猫伝染性腹膜炎 *（猫）
　　高カルシウム血症性腎症
　　特発性急性尿細管壊死
　　レプトスピラ症 *

皮髄境界部が不鮮明な皮質エコー源性の増強
　　慢性炎症性疾患 *
　　先天性腎異形成
　　末期腎疾患 *

皮質エコー源性の低下
　　リンパ腫

限局的な異常
無エコー性／低エコー性の病変
　膿瘍
　腎疾患に続発した後天性嚢胞
　先天性嚢胞
　嚢胞腺癌
　血腫
　リンパ腫
　腎周囲偽嚢胞
　多嚢胞性腎疾患*
　腫瘍壊死
高エコー性病変
　石灰沈着した嚢胞
　石灰沈着した嚢胞壁
　石灰沈着した血腫
　結石
　慢性腎梗塞
　線維化
　ガス
　肉芽腫
　腫瘍
　　・軟骨肉腫
　　・血管腫
　　・血管肉腫
　　・転移性甲状腺癌
　　・骨肉腫
エコー源性が混合した病変
　膿瘍
　急性梗塞
　肉芽腫
　血腫
　腫瘍
　　・腺癌
　　・血管腫
　　・リンパ腫
腎盂の拡張
　反対側の腎疾患／欠損（軽度拡張）
　多尿／利尿剤
　腎盂腎炎
　腎腫瘍
先天性
　異所性尿管
　尿管瘤
水腎症
　外因性マス
　腫瘍
　　・膀胱
　　・前立腺
　　・膀胱三角
　傍尿管偽嚢胞

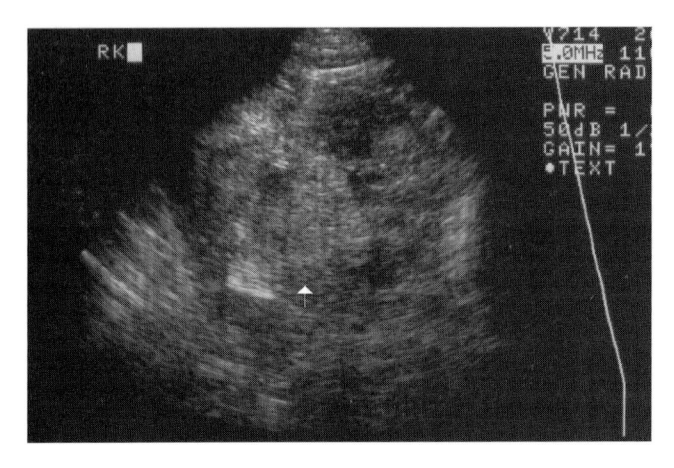

図 3.7(a) 腎超音波画像．腎臓は拡大しており，腎構造は腫瘍と思われる病変によって崩壊している．Downs Referral, Bristol の許可を得て掲載．

 尿管の凝血塊
 尿管の炎症
 尿管狭窄
 尿管結石

参考文献

Cannon, M. J., et al. (2001) Prevalence of polycystic kidney disease in Persian cats in the United Kingdom. *Vet Rec*, 149:409-11.

Hansen, N. (2003) Bilateral hydronephrosis secondary to anticoagulant rodenticide intoxication in a dog. *J Vet Emerg Crit Care*, 13:103-107.

Mantis, P. & Lamb, C. R. (2000) Most dogs with medullary rim sign on ultrasonography have no demonstrable renal dysfunction. *Vet Radiol Ultrasound*, 41:164-6.

Matton, J. S. (2003) Upper urinary ultrasonography. *Proceedings, Western Veterinary Conference*, 2003.

3.7.2 肝胆管疾患

限局性または多病巣性の肝実質の異常
 結節性過形成（犬）*
膿瘍
 胆管疾患 *
 慢性的なグルココルチコイド投与
 糖尿病 *
 肝葉捻転
 腫瘍 *
 膵炎 *
 穿孔性異物
囊胞
 後天性囊胞
  ・胆汁囊胞
  ・多囊胞性腎疾患
 先天性囊胞

囊胞様マス
　胆管偽囊胞
　炎症
　壊死
　腫瘍 *
　外傷
血腫
　凝固障害（q.v.）
　外傷 *
肝壊死
　化学的傷害
　免疫介在性 *
　感染 *
　毒素
腫瘍
　胆管囊胞腺腫
　胆管細胞腺癌
　胆管細胞腺腫
　肝細胞腺癌 *
　肝細胞腺腫 *
　リンパ腫 *
　転移性腫瘍 *
び漫性肝疾患
　肝腫大（q.v.）*
　小肝症（q.v.）
エコー源性の減弱
　アミロイドーシス
　うっ血 *
　肝炎 *
　白血病
　リンパ腫 *
エコー源性の増強
　慢性肝炎 *
　肝硬変 *
　脂肪浸潤
　　・糖尿病 *
　　・肥満 *
　リンパ腫 *
　ステロイド肝症 *
エコー源性の混合
　肝硬変 *
　び漫性腫瘍 *
　肝皮膚症候群
胆管閉塞（"黄疸"も参照）
　膿瘍
　胆管結石
　胃腸管疾患 *（q.v.）
　肉芽腫
　肝胆管疾患 *（q.v.）
　リンパ節腫脹 *（q.v.）

腫瘍＊
　　膵炎＊
胆嚢の限局性／多病巣性のエコー源性増強
　　胆管結石
　　胆嚢粘液嚢腫
　　胆泥＊
　　腫瘍
　　ポリープ
胆嚢壁の肥厚
　　急性肝炎＊（q.v.）
　　胆管肝炎＊
　　胆嚢炎＊（q.v.）
　　慢性肝炎＊（q.v.）
　　胆嚢粘液嚢腫
　　低アルブミン血症＊（q.v.）
　　腫瘍＊
　　右心系のうっ血性心不全＊
　　敗血症＊
後大静脈および肝静脈の拡張
　　血液学的疾患
　　全身感染症＊
後大静脈／肝静脈の閉塞
　　バッド・キアリ症候群
　　肝疾患＊（q.v.）
　　腫瘍＊
　　狭窄
　　血栓
　　外傷＊
右心不全＊
　　心タンポナーデ
　　犬糸状虫症
　　心筋疾患
　　肺高血圧

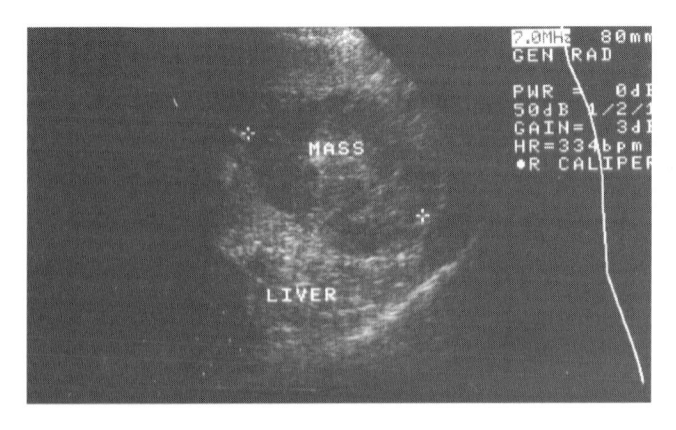

図 3.7（b）　低エコーのマスが認められる肝臓の超音波画像．細胞診からリンパ腫が判明した．Downs Referral, Bristol の許可を得て掲載．

肺動脈弁狭窄
三尖弁閉鎖不全

参考文献

Henry, G. (2003) Hepatic ultrasonography. *Proceedings, Western Veterinary Conference*, 2003.

Lamb, C. R. & Cuccovillo, A. (2002) Cellular features of sonographic target lesions of the liver and spleen in 21 dogs and a cat. *Vet Radiol Ultrasound*, 43:275-8.

Liptak, J. M. (2004) Massive hepatocellular carcinoma in dogs: 48 cases (1992-2002) *JAVMA*, 225:1225-30.

Sergeeff, J. S., et al.(2004) Hepatic abscesses in cats: 14 cases (1985-2002). *JVIM*, 18:205-300.

3.7.3 脾臓疾患

び漫性の脾臓疾患－脾臓腫大
　膿瘍
　アミロイドーシス
　髄外造血
　免疫介在性 *
　梗塞
　実質性壊死
　門脈高血圧
　脾静脈血栓

うっ血
　麻酔薬 *
　溶血性貧血 *
　門脈閉塞
　右心不全 *
　脾臓茎部捻転
　　・胃拡張 / 捻転
　　・単独
　毒素血症 *
　トランキライザー *

感染性疾患
　細菌性 *
　真菌性

腫瘍
　リンパ腫 *
　リンパ増殖性疾患
　悪性組織球症
　肥満細胞症
　骨髄増殖性疾患

寄生虫
　バベシア症
　エールリヒア症
　ヘモバルトネラ症

限局性または多病巣性の脾臓疾患
　膿瘍
　脂肪沈着
　結節性過形成

血腫
   腹部外傷
   凝固異常
梗塞
   心血管疾患 *
   副腎皮質機能亢進症
   凝固能亢進
   炎症性疾患
     ・心内膜炎
     ・膵炎 *
     ・敗血症 *
   肝疾患 *（q.v.）
   腫瘍 *
     ・線維肉腫
     ・血管腫
     ・血管肉腫
     ・平滑筋肉腫
     ・リンパ腫
   腎疾患 *（q.v.）
腫瘍
   軟骨肉腫
   線維肉腫
   線維性組織球腫
   血管腫 *
   血管肉腫 *
   平滑筋肉腫
   脂肪肉腫
   リンパ腫 *
   転移性腫瘍 *
   粘液肉腫
   骨肉腫
   横紋筋肉腫
   未分化肉腫

参考文献

Henry, G. (2003) Splenic ultrasonography. *Proceedings, Western Veterinary Conference* 2003.
O'Brien, R. T., et al. (2004) Sonographic features of drug-induced splenic congestion. *Vet Radiol Ultrasound*, 45:225-7.

3.7.4　膵臓疾患

膵臓の限局性病変
   膿瘍（犬）
   膿胞様構造
     ・先天的嚢胞
     ・偽嚢胞
     ・貯留性嚢胞
   腫瘍
   結節性変化

び漫性腫大
  膵臓腫瘍
  膵臓浮腫
  膵炎 *

参考文献

Coleman, M. G. (2005) Pancreatic masses following pancreatitis: pancreatic pseudocysts, necrosis, and abscesses. *Compend Contin Educ Pract Vet*, 27:147-54.

Coleman, M. G., et al. (2005) Pancreatic cyst in a cat. *N Z Vet J*, 53:157-9.

Saunders, H. M., et al. (2002) Ultrasonographic findings in cats with clinical, gross pathologic, and histologic evidence of acute pancreatitis necrosis: 20 cases (1994-2001). *JAVMA*, 221:1724-30.

3.7.5 副腎疾患

副腎腫大
片側性
  副腎腫瘍
    ・副腎皮質腺癌 *
    ・副腎皮質腺腫 *
    ・芽細胞腫
    ・転移性腫瘍
    ・クロム親和性細胞腫
両側性
  副腎腫瘍
    ・副腎皮質腺癌 *
    ・副腎皮質腺腫 *
    ・転移性腫瘍
  過形成
  下垂体依存性副腎皮質機能亢進症 *
  ストレス性非副腎疾患 *
  薬剤
    ・トリロスタン

参考文献

Besso, J. G., et al. (1997) Retrospective ultrasonographic evaluation of adrenal lesions in 26 dogs. *Vet Radiol*, 38:448-55.

Mantis, P., et al. (2003) Changes in ultrasonographic appearance of adrenal glands in dogs with pituitary dependent hyperadrenocorticism treated with trilostane. *Vet Rad & Ult*, 44:682-5.

3.7.6 膀胱疾患

壁厚の増加
び漫性
  慢性膀胱炎 *
  気腫性膀胱炎
    ・クロストリジウム感染症
    ・糖尿病
  空の膀胱 *
  膀胱壁の線維化 / 石灰沈着

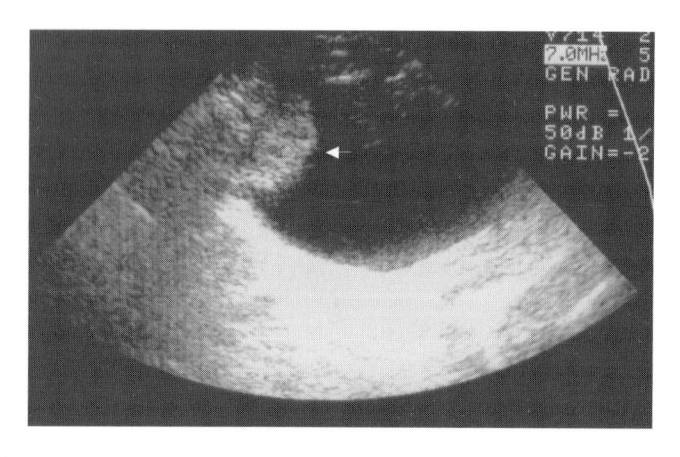

図 3.7(c)　猫の膀胱の超音波画像．頭側極にマス（矢印）が認められる．Downs Referral, Bristol の許可を得て掲載．

限局性または多病巣性
　壁血腫
　　・凝固障害（q.v.）
　　・医原性
　　・感染
　　・腫瘍
　　・外傷
　腫瘍
　　・腺癌
　　・クロム親和性細胞腫
　　・線維腫
　　・線維肉腫
　　・血管腫
　　・血管肉腫
　　・平滑筋腫
　　・平滑筋肉腫
　　・リンパ腫
　　・粘液腫
　　・横紋筋肉腫
　　・扁平上皮癌
　　・移行上皮癌
　　・未分化癌
限局的な壁欠損
　後天性憩室
　尿膜管開存
　尿膜管憩室
　尿管瘤
腔内病変（例）
　凝血塊 *
　異物
　ガス気泡
　沈殿物 *

尿石 *

参考文献
Biller, D. S. (1990) Diagnostic ultrasound of the urinary bladder. *JAAHA*, 26:397-402.
Norris, A. M., et al. (1992) Canine bladder and urethral tumors: A retrospective study of 115 cases (1980-1985). *JVIM*, 6:145-53.
Nyland, T. G. (2002) Sonograms of the urinary tract. *Proceedings, Western Veterinary Conference*, 2002.

3.7.7 　胃腸管疾患
壁厚の増加
び漫性
　急性出血性胃腸炎 *
　結腸炎 *（q.v.）
　胃炎 *
　　・食事 *
　　・感染性疾患 *
　　　○パルボウイルス
　　・炎症性 *
　　・尿毒症性 *（q.v.）
　炎症性腸疾患 *
　腫瘍
　　・リンパ腫 *
限局性／多病巣性
　良性腺腫様ポリープ
　慢性肥大性胃症
　先天性肥大性幽門狭窄
　炎症性腸疾患 *
　明白な重積
　腫瘍
　　・腺癌
　　・腺腫

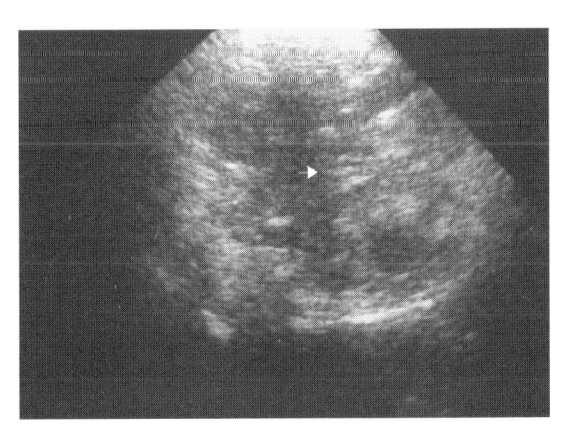

図3.7(d) 　触知可能な腹部マス（矢印）の超音波画像．試験的開腹術により，このマスは過去の腹部手術時に残留したスワブであることが分かった．Downs Referral, Bristol の許可を得て掲載．

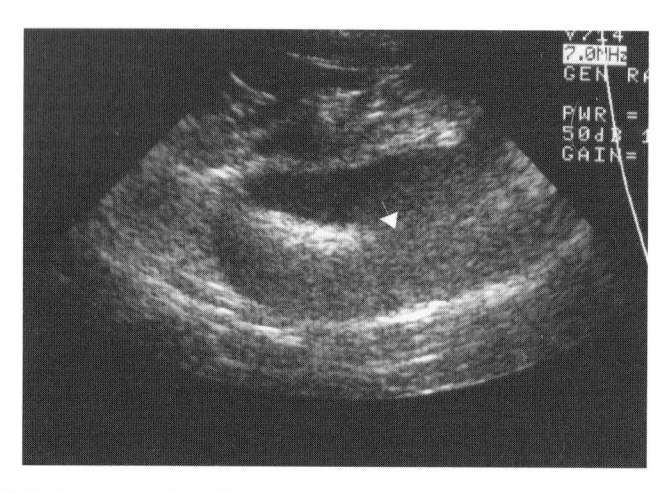

図 3.7(e)　触知可能な腹部マスの猫の腹部超音波画像．重度の炎症性腸疾患により，小腸壁は肥厚して正常な層状構造が消失している（矢印）．Downs Referral, Bristol の許可を得て掲載．

- 類癌腫
- 癌
- 平滑筋腫
- 平滑筋肉腫
- リンパ腫
- 神経鞘腫

腸管運動の低下（イレウス）
機能的
　腹痛 *
　急性胃腸炎 *
　アミロイドーシス
　神経原性疾患
　浮腫
　腹部手術の術後 *
　血管疾患
　薬剤
機械的
　癒着 *
　異物 *
　重積
　局所性炎症 *
　腫瘍

参考文献

Beck, C., et al. (2001) The use of ultrasound in the investigation of gastric carcinoma in a dog. *Aust Vet J*, 79:332-4.

Guilford, W. G. (2005) Motility disorders: approach and management. *Proceedings, BSAVA Congress*, 2005.

Paoloni, M. C., et al. (2002) Ultrasonographic and clinicopathologic findings in 21 dogs with intestinal adenocarcinoma. *Vet Radiol Ultrasound*, 43:562-7.

Penninck, D. (2003) Diagnostic value of ultrasonography in differentiating enteritis from intestinal neoplasia in dogs. *Vet Radiol Ultrasound,* 44:570-5.

3.7.8 卵巣と子宮の疾患

卵巣のマス
　卵巣断端の肉芽腫
嚢胞 *
　卵胞性
　黄体形成性
腫瘍
　腺腫
　腺癌
　未分化胚細胞腫
　顆粒細胞腫瘍
　黄体腫
　奇形腫
　莢膜腫
子宮の拡張
　子宮血腫
　子宮留水症
　子宮留粘液症
　分娩後 *
　妊娠 *
　子宮蓄膿症 *
子宮壁の肥厚
腫瘍
　腺癌
　腺腫
　線維腫
　線維肉腫
　平滑筋腫
　平滑筋肉腫
　リンパ腫

参考文献

Bigliardi, E., et al. (2004) Ultrasonography and cystic hyperplasia-pyometra complex in the bitch. *Reprod Domest Anim,* 39:136-40.
Yeager, A. E., et al. (1992) Ultrasonographic appearance of the uterus, placenta, fetus, and fetal membranes throughout accurately timed pregnancy in beagles. *Am J Vet Res,* 53:342-51.

3.7.9 前立腺の疾患

前立腺の腫大
び漫性
　細菌性前立腺炎 *
　良性前立腺過形成 *
　腫瘍
　扁平上皮化生

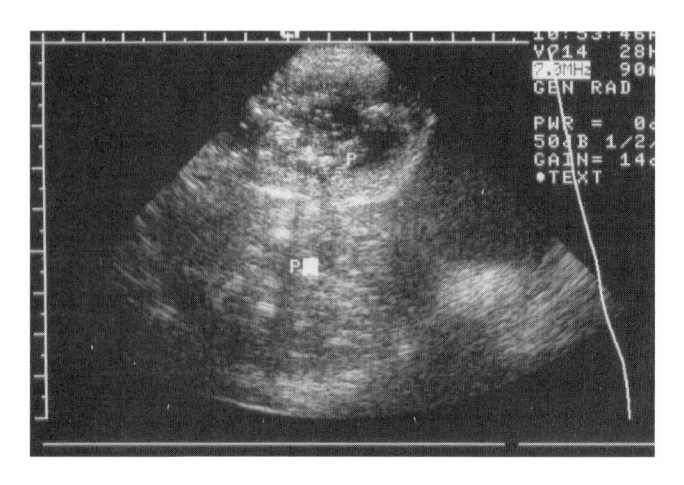

図 3.7(f) 前立腺癌が見られる前立腺の超音波画像．Downs Referral, Bristol の許可を得て掲載．

限局性
　膿瘍
　嚢胞
　　・傍前立腺
　　・前立腺
　腫瘍
　　・腺癌
　　・線維腫
　　・平滑筋腫
　　・平滑筋肉腫
　　・扁平上皮癌
　　・移行上皮癌
　　・未分化癌

参考文献
Stowater, J. L. (1989) Ultrasonographic features of paraprostatic cysts in nine dogs. *Vet Radiol Ultrasound*, 30:232-9.
Williams, J. & Niles, J. (1999) Prostatic disease in the dog. *In Practice*, 21:558-75.

3.7.10 腹　水

胆汁－胆管系の破裂
　腫瘍
　術後（例）
　　・胆嚢切除術
　重度の胆嚢炎 *
　外傷
血液
　凝固異常
　腫瘍（例）
　　・血管肉腫 *
　臓器または主要血管の破裂

血栓症
外傷
血管炎
乳糜
うっ血性心不全
猫伝染性腹膜炎（猫）
リンパ管拡張症
リンパ管肉腫
リンパ腫
腸管膜根絞扼
乳糜槽の破裂
・腫瘍
・外傷
脂肪織炎
滲出液
横隔膜ヘルニア
猫伝染性腹膜炎＊（猫）
肝炎
腫瘍
臓器捻転
膵炎
心膜横隔膜ヘルニア
敗血症性腹膜炎
膿瘍
血行性播種
医原性/院内
何れかの感染巣からの局所的波及
迷入異物
腫瘍＊
膵炎＊
穿孔創

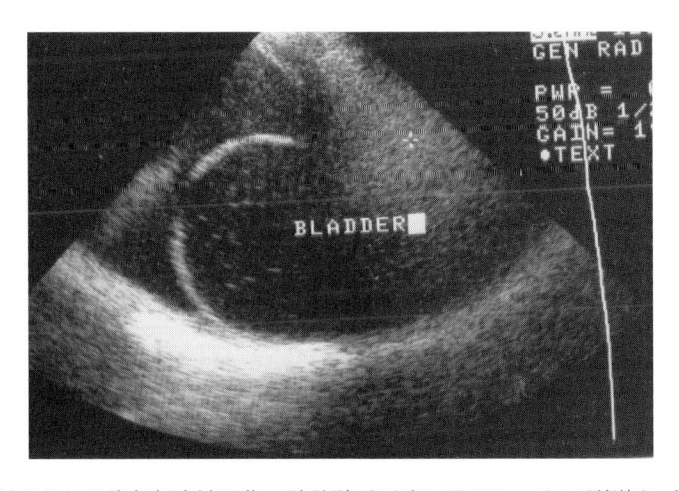

図 3.7（g） 腹水が見られる腹部超音波画像．膀胱壁が明瞭に見える．その頭側極にある明らかな孔はアーチファクトである．Downs Referral, Bristol の許可を得て掲載．

臓器破裂（例）
- 腫瘍
- 術後（例）
  - 腸切開創開離 *
- 子宮蓄膿症
- 外傷

脂肪織炎

漏出液 / 変性漏出液
心タンポナーデ（q.v.）
後大静脈の閉塞
肝疾患
- 胆管肝炎 *（q.v.）
- 慢性肝炎 *（q.v.）
- 肝硬変 *
- 線維化 *
- 門脈高血圧

低アルブミン血症 *（q.v.）
炎症性
- 猫伝染性腹膜炎

腫瘍 *
門脈高血圧
右心不全 *
囊胞破裂
脾臓疾患

尿－下部尿路破裂
膀胱
尿管
尿道

参考文献

Monteiro, C. B. & O' Brien, R. T. (2004) A retrospective study on the sonographic findings of abdominal carcinomatosis in 14 cats. *Vet Rad & Ult,* 45:559-64.

Savary, C. M., et al. (2001) Chylous abdominal effusion in a cat with feline infectious peritonitis. *JAAHA,* 37:35-40.

Tasker, S. & Gunn-Moore, D. (2000) Differential diagnosis of ascites in cats. *In Practice,* 22:472-9.

3.8　その他の領域の超音波画像

3.8.1　精巣

腫大
腫瘍 *
精巣炎
捻転

限局性－腫瘍
間質細胞腫 *
精上皮腫 *
セルトリ細胞腫 *

参考文献

England, G. C. (1995) Ultrasonographic diagnosis of non-palpable Sertoli cell tumours in infertile dogs. *JSAP*, 36:476-80.

3.8.2 眼

眼内のマス
    異物 *
    炎症性 *
感染性疾患 *
    細菌性
    真菌性
        ・ブラストミセス症
        ・コクシジオイディス症
        ・クリプトコッカス症
        ・ヒストプラズマ症
    ウイルス性
        ・猫伝染性腹膜炎 *（猫）
腫瘍
    毛様体腺癌
    毛様体腺腫
    リンパ腫
    髄様上皮腫
    メラノーマ
    転移性癌
    扁平上皮癌
器質的出血 *
    慢性緑内障
    凝固異常（q.v.）
    糖尿病 *
    高血圧 *（q.v.）
    腫瘍
    血管新生
    硝子体動脈遺残
    外傷 *
    硝子体網膜疾患
硝子体腔の点状および膜性病変
    星芒状硝子体症
    眼内炎
    異物
    出血（上述）
    一次硝子体過形成遺残
    後部硝子体剥離
    硝子体浮遊物
    硝子体膜形成
網膜剥離（q.v.）
後眼球マス
    膿瘍/蜂巣織炎 *
        鼻腔からの伸展
        副鼻腔洞からの伸展

歯根部感染からの伸展 *
頬骨唾液腺からの伸展
異物
血行性播種
口腔の炎症性疾患
穿孔創
腫瘍
転移性腫瘍
・軟骨肉腫
・血管肉腫
・涙腺腫瘍
・リンパ腫
・髄膜腫
・鼻腺癌
・神経線維肉腫
・骨肉腫
・横紋筋腫
・扁平上皮癌
・頬骨腺腫瘍
原発性上皮系および間葉系腫瘍

参考文献

Bayon, A., et al. (2001) Ocular complications of persistent hyperplastic primary vitreous in three dogs. *Vet Ophthalmol*, 4:35-40.

Homco, L. D. & Ramirez, O. (1995) Retrobulbar abscesses. *Vet Radiol*, 36:240-42.

3.8.3 頸部

上皮小体の腫大（片側または両側）
腫瘍
腺癌
腺腫
過形成
栄養性二次性上皮小体機能亢進症
腎性二次性上皮小体機能亢進症
甲状腺の腫大（片側または両側）
腫瘍
腺癌 *
腺腫 *
その他
甲状腺嚢胞
甲状腺炎
リンパ節腫大
炎症性／感染性疾患
膿瘍 *
炎症 *
腫瘍
リンパ腫 *
転移性腫瘍 *

唾液腺腫大
 唾液腺嚢胞
  ・貯留性嚢胞
  ・真の嚢胞
 唾液腺膿瘍 *
 唾液腺腫瘍
 唾液腺炎
 唾液腺マス *
 唾石（唾液腺結石）

その他の部位の頚部マス
炎症性／感染性疾患
 膿瘍 *
 蜂巣織炎
 肉芽腫
腫瘍
 脂肪腫 *
 転移性腫瘍
 原発性腫瘍
その他
 動静脈奇形
 嚢胞 *
 血腫 *

参考文献

Sueda, M. T. & Stefanacci, J. D. (2000) Ultrasound evaluation of the parathyroid glands in two hypercalcemic cats. *Vet Radiol Ultrasound*, 41:448-51.

Wisner, E. R., et al. (1994) Ultrasonographic examination of cervical masses in the dog and cat. *Vet Radiol Ultrasound*, 35:310-15.

PART 4
検査所見

　本章では，反復を避けるために「検査エラー」という項目は省いた．しかし，サンプルのラベリングや識別の間違い，検査機器によるエラー（特に品質管理が不十分な特定の院内検査），時間の経過したサンプルや誤った採取法によるエラーといった要因は，全て明白な異常の原因になり得ることを常に肝に銘じておかねばならない．検査結果が予想外の異常だった場合は再検査すべきだが，別の方法で行うことが望ましい．また，正常範囲というのは一般に健康個体群の95%が当てはまる値を基準にしているため，その範囲から外れた少数の変化は有意ではない場合があるという点も忘れてはならない．最後に，検査法の違いから，参考範囲は検査センターごとに異なる．

4.1　生化学的所見

4.1.1　アルブミン

増加
　アーチファクト
　　・脂肪血症
　血液濃縮 *
　　・脱水

減少
　相対的（希釈性）

蛋白質の取り込み減少
　吸収不良 *
　消化不良
　栄養不良

産生の減少
　慢性炎症性疾患 *
　肝不全 *（q.v.）

喪失の増加
　皮膚病変（例）
　　・火傷
　外部出血 *（例）
　　・凝固障害（q.v.）
　　・胃腸管腫瘍
　　・胃腸管潰瘍
　　・外傷
　蛋白喪失性腸症 *
　　・急性ウイルス感染症
　　・心疾患
　　・炎症性腸疾患
　　・胃腸管腫瘍
　　・胃腸管寄生虫症
　　・胃症管潰瘍

- リンパ管拡張症
  - 腸管の炎症
  - 腸管腫瘍
  - リンパ管炎
  - 原発性 / 先天性
  - 静脈高血圧
- 蛋白喪失性腎症（q.v.）

隔離
- 体腔内滲出＊（q.v.）

カラー図版 4.1(a) 参照.

参考文献

King, L. G. (1994) Postoperative complications and prognostic indicators in dogs and cats with septic peritonitis: 23 cases (1989-1992). *JAVMA*, 204:407-14.

McGrotty, Y. & Knottenbelt, C. (2002) Significance of plasma protein abnormalities in dogs and cats. *In Practice*, 24:512-17.

Simpson, J. W. (2005) Protein-losing enteropathies. *Proceedings, BSAVA Congress*, 2005.

4.1.2 アラニントランスフェラーゼ

減少（カラー図版 4.1(b) 参照）
- 慢性肝疾患
- 正常な変化＊
- 栄養欠乏
  - ビタミン B
  - 亜鉛

増加

アーチファクト
- 溶血
- 脂肪血症

肝疾患
- 胆管肝炎＊（q.v.）
- 胆管炎＊（q.v.）
- 慢性肝炎＊（q.v.）
- 肝硬変＊
- 銅貯蔵病（犬）
- 猫伝染性腹膜炎＊（猫）
- 肝毒性
- 腫瘍（例）
  - 肝細胞腺癌＊
  - リンパ腫＊
- 外傷＊

肝外疾患
- 無酸素症
- 内分泌疾患（例）
  - 副腎皮質機能亢進症
  - 甲状腺機能亢進症（猫）
- 炎症性（例）
  - 膵炎

薬剤／毒素
　イトラコナゾール
　NSAID（非ステロイド系抗炎症薬）（例）
　　・イブプロフェン
　　・パラセタモール
　　・フェニルブタゾン
　オキシテトラサイクリン
　グリセオフルビン
　グルココルチコイド
　ケトコナゾール
　コルヒチン
　サリチル酸
　ジアゼパム（猫）
　シクロフォスファミド
　シメチジン
　ダナゾール
　テトラサイクリン
　トリメトプリム／スルフォンアミド
　ナンドロロン
　バルビツレート
　フェニトイン
　フェニルブタゾン
　フェノバルビトン
　プリミドン
　プロカインアミド
　メキシレチン
　メソトレキセート
　メタミゾール
　メトロニダゾール

参考文献
Foster, S. F., et al. (2000) Effects of phenobarbitone on serum biochemical tests in dogs. *Aust Vet J*, 78:23-6.
Kaufman, A. C. & Greene, C. E. (1993) Increased alanine transaminase activity associated with tetracycline administration in a cat. *JAVMA*, 202:628-30.

4.1.3　アルカリフォスファターゼ

増加

成長中の若齢動物では正常 *
アーチファクト
　溶血
　高ビリルビン血症
　脂肪血症
肝疾患
　胆管肝炎 *（q.v.）
　慢性肝炎 *（q.v.）
　肝硬変 *（q.v.）
　銅貯蔵病（犬）

猫伝染性腹膜炎＊（猫）
肝リピドーシス（猫）
肝腫瘍＊（例）
　・血管肉腫
　・肝細胞癌
　・リンパ腫
　・転移性癌
肝外疾患
胆管腫瘍
骨疾患（例）
　・骨折
　・骨髄炎
胆嚢炎＊
胆石症
糖尿病＊
横隔膜ヘルニア＊
エールリヒア症
胆嚢粘液嚢腫
副腎皮質機能亢進症
甲状腺機能亢進症（猫）＊
膵臓腫瘍
膵炎＊
右心系のうっ血性心不全＊
敗血症＊
薬剤／毒素
アフラトキシン
イトラコナゾール
NSAID（非ステロイド系抗炎症薬）（例）
　・イブプロフェン
　・パラセタモール
　・フェニルブタゾン
オキシテトラサイクリン
グリセオフルビン
グルココルチコイド
ケトコナゾール
コルヒチン
サリチル酸
ジアゼパム（猫）
シクロフォスファミド
シメチジン
ダナゾール
トリメトプリム／スルフォンアミド
ナンドロロン
バルビツレート
フェニトイン
フェニルブタゾン
フェノキシ酸除草剤
フェノバルビトン
プリミドン
プロカインアミド

メキシレチン
メソトレキセート
メタミゾール
メトロニダゾール

参考文献

Foster, S. F., et al. (2000) Effects of phenobarbitone on serum biochemical tests in dogs. *Aust Vet J,* 78:23-6.

Komnenou, A., et al. (2005) Correlation of serum alkaline phosphatase activity with the healing process of long bone fractures in dogs. *Vet Clin Pathol,* 34:35-8.

Worley, D. R., et al. (2004) Surgical management of gallbladder mucocoeles in dogs: 22 cases (1999-2003). *JAVMA,* 225:1418-23.

4.1.4 アンモニア

減少
薬剤
　ジフェンヒドラミン
　浣腸
　ラクツロース
　経口抗生物質（例）
　　・アミノグリコシド
　　・プロバイオティクス
増加
アーチファクト
　サンプル分析の遅れ
　フッ素/シュウ酸を含む抗凝固剤
　激しい運動
肝機能障害（例）
　後天性門脈体循環シャント
　先天性門脈体循環シャント
その他
　高蛋白質食 *
　腸管出血
　門脈体循環シャント
　尿素回路の障害
薬剤
　アンモニウム塩
　アスパラギナーゼ
　利尿剤

参考文献

Winkler, J. T., et al. (2003) Portosystemic shunts: diagnosis, prognosis and treatment of 64 cases (1993-2001). *JAAHA,* 39:169-85.

4.1.5 アミラーゼ

増加

腸疾患 *

膵臓疾患 *
　壊死
　腫瘍
　膵管閉塞
　膵炎 *
糸球体濾過の減少（q.v.）
　腎前性疾患 *
　腎疾患 *
　腎後性疾患 *
薬剤 / 毒素
　アザチオプリン
　L- アスパラギナーゼ
　エストロゲン
　カーバメート
　グルココルチコイド
　サイアザイド系利尿剤
　ジアゾキシド
　臭化カリウム
　スルフォンアミド
　テトラサイクリン
　フロセミド
　メトロニダゾール

参考文献

Mansfield, C. S., et al. (2003) Assessing the severity of canine pancreatitis. *Res Vet Sci*, 74: 137-44.

4.1.6　アスパラギン酸アミノトランスフェラーゼ

増加

アーチファクト
　溶血
　脂肪血症
溶血 *
肝疾患 * （q.v.）
筋損傷 *
　運動
　炎症
　筋肉内注射
　虚血
　壊死
　腫瘍
　外傷
薬剤 / 毒素
　NSAID（例）
　　・イブプロフェン
　　・サリチル酸
　　・パラセタモール
　　・フェニルブタゾン
　　・フェノバルビトン

・プリミドン
カーバメート
グリセオフルビン
グルココルチコイド
ケトコナゾール
バルビツレート

参考文献

Evans, J., et al. (2004) Canine inflammatory myopathies: A clinicopathologic review of 200 cases. *JVIM*, 18:679-91.

4.1.7 ビリルビン

減少
アーチファクト
　日光または蛍光灯への長時間の暴露
増加（"黄疸"も参照）
アーチファクト
　溶血
　脂肪血症
肝前性
　溶血 *
肝性（例）
　胆汁うっ滞性肝疾患 *（q.v.）
肝後性（例）
　胆管閉塞 *（q.v.）
薬剤／毒素
　NSAID（例）
　　・イブプロフェン
　　・パラセタモール
　　・フェニルブタゾン
　グリセオフルビン
　グリフォスフェート
　グルココルチコイド
　ケトコナゾール
　サリチル酸
　バルビツレート
　フェノバルビトン
　プラスチック爆弾
　プリミドン
　メトロニダゾール
　藍藻

参考文献

Mayhew, P. D., et al. (2002) Pathogenesis and outcome of extrahepatic biliary obstruction in cats. *JSAP*, 43:247-53.

Worley, D. R., et al. (2004) Surgical management of gallbladder mucocoeles in dogs: 22 cases (1999-2003). *JAVMA*, 225:1418-23.

4.1.8 胆汁酸 / 動的胆汁酸試験

刺激不良
  コレスチラミン
  胃送出の遅延
  胆汁酸刺激試験のための高脂肪食を十分に与えていない
  吸収不良
  急速な腸管通過時間
  正常
増加
  アーチファクト
    ・溶血
    ・脂肪血症
  胆汁うっ滞性肝疾患＊（q.v.）
  肝実質疾患＊（q.v.）
  門脈体循環シャント
    ・後天性
    ・先天性
  二次性肝疾患＊
  薬剤
    ・ウルソデオキシコール酸

参考文献

Charles, J. (2005) An update on bile acids. *Proceedings, BSAVA Congress*, 2005.
Winkler, J. T., et al. (2003) Portosystemic shunts: diagnosis, prognosis and treatment of 64 cases

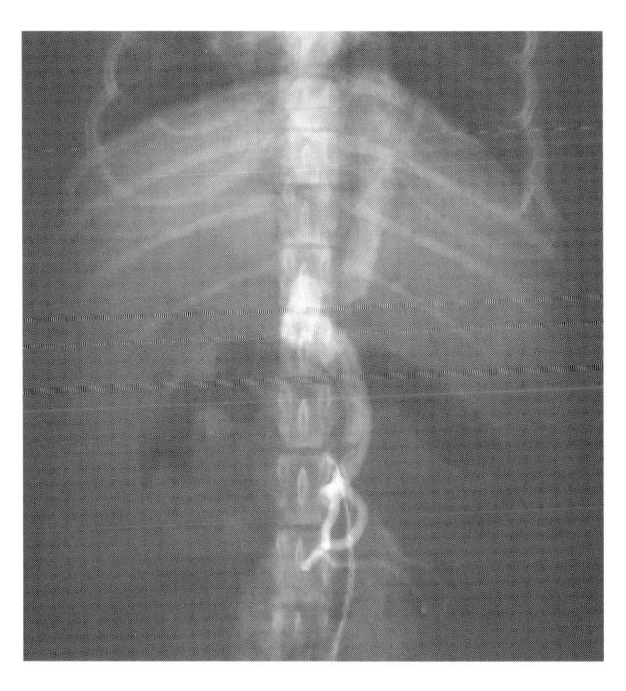

図 4.1 術中の腸管膜静脈造影による X 線腹背像．肝外門脈体循環シャントを示している．Down Referrals, Bristol の許可を得て掲載．

(1993-2001). *JAAHA*, 39:169-85.

4.1.9　C反応蛋白
増加
　炎症 *
　腫瘍 *
　出産 *
　組織外傷 *

参考文献
Kjelgaard-Hansen, M., et al. (2006) Measurement of serum interleukin-10 in the dog. *Vet J, Feb* 2006.

4.1.10　コレステロール
減少
アーチファクト
　ジピロンの静脈内投与
胃腸管
　肝機能障害 *（q.v.）
　消化不良／吸収不良 *（q.v.）
　蛋白喪失性腸症 *（q.v.）
薬剤
　アザチオプリン
　経口アミノグリコシド
増加
　特発性高脂血症
　食後高脂血症
アーチファクト
　高ビリルビン血症
　脂肪血症
品種関連性
　ブリアード，ラフコリー，シェットランド・シープドッグの高コレステロール血症（犬）
二次性高脂血症
　胆汁うっ滞性疾患 *（q.v.）
　糖尿病 *
　副腎皮質機能亢進症
　甲状腺機能低下症 *（犬）
　ネフローゼ症候群
薬剤
　コルチコステロイド
　フェニトイン
　サイアザイド系利尿剤

参考文献
Jeusette, I., et al. (2004) Hypercholesterolaemia in a family of rough collie dogs. *JSAP*, 45:319-24.
Sato, K., et al. (2000) Hypercholesterolemia in Shetland sheepdogs. *J Vet Med Sci*, 62:1297-1301.

4.1.11 クレアチニン

減少
  体調不良
増加
  筋肉量の多い犬
  腎前性高窒素血症 *
  腎不全 *
   ・急性腎不全
   ・慢性腎不全
   ・腎後性腎不全 *
    ("尿素"を参照，q.v.)

参考文献
Elliott, J. & Barber, P. J. (1998) Feline chronic renal failure: clinical findings in 80 cases diagnosed between 1992 and 1995. *JSAP*, 39:78-85.

4.1.12 クレアチンキナーゼ

軽度な増加
  筋肉内注射 *
  筋バイオプシー
  筋損傷
  身体活動 *
  長時間の横臥 *
  拘束 *
中程度の増加
  食欲不振
  痙攣 *
  咀嚼筋症
  筋損傷
  神経症
  外傷 *
  振戦 / 震え（q.v.）
  毒素（例）
   ・カーバメート
   ・ユリ中毒
   ・フェノキシ酸除草剤
顕著な増加
  猫の閉塞性尿道症候群 *
  血栓塞栓症
遺伝性筋症
  遺伝性ラブラドルレトリーバー筋症
  筋ジストロフィー
  筋緊張症
筋炎
  感染性疾患
   ・ニューロスポラ（アカパンカビ）症
   ・トキソプラズマ症
  免疫介在性

・多発性筋炎
内分泌疾患
　副腎皮質機能亢進症
　甲状腺機能低下症＊（犬）
毒素
　モネンシン
栄養性筋症
　セレニウム欠乏症
　ビタミンE欠乏症

参考文献
Fascetti, A. J., et al. (1997) Correlation between serum creatine kinase activities and anorexia in cats. *JVIM*, 11:9-13.
Rumbeiha, W. K., et al. (2004) A comprehensive study of Easter lily poisoning in cats. *J Vet Diagn Invest*, 16:527-41.

4.1.13　フェリチン

減少
　鉄欠乏性疾患（q.v.）
増加
　溶血＊
　炎症＊
　肝疾患＊
　腫瘍＊
　　・リンパ腫
　輸血の反復

参考文献
Kazmierski, K. J., et al. (2001) Serum zinc, chromium, and iron concentrations in dogs with lymphoma and osteosarcoma. *JVIM*, 15:585-8.
Sprague, W. S., et al. (2003) Hemochromatosis secondary to repeated blood transfusions in a dog. *Vet Pathol*, 40:334-7.

4.1.14　フィブリノーゲン

減少
　アーチファクト
　　・凝血塊
　　・不適切な抗凝固剤
　播種性血管内凝固＊
　過度の失血＊
　遺伝性フィブリノーゲン欠乏症
　重度の肝機能障害
増加
　品種
　　・キャバリア・キング・チャールズ・スパニエル
　炎症＊
　分娩＊
　妊娠＊

腎疾患*

参考文献

McGrotty, Y. & Knottenbelt, C. (2002) Significance of plasma protein abnormalities in dogs and cats. *In Practice*, 24:512-17.

Sjodahl-Essen, T. (2001) Fibrinogen deficiency and other haemostatic disorders in dogs. *Eur J Comp An Prac*, XI: 81-8.

Tarnow, I., et al. (2004) Assessment of changes in hemostatic markers in Cavalier King Charles Spaniels with myxomatous mitral valve disease. *Am J Vet Res*, 65:1644-52.

4.1.15 葉 酸

減少
　食事性欠乏
　近位小腸疾患*

増加
　食事への補給
　膵外分泌機能不全
　小腸細菌過剰増殖*

参考文献

Rutgers, H. C., et al. (1995) Small intestinal bacterial overgrowth in dogs with chronic intestinal disease. *JAVMA*, 206:187-93.

4.1.16 フルクトサミン

減少
　甲状腺機能亢進症（猫）
　インスリンの過剰投与
　持続性低血糖症（q.v., 例）
　　・インスリノーマ

増加
　甲状腺機能低下症（犬）*
　持続性高血糖症（例）
　　・糖尿病*

参考文献

Chastain, C. B. (2003) Serum fructosamine concentrations in dogs with hypothyroidism. *Sm Anim Clin Endocrinol*, 13:11-12.

Mellanby, R. J. & Herrtage, M. E. (2002) Insulinoma in a normoglycaemic dog with low serum fructosamine. *JSAP*, 43:506-508.

4.1.17 ガンマグルタミルトランスフェラーゼ

増加

アーチファクト
　脂肪血症
肝疾患
　胆管肝炎*（q.v.）

慢性肝炎＊（q.v.）
　　　肝硬変＊（q.v.）
　　　銅貯蔵性疾患（犬）
　　　猫伝染性腹膜炎＊（猫）
　　　肝リピドーシス（猫）
　　　肝腫瘍＊（例）
　　　　　・血管肉腫
　　　　　・肝細胞癌
　　　　　・リンパ腫
　　　　　・転移性癌
肝外疾患
　　　胆管腫瘍
　　　胆嚢炎
　　　胆石症
　　　糖尿病＊
　　　横隔膜ヘルニア＊
　　　胆嚢粘液嚢腫
　　　副腎皮質機能亢進症
　　　甲状腺機能亢進症（猫）＊
　　　膵臓腫瘍
　　　膵炎＊
　　　右心系のうっ血性心不全＊
　　　敗血症＊
薬剤
　　　NSAID（例）
　　　　　・イブプロフェン
　　　　　・パラセタモール
　　　　　・フェニルブタゾン
　　　グリセオフルビン
　　　グルココルチコイド
　　　ケトコナゾール
　　　サリチル酸
　　　バルビツレート
　　　フェノバルビトン
　　　プリミドン

参考文献

Aitken, M. M., et al. (2003) Liver-related biochemical changes in the serum of dogs being treated with phenobarbitone. *Vet Rec,* 153:13-16.

4.1.18　ガストリン

増加

　　　洞 G 細胞過形成
　　　萎縮性胃炎
　　　慢性的なオメプラゾールの投与
　　　胃流出路閉塞
　　　ガストリノーマ
　　　上皮小体機能亢進症
　　　腎不全＊（q.v.）

短腸症候群

参考文献

Fukushima, R., et al. (2004) A case of canine gastrinoma. *J Vet Med Sci*, 66:993-5.

4.1.19 グロブリン

増加

ポリクローナル
　脱水
感染性疾患
　細菌性＊（例）
　　・細菌性心内膜炎
　　・ブルセラ症
　　・膿皮症＊
　真菌性（例）
　　・ブラストミセス症
　　・コクシジオイディス症
　　・ヒストプラズマ症
　寄生虫性＊（例）
　　・毛包虫症＊
　　・犬糸状虫症
　　・疥癬症＊
　原虫性
　リケッチア性（例）
　　・エールリヒア症
　ウイルス性＊（例）
　　・猫免疫不全ウイルス＊（猫）
　　・猫伝染性腹膜炎＊（猫）
　　・猫白血病ウイルス＊（猫）
免疫介在性／炎症性
　急性炎症性反応（例）
　　・肝炎＊
　　・腎炎＊
　　・化膿性疾患＊
　アレルギー＊
　自己免疫性多発性関節炎
　水疱性類天疱瘡
　免疫介在性溶血性貧血
　免疫介在性血小板減少症
　天疱瘡複合症
　全身性紅斑性狼瘡
腫瘍
　リンパ腫
モノクローナル／オリゴクローナル
　皮膚アミロイドーシス
　特発性
　マクログロブリン血症
　形質細胞性胃腸結腸炎

感染性疾患
  エールリヒア症
  リーシュマニア症
腫瘍
  髄外形質細胞腫
  リンパ腫 *
  多発性骨髄腫

減少

  グレーハウンドでは正常
  外部出血（例）
    ・凝固障害（q.v.）
    ・胃腸管腫瘍
    ・胃腸管潰瘍
    ・外傷 *
  肝機能障害 *（q.v.）
  新生子 *
  蛋白喪失性腸症 *（q.v.）

参考文献

McGrotty, Y. & Knottenbelt, C. (2002) Significance of plasma protein abnormalities in dogs and cats. *In Practice*, 24:512-17.

Savary, C. M., et al. (2001) Chylous abdominal effusion in a cat with feline infectious peritonitis. *JAAHA*, 37:35-40.

4.1.20 グルコース

減少
  多血症（q.v.）
  腎不全 *（q.v.）
  敗血症 *
アーチファクト
  血清／血漿と赤血球の長時間の接触
内分泌疾患
  副腎皮質機能低下症（犬）
  下垂体機能低下症
  インスリノーマ
肝性
  肝不全
    ・肝硬変 *
    ・肝臓壊死（例）
      ○ 感染
      ○ 中毒
      ○ 外傷
    ・門脈体循環シャント（後天性または先天性）
特発性
  若齢性
  新生子
腫瘍 *
  肝臓の平滑筋腫／平滑筋肉腫

肝臓/脾臓の血管肉腫
　　肝細胞癌
　　膵臓腫瘍
基質欠乏
　　グリコーゲン貯蔵病
　　狩猟犬の低血糖症
　　若齢性低血糖症
　　新生子の低血糖症
　　グルコースまたはその前駆物質の食事摂取減少
薬剤/毒素
　　インスリン
　　エタノール
　　エチレングリコール
　　キシリトール
　　サリチル酸
　　スルホニルウレア
　　同化ステロイド
　　β遮断薬（例）
　　　・プロプラノロール

増加
　　膵炎*
　　非経口栄養
　　食後
　　腎機能不全*（q.v.）
　　ストレス性高血糖症*
アーチファクト
　　高窒素血症
内分泌疾患
　　末端巨大症
　　糖尿病*
　　副腎皮質機能亢進症
　　クロム親和性細胞腫
プロゲステロン誘発性*（例）
　　発情静止期
　　泌乳
　　妊娠
薬剤/毒素
　　エストロゲン
　　キシラジン
　　グルココルチコイド
　　サイアザイド系利尿薬
　　酢酸メゲストロール
　　スイセン
　　ヒドロクロロチアジド
　　フェニトイン
　　プロジェスタゲン
　　ヘビ毒

参考文献
　　Dunayer, E. K. (2004) Hypoglycaemia following canine ingestion of xylitol-containing gum. *Vet Hum*

Toxicol, 46:87-8.

Segev, G., et al. (2004) *Vipera palaestinae* envenomation in 327 dogs: a retrospective cohort study and analysis of risk factors for mortality. *Toxicon*, 43:691-9.

4.1.21 鉄

減少
　急性期炎症反応 *
　慢性炎症性疾患 *
　甲状腺機能低下症（犬）
　門脈体循環シャント
　腎疾患 *（q.v.）

***慢性的な外部失血 ***
　外部マスからの慢性出血
　外部寄生虫（例）
　　・重度のノミ寄生 *
　胃腸管 *（例）
　　・凝固障害（q.v.）
　　・腫瘍
　　・寄生虫性
　　・潰瘍

摂取の減少
　未成熟動物へのミルクだけの食事

腫瘍
　リンパ腫
　骨肉腫

増加
　溶血 *（q.v.）
　鉄サプリメントの摂取 / 過剰な経口摂取
　肝疾患 *（q.v.）
　難治性貧血

参考文献

Bunch, S. E., et al. (1995) Characterization of iron status in young dogs with portosystemic shunt. *Am J Vet Res*, 56:853-8.

Kazmierski, K. J., et al. (2001) Serum zinc, chromium, and iron concentrations in dogs with lymphoma and osteosarcoma. *JVIM*, 15:585-8.

4.1.22 乳酸脱水素酵素

増加

アーチファクト
　溶血
　時間の経過したサンプル

心筋の障害
　変性
　虚血
　　・大動脈血栓塞栓症 *
　　・細菌性心内膜炎

・犬糸状虫症
  ・心筋梗塞
 腫瘍
 外傷
呼吸器疾患 *
 壊死
 血栓塞栓症
骨格筋の障害
 労作性横紋筋融解症
 腫瘍 *
 痙攣 *
 外傷 *
内分泌疾患
 副腎皮質機能亢進症 *
 甲状腺機能低下症 *（犬）
炎症性/感染性疾患
 細菌性 *
 原虫性 *
特発性
 特発性多発性筋炎
 咀嚼筋症
遺伝性筋症
 遺伝性ラブラドール・レトリーバー筋症
 筋ジストロフィー
 筋緊張症
代謝性
 グリコーゲン貯蔵病
 ミトコンドリア筋症
栄養性
 ビタミン E 欠乏症
血管性
 大動脈血栓塞栓症 *（猫）
その他
 肝細胞損傷 *（q.v.）
 甲状腺機能亢進症 *（猫）

参考文献

Allcman, A. R. (2003) Laboratory profiling in dogs/cats. *Western Veterinary Conference*, 2003.

Haynes, J. S. & Wade, P. R. (1995) Hepatopathy associated with excessive hepatic copper in a Siamese cat. *Vet Pathol*, 32:427-9.

4.1.23 リパーゼ

減少
アーチファクト
 溶血
 高ビリルビン血症
 脂肪血症

増加
膵臓疾患
　壊死
　腫瘍
　膵管閉塞
　膵炎 *
糸球体濾過の減少
　腎前性疾患 *（q.v.）
　腎疾患 *（q.v.）
　腎後性疾患 *（q.v.）
薬剤
　アザチオプリン
　L- アスパラギナーゼ
　エストロゲン
　グルココルチコイド
　サイアザイド系利尿薬
　ジアゾキシド
　臭化カリウム
　スルホンアミド
　テトラサイクリン
　フロセミド
　メトロニダゾール

参考文献

Mansfield, C. S., et al. (2003) Assessing the severity of canine pancreatitis. *Res Vet Sci*, 74: 137-44.
Mohr, A. J., et al. (2000) Acute pancreatitis: a newly recognised potential complication of canine babesiosis. *J S Afr Vet Assoc*, 71:232-9.

4.1.24　トリグリセリド

減少
　アーチファクト
　　・ジピロンの静脈内投与
　甲状腺機能亢進症 *（猫）
　蛋白喪失性腸症 *
　薬剤
　　・アスコルビン酸療法
増加
　アーチファクト
　　・高ビリルビン血症
　食後 *
原発性 / 特発性高脂血症
　猫の家族性高カイロミクロン血症
　ミニチュア・シュナウザーの特発性高カイロミクロン血症
　特発性高トリグリセリド血症
　リポ蛋白リパーゼ欠乏症（猫）
　子猫の一過性高脂血症および貧血（猫）
二次性高脂血症
　急性膵炎 *
　胆汁うっ滞 *

糖尿病 *
肝機能不全 *（q.v.）
副腎皮質機能亢進症
甲状腺機能低下症 *（犬）
ネフローゼ症候群
薬剤
グルココルチコイド
酢酸メゲストロール

参考文献
Chikamune, T., et al. (1998) Lipoprotein profile in canine pancreatitis induced with oleic acid. *J Vet Med Sci*, 60:413-21.
Gunn-Moore, D. A., et al. (1997) Transient hyperlipidaemia and anaemia in kittens. Vet Rec, 140:355-9.

4.1.25 トリプシン様免疫活性

減少
膵外分泌機能不全
重度の低蛋白食
増加
高蛋白食
膵炎 *
膵臓閉塞後
糸球体濾過率の低下

参考文献
Carro, T. & Williams, D. A, (1989). Relationship between dietary protein concentration and serum trypsin-like immunoreactivity in dogs. *Am J Vet Res*, 50:2105-2107.
Mansfield, C. S., et al. (2003) Assessing the severity of canine pancreatitis. *Res Vet Sci*, 74:137-44.

4.1.26 尿素（カラー図版 4.1（c）参照）

増加

腎前性
脱水 *
胃腸管出血
心不全 *
高蛋白食 *
副腎皮質機能低下症（犬）
異化亢進（例）
・発熱 *
ショック *（q.v.）
テトラサイクリン
腎性（表 4.1 参照）
急性腎不全
糖尿病 *
高カルシウム血症
免疫介在性（例）
・糸球体腎炎

- 全身性紅斑性狼瘡

感染性疾患（例）
- レプトスピラ症
- 腎盂腎炎

虚血
- 心拍出量の低下 *
- 広範囲の火傷
- 高 / 低体温症 *（q.v.）
- 長時間の麻酔 *
- 腎血管血栓症
- ショック（例）
  ◦ 循環血液量低下
  ◦ 敗血症 *
- 輸血反応
- 外傷 *

尿路閉塞 *

薬剤 / 毒素
- ACE 阻害剤
- エデト酸カルシウム
- NSAID
- 化学療法剤（例）
  ◦ シスプラチン
- 抗生物質（例）
  ◦ アミノグリコシド
  ◦ アンフォテリシン B
  ◦ セファロスポリン
  ◦ テトラサイクリン
- コルチコステロイド
- 色素（例）

表 4.1　急性および慢性腎不全の鑑別

	急　性	慢　性
シグナルメント	どの年齢・品種でも	先天性腎疾患に対する品種素因が無ければ通常は高齢
病歴	毒素への暴露，外傷，虚血性傷害，急性経過	多飲多尿，体重減少，慢性経過
身体所見	正常または大型の腎臓．その他の臨床症状は慢性腎不全よりも重度なことが多い	多くは小さく不整な腎臓 口腔潰瘍，粘膜蒼白
臨床病理	特に乏尿性または閉塞性の症例では高カリウム血症が見られることがある	カリウムは正常または低下している場合がある．多くで非再生性貧血が存在．PTH は上昇していることがある
尿検査	蛋白尿，糖尿，顆粒円柱が認められることがある．無尿，乏尿，多尿の場合がある	細菌感染が認められることがある．慢性の急性化でなければ通常は多尿が認められる

- ミオグロビン / ヘモグロビン
- パラコート
- プラスチック爆弾
- 塩
- ヘビ毒
- ジピロン（メタミゾール）
- シメチジン
- 重金属（例）
  - ヒ素
  - 鉛
  - 水銀
- 静脈性X線造影剤
- 鉄 / 鉄塩
- ホウ砂
- 膜翅目（ハチ）刺傷
- 麻酔薬
- メチレンブルー
- 有機複合体（例）
  - エチレングリコール
  - 除草剤
  - 殺虫剤

慢性腎不全（例）
急性腎不全に続発
糸球体腎炎 *
間質性腎炎 *
腎毒性物質

腎後性
膀胱閉塞 *（例）
- 凝血塊
- 腫瘍
- ポリープ *
- 尿石

膀胱外傷
尿管閉塞（高窒素血が発現するためには，両側性である必要があるかもしれない）
尿道閉塞（例）
- 腫瘍
- 尿石

尿道外傷
尿腹症

減少

新生子では正常 *
透析 / 過水和
利尿（例）
- 輸液および薬物療法 *

肝不全（例）
- 肝硬変
- 門脈体循環シャント *

低蛋白食 / 栄養不良 *
多尿（q.v.）（例）

・尿崩症
・副腎皮質機能亢進症
妊娠 *
尿素回路酵素欠乏症

参考文献

Birnbaum, N., et al. (1998) Naturally acquired leptospirosis in 36 dogs: serological and clinicopathological features. *JSAP*, 39:231-6.

Elliott, J. & Barber, P. J. (1998) Feline chronic renal failure: clinical findings in 80 cases diagnosed between 1992 and 1995. *JSAP*, 39:78-85.

Spreng, D. (2004) Urinary tract trauma. *Proceedings, WSAVA World Congress*, 2004.

4.1.27　ビタミン B_{12}（コバラミン）

増加

　ビタミン B_{12} の補給

減少

　膵外分泌機能不全
　肝リピドーシス（猫）
　炎症性胆管障害
　吸収の遺伝的欠損
　腸管粘膜疾患 *
　膵炎

参考文献

Simpson, K. W., et al. (2001) Subnormal concentrations of serum cobalamin (vitamin b12) in cats with gastrointestinal disease. *JVIM*, 15:26-32.

4.1.28　亜　鉛

減少

　食事摂取の減少
　亜鉛反応性皮膚症

増加

　亜鉛含有物質の摂取（例）
　　・コイン

参考文献

Hammond, G. M., et al. (2004) Diagnosis and treatment of zinc poisoning in a dog. *Vet Hum Toxicol*, 46:272-5.

4.2　血液学的所見

4.2.1　再生性貧血（表 4.2(a) 参照）

出血

内部

　出血性腫瘍 *
　凝固障害（q.v.）

表 4.2(a)　再生性貧血と非再生性貧血の鑑別

	再生性	非再生性	鉄欠乏性
MCV	N/↑	N	↓
MCHC	↓	N	↓
RPI	＞2	＜1	＜1

略語
MCV＝平均赤血球容積
MCHC＝平均赤血球ヘモグロビン濃度
RPI＝網状赤血球産生指数
PRIは以下の公式から求められる：
PRI＝［網状赤血球％×（患者のPCV／その動物種の正常PCV）］／補正因子
正常PCV＝45％（犬），35％（猫）
補正因子：PCV＞35％＝1，PCV 25－35％＝1.5，PCV 15－25％＝2，PCV＜15％＝2.5

　　外傷性損傷＊
外部
　　出血性腫瘍
　　凝固障害（q.v.）
　　鼻出血（q.v.）
　　吐血（q.v.）
　　血尿（q.v.）
　　腸管出血（q.v.）
　　外傷性損傷＊
寄生虫 ＊
　　鉤虫属
　　ノミ
　　シラミ
　　マダニ
　　ウンシナリア属

溶血

免疫介在性
　　原発性（自己免疫性溶血性貧血）＊
免疫学的
　　抗リンパ球グロブリン療法
　　新生子同種溶血減少
　　全身性紅斑性狼瘡
　　輸血反応
感染性疾患
　　鉤虫属
　　バベシア症
　　住血胞子虫症
　　犬糸状虫症
　　エールリヒア症
　　猫白血病ウイルス＊（猫）
　　ヘモバルトネラ症

リーシュマニア症
レプトスピラ症 *
トリパノゾーマ症（犬）
ウンシナリア属
腫瘍
血管肉腫
リンパ増殖性疾患（例）
・白血病
・リンパ腫 *
薬剤／毒素
NSAID（例）
・パラセタモール
キニジン
クロルプロマジン
抗痙攣剤
抗不整脈薬
ジピロン
セファロスポリン
銅
トリメトプリム／スルフォンアミド
プロピルチオウラシル
ペニシリン
メチマゾール
メチレンブルー
レバミゾール
赤血球の機械的損傷
犬糸状虫症
播種性血管内凝固 *
腫大した脾臓
糸球体腎炎
溶血性尿毒症症候群
微細血管溶血性貧血を起こす腫瘍（例）
・脾臓の血管肉腫 *
動脈管開存症
血管炎
赤血球の遺伝的欠損症
猫のポルフィリン症
遺伝性楕円赤血球症
アビシニアンおよびソマリの遺伝性溶血症（猫）
遺伝性口唇状赤血球症
メトヘモグロビン還元酵素欠乏症
ビーグルの非球状赤血球溶血性貧血（犬）
フォスフォフルクトキナーゼ欠乏症（犬）
ピルビン酸キナーゼ欠乏症
赤血球の後天的欠損症
低リン血症
化学的損傷
銅
環状炭化水素
重金属

プロピレングリコール
酸化的傷害（ハインツ体性貧血）
　　ベンゾカイン中毒
　　D-L メチオニン中毒
　　ニンニク中毒
　　グリコール中毒
　　高用量のビタミン K
　　リンパ腫
　　代謝性
　　　・糖尿病 *
　　　・甲状腺機能亢進症 *（猫）
　　　・腎不全 *
　　メチレンブルー
　　ネギ中毒
　　パラセタモール中毒
　　フェナゾピリジン（猫）
　　フェノール複合体中毒（例）
　　　・防虫剤（ナフタリン）
　　プロピレン中毒
　　ビタミン K_3 中毒
　　亜鉛中毒

参考文献

DeLong, D., et al. (1990) Immune mediated hemolytic anemia associated with antilymphocyte globulin therapy in dogs. *Lab Anim Sci*, 40, 415-18.

Lobettie, R. (2002) Infectious causes of anaemia. *Proceedings, WSAVA Congress*, 2002.

MacWilliams, P. (2003) Red cell responses in disease. *Proceedings, Western Veterinary Conference*, 2003.

Skibild, E. (2001) Haemolytic anaemia and exercise intolerance due to phosphofructokinase deficiency in related Springer spaniels. *JSAP*, 42:298-300.

4.2.2　再生像が乏しい / 非再生性貧血（表 4.2(a) 参照）

正常
　　若齢動物
急性の前再生性貧血
慢性疾患 / 全身性疾患に伴う貧血
　　慢性炎症性疾患 *
　　慢性腎不全 *（q.v.）
　　住血胞子虫
　　猫免疫不全ウイルス *（猫）
　　猫伝染性腹膜炎 *（猫）
　　猫白血病ウイルス *（猫）
　　肝疾患 *（q.v.）
　　ヒストプラズマ症
　　副腎皮質機能低下症（犬）
　　甲状腺機能低下症 *（犬）
　　リーシュマニア症
　　悪性腫瘍
　　トリパノソーマ症（犬）

骨髄障害－赤血球産生の減少
再生不良性貧血
　高エストロゲン血症（例）
　　・医原性
　　・セルトリ細胞腫
　感染性疾患
　　・エールリヒア症
　　・ウイルス（例）
　　　◦猫白血病ウイルス＊（猫）
　　　◦パルボウイルス＊
　放射線照射
　薬剤／毒素
　　・アルベンダゾール
　　・エストロゲン
　　・環状炭化水素
　　・クロラムフェニコール
　　・抗癌化学療法剤
　　・サルファ剤
　　・ジアゾキシド
　　・DDT
　　・トリクロロエチレン
　　・トリメトプリム／スルファジアジン
　　・フェニルブタゾン
骨髄形成異常
　原発性
　続発性
　　・コバラミンまたは葉酸欠乏症
　　・薬剤誘発性中毒
　　・免疫介在性疾患
　　・腫瘍性疾患
骨髄癆
　肉芽腫性炎症
　　・真菌性
　　・ヒストプラズマ症
　　・結核
　骨髄線維症
　　・特発性
　　・リンパ増殖性
　　・骨髄増殖性
　　・その他のタイプの腫瘍
　　・長期の骨髄刺激（例）
　　　◦慢性溶血性貧血
　　・放射線
　腫瘍
　　・白血病
　　・転移性腫瘍（例）
　　　◦癌
　　　◦メラノーマ
赤芽球癆
　猫白血病ウイルス＊（猫）

免疫介在性
造血器腫瘍
  リンパ増殖性
    ・リンパ球性白血病
      ◦ 急性リンパ芽球性白血病
      ◦ 慢性リンパ球性白血病
    ・顆粒リンパ球性白血病
    ・多発性骨髄腫
  骨髄増殖性
    ・急性単球性白血病
    ・急性骨髄性白血病
    ・急性骨髄単球性白血病
    ・慢性骨髄性／顆粒球性白血病
ヘモグロビン合成の欠如
  銅欠乏症
  赤血球性ポルフィリン症
  遺伝性ポルフィリン症
  鉄欠乏性貧血（q.v.）
  鉛中毒
  ビタミン B_6 欠乏症
ヌクレオチド合成の欠如
栄養欠乏
  コバルト
  葉酸
  ビタミン B_{12}
エリスロポイエチンの欠乏
  慢性腎不全＊（q.v.）
鉄欠乏
不十分な摂取
  食事欠乏（例）
    ・ミルクだけの食事
不十分な貯蔵
  新生子＊
慢性的な外部出血
  出血性腫瘍＊
  凝固障害（q.v.）
  鼻出血（q.v.）
  吐血（q.v.）
  血尿（q.v.）
  腸管出血（q.v.）
  寄生虫
    ・鉤虫属
    ・ノミ
    ・シラミ
    ・マダニ
    ・ウンシナリア属
急速な造血
  貧血に対するエリスロポイエチン療法
  新生子

瀉血の反復
   血液ドナー *
   小さい患者から頻繁に採血 *
   治療的瀉血（例）
      ・多血症
外傷性損傷
鉄芽球性貧血

参考文献

Comazzi, S., et al. (2004) Haematological and biochemical abnormalities in canine blood: frequency and associations in 1022 samples. *JSAP*, 45:343-9.

Lobettie, R. (2002) Infectious causes of anaemia. *Proceedings, WSAVA Congress*, 2002.

Thrall, M, A, (2002) Interpretation of bone marrow aspirates. *Proceedings, Western Veterinary Conference*, 2002.

Weiss, D. J. (2005) Sideroblastic anemia in 7 dogs (1996-2002). JVIM, 19:325-8.

4.2.3　多血症

相対的多血症
脱水 *
   火傷
   下痢
   熱射病
   多飲と見合わない多尿
   嘔吐
   絶水
脾臓収縮 *
   興奮
   運動
   ストレス
原発性多血症
   骨髄増殖性疾患（真性多血症）
二次性多血症
生理学的に適切
   緯度
   慢性呼吸器疾患（例）
      ・猫喘息 *
      ・腫瘍 *
   異常ヘモグロビン症
   先天性の右左短絡（例）
      ・肺動脈弁狭窄を伴う心房中隔欠損
      ・肺動静脈瘻
      ・短絡が逆転した動脈管開存症
      ・短絡が逆転した心室中隔欠損
      ・ファロー四徴症
生理学的に不適切
   腎臓以外の腫瘍
      ・盲腸の平滑筋肉腫
      ・肝臓癌
      ・胚芽細胞腫

・鼻の線維肉腫
副腎皮質機能亢進症
甲状腺機能亢進症＊（猫）
非腫瘍性腎疾患
　・腎臓の脂肪浸潤
　・水腎症
　・腎被膜滲出
　・腎嚢胞
腎臓腫瘍
　・腺癌
　・線維肉腫
　・リンパ腫
　・腎芽細胞腫
毒素（例）
　・カーバメート

参考文献

Couto, C. G. (1989) Tumor-associated erythrocytosis in a dog with nasal fibrosarcoma. *JVIM*, 3:183-5.
Giger, U. (2003) Polycythemia: Is it P. vera? *Proceedings, ACVIM*, 2003.
Hasler, A. H. & Giger, U. (1996) Serum erythropoietin values in polycythemic cats. *JAAHA*, 32:294-301.
Jarvinen, A. K. (2001) Leukaemias and myeloproliferative disorders in the dog. *Eur J Comp An Prac*, XI:53-8.
Sato, K., et al. (2002) Secondary erythrocytosis associated with high plasma erythropoietin concentrations in a dog with cecal leiomyosarcoma. *JAVMA*, 220:486-90.

4.2.4　血小板減少症

産生の減少
骨髄腫瘍（例）
　リンパ増殖性疾患
　転移性疾患
　骨髄増殖性疾患
感染性疾患
　細菌性
　　・内毒素血症＊
　真菌性
　　・ブラストミセス症
　　・コクシジオイディス症
　　・クリプトコッカス症
　　・ヒストプラズマ症
　寄生虫性
　　・住血胞子虫症
　　・ヘパトゾーン症
　リケッチア性
　　・エールリヒア症
　　・ロッキー山紅斑熱
　ウイルス性
　　・犬ジステンパーウイルス＊（犬）
　　・犬パルボウイルス＊（犬）
　　・猫免疫不全ウイルス＊（猫）

- 猫伝染性腸炎 *（猫）
- 猫白血病ウイルス *（猫）

薬剤
- アルベンダゾール
- エストロゲン
- 化学療法剤／細胞毒性薬
- グリセオフルビン
- クロラムフェニコール
- 抗生物質（例）
  - クロラムフェニコール
  - トリメトプリム／スルフォンアミド
- サイアザイド系利尿薬
- ジアゾキシド
- フェニトイン
- フェニルブタゾン
- プロピルチオウラシル
- メチマゾール
- リバビリン

その他
- 血球貪食症候群
- 骨髄線維症
  - 特発性
  - 腫瘍性（例）
    - 骨髄増殖性疾患
  - 長期的な骨髄刺激
  - 敗血症に続発

免疫介在性破壊
- 原発性免疫介在性血小板減少症
- 免疫介在性血小板減少症および免疫介在性溶血性貧血の併発（エバンス症候群）

二次性免疫介在性血小板減少症
- 感染性疾患
  - バベシア症
  - 犬糸状虫症
  - エールリヒア症
  - 猫免疫不全ウイルス *（猫）
  - 猫白血病ウイルス *（猫）
  - レプトスピラ症
- 新生子自己免疫性血小板減少症
- 腫瘍（例）
  - リンパ腫 *
  - 固形腫瘍
- 全身性紅斑性狼瘡
- 輸血反応

薬剤／毒素
- エストロゲン
- NSAID
- キニジン
- クロルプロマジン
- コルヒチン
- 細胞毒性薬

ジピロン
　　セファロスポリン
　　トリメトプリム / スルフォンアミド
　　不活化生ワクチン
　　プロピルチオウラシル
　　ペニシリン
　　ヘパリン
　　メチマゾール
　　レバミゾール
消費の増加 / 非免疫性の破壊
　　播種性血管内凝固
　　溶血性尿毒症性症候群
　　微細血管障害性破壊
　　敗血症
　　ヘビ毒
慢性 / 重度の出血
　　凝固異常
　　腫瘍
血管炎
　　犬アデノウイルス 1 型
　　犬ヘルペスウイルス
　　犬糸状虫症
　　エールリヒア症
　　猫伝染性腹膜炎 *（猫）
　　腫瘍
　　結節性多発性動脈炎
　　ロッキー山紅斑熱
　　敗血症
　　全身性紅斑性狼瘡
隔離
　　肝腫大 *（q.v.）
　　敗血症 *
脾臓腫大 *（q.v.）
　　慢性感染症 *
　　血腫 *
　　免疫介在性溶血性貧血 *
　　腫瘍
　　　・血管腫
　　　・血管肉腫
　　　・肥満細胞
　　　・転移性
　　門脈高血圧
　　脾臓捻転
　　脾炎
　　全身性紅斑性狼瘡

参考文献

Andrews, D. A. (2002) Primary platelet disorders. *Proceedings, Western Veterinary Conference,* 2002.
Dell' Orco, M., et al. (2005) Hemolytic-uremic syndrome in a dog. *Vet Clin Pathol,* 34:264-9.
Feldman, B. F. (2003) Primary hemostasis: the vessel wall and platelets. *Proceedings, ACVIM,* 2003.

Prater, M. R. (2003) Focus on platelet problems: too few, too many, and too defunct. *Proceedings, ACVIM,* 2003.

Raskin, R. E. (2002) Hematologic parasites. *Proceedings, Western Veterinary Conference,* 2002.

4.2.5 血小板増加症

正常
　高齢動物では正常なことがある
脾臓収縮
　興奮 *
　運動 *
　ストレス *
脾臓摘出後
原発性
　特発性血小板増加症
反応性
　徐脈（q.v.）
　慢性出血 *（q.v.）
　骨折 *
　胃腸管疾患 *（q.v.）
　副腎皮質機能亢進症
　凝固亢進 / 播種性血管内凝固
　過粘稠度症候群
　低血圧症 *
　感染
　炎症性 / 免疫介在性 *
　転移性癌
　非特異的骨髄刺激
　腫瘍随伴性
　　・気管支肺胞癌
　　・慢性骨髄性白血病
　　・歯肉癌
　　・転移性扁平上皮癌
　　・骨肉腫
　多血症（q.v.）
　ショック *（q.v.）
リバウンド
　過去の血小板減少症の消失に続発

参考文献

Chisholm-Chait, A. (1999) Essential thrombocytopenia in dogs and cat. Part I. *Comp Cont Ed,* 21:158-67.

Comazzi, S., et al. (2004) Haematological and biochemical abnormalities in canine blood: frequency and associations in 1022 samples. *JSAP,* 45:343-9.

Favier, R. P. (2004) Essential thrombocythaemia in two dogs. *Tijdschr Diergeneeskd,* 129:360-64.

Jarvinen, A. K. (2001) Leukaemias and myeloproliferative disorders in the dog. *Eur J Comp An Prac,* XI:53-8.

Prater, M. R. (2003) Focus on platelet problems: too few, too many, and too defunct. *Proceedings, ACVIM,* 2003.

4.2.6　好中球増加症

免疫不全症候群
　犬の白血球接着不全症（犬）
　ワイマラナーの免疫不全症（犬）

炎症性－急性または慢性 * *（例）*
　化学物質の暴露

免疫介在性 * *（例）*
　溶血性貧血 *
　多発性関節炎
　全身性紅斑性狼瘡

感染性疾患
　細菌性 *
　真菌性
　原虫性
　ウイルス性 *

腫瘍
　壊死 *
　二次性細菌感染 *
　潰瘍 *

組織壊死（例）
　大型腫瘍 *
　膵炎 *
　汎脂肪織炎

毒素
　内毒素 *
　ヘビ毒

生理的
　ストレス
　　・アドレナリン放出
　　・コルチコステロイド（内因性または外因性）

反応性
　溶血 *（q.v.）
　出血 *
　腫瘍 *
　エストロゲン中毒
　最近の手術 *
　外傷 *

原発性
　骨髄増殖性疾患
　　・急性骨髄性白血病
　　・慢性骨髄性白血病

参考文献

Day, M. J. (2003) Recurrent infection in the Weimaraner. *Proceedings, Western Veterinary Conference,* 2003.

Jarvinen, A. K. (2001) Leukaemias and myeloproliferative disorders in the dog. *Eur J Comp An Prac,* XI:53-8.

Lobettie, R. G. & Joubert, K. (2004) Retrospective study of snake envenomation in 155 dogs from the Onderstepoort area of South Africa. *J S Afr Vet Assoc,* 75:169-72.

Trowald-Wigh, G., et al. (2000) Clinical, radiological and pathological features of 12 Irish Setters with canine leucocyte adhesion deficiency. *JSAP*, 41:211-17.

4.2.7 好中球減少症

好中球の生存期間の短縮
  血球貪食症候群
  免疫介在性好中球減少症（犬）
  パルボウイルス性腸炎 *
敗血症/内毒素血症 * (例)
  急性サルモネラ症 *
  誤嚥性肺炎 *
  腹膜炎 *
  子宮蓄膿症 *
  膿胸 *
好中球産生の減少
  犬の周期的造血
急性ウイルス性感染 *
  犬パルボウイルス *（犬）
  猫免疫不全ウイルス *（猫）
  猫白血病ウイルス *（猫）
  猫汎白血球減少ウイルス *（猫）
  犬伝染性肝炎 *（犬）
骨髄疾患
  再生不良性貧血
    ・エールリヒア症
    ・特発性
    ・毒素
      ○エストロゲン
      ○フェニルブタゾン
  骨髄腫瘍（例）
    ・リンパ増殖性疾患
    ・転移性腫瘍
    ・骨髄増殖性疾患
  播種性肉芽腫様疾患
  好中球前駆体の免疫介在性破壊
  骨髄形成異常
  骨髄癆
骨髄抑制
  エストロゲン中毒（例）
    ・医原性
    ・セルトリ細胞腫
  放射線療法
  薬剤
    ・アザチオプリン
    ・アルベンダゾール
    ・カービマゾール
    ・カルボプラチン
    ・グリセオフルビン
    ・クロラムフェニコール

- クロラムブシル
- ジアゾキシド
- シクロフォスファミド
- シタラビン
- ドキソルビシン
- トリメトプリム/スルフォンアミド（猫）
- ヒドロキシウレア
- ビンブラスチン
- フェニルブタゾン
- フェノバルビトン
- ブスルファン
- フロセミド
- メチマゾール
- メルファラン
- ロムスチン

参考文献

Jacobs, G., et al. (1998) Neutropenia and thrombocytopenia in three dogs treated with anticonvulsants. *JAVMA*, 212:681-4.

McManus, P. M., et al (1999) Immune-mediated neutropenia in 2 dogs. *JVIM*, 13:372-4.

4.2.8 リンパ球増加症

生理的 *
- 興奮 *
- 運動 *
- 未成熟動物 *
- ワクチン接種後 *
- ストレス（アドレナリン反応）*

腫瘍
- 白血病
  - 急性リンパ芽球性白血病
  - 慢性リンパ球性白血病
- ステージⅤのリンパ腫

その他
- 慢性感染症 *
- 副腎皮質機能低下症（犬）
- 最近のワクチン接種 *

参考文献

Comazzi, S., et al. (2004) Haematological and biochemical abnormalities in canine blood: frequency and associations in 1022 samples. *JSAP*, 45:343-9.

Jarvinen, A. K. (2001) Leukaemias and myeloproliferative disorders in the dog. *Eur J Comp An Prac*, XI:53-8.

4.2.9 リンパ球減少症

生理的
- ストレス（コルチコステロイド反応）*

副腎皮質機能亢進症

免疫不全症候群
リンパの喪失
　乳糜胸
　リンパ管拡張症
　蛋白喪失性腸症＊（q.v.）
炎症性 / 感染性疾患
　敗血症＊
ウイルス感染（例）
　犬ジステンパーウイルス＊（犬）
　コロナウイルス＊
　猫免疫不全ウイルス＊（猫）
　猫白血病ウイルス＊（猫）
　犬伝染性肝炎＊（犬）
　パルボウイルス
薬剤 / 治療
　アザチオプリン
　アルベンダゾール
　カービマゾール
　カルボプラチン
　グリセオフルビン
　クロラムフェニコール
　クロラムブシル
　コルチコステロイド
　ジアゾキシド
　シクロスポリン
　シクロフォスファミド
　シタラビン
　ドキソルビシン
　トリメトプリム / スルフォンアミド（猫）
　ヒドロキシウレア
　ビンブラスチン
　フェニルブタゾン
　ブスルファン
　フロセミド
　メルファラン
　ロムスチン

参考文献

Adamo, F. P., et al. (2004) Use of cyclosporine to treat granulomatous meningoencephalitis in three dogs. *JAVMA*, 225:1211-16.

Alleman, A. R. (2003) White cell responses in disease II. *Proceedings, Western Veterinary Conference,* 2003.

Faldyna, M., et al. (2001) Immunosuppression in bitches with pyometra. *JSAP,* 42:5-10.

4.2.10　単球増加症

慢性炎症
　肉芽腫性炎症
　化膿性肉芽腫性炎症
　化膿＊

組織壊死 *
コルチコステロイド
　　副腎皮質機能亢進症
　　医原性
　　ストレス
感染性疾患
ウイルス性（例）
　　猫免疫不全ウイルス *（猫）
真菌性（例）
　　コクシジオイディス症
寄生虫性（例）
　　リーシュマニア症
溶血 / 出血性疾患 * （q.v.）
免疫介在性（例）
　　免疫介在性溶血性貧血 *
　　免疫介在性多発性関節炎
腫瘍
　　中心部壊死を伴う腫瘍 *
　　単球性白血病
　　骨髄単球性白血病

参考文献

Johnson, L. R., et al. (2003) Clinical, clinicopathologic, and radiographic findings in dogs with coccidioidomycosis: 24 cases (1995-2000). *JAVMA*, 222:461-6.

Leiva, M., et al. (2005) Therapy of ocular and visceral leishmaniasis in a cat. *Vet Ophthalmol*, 8:71-5.

4.2.11　好酸球増加症

免疫介在性
　　アレルギー *
　　　・アトピー *
　　　・猫喘息 *（猫）
　　　・ノミアレルギー *
　　　・食物アレルギー *
　　犬の汎骨炎（犬）
　　好酸球性胃腸炎 *
　　好酸球性肉芽腫性複合症 *
　　好酸球性筋炎
　　猫の過好酸球増加症候群（猫）
　　落葉状天疱瘡
　　好酸球肺浸潤（犬）
感染性疾患
*細菌性 **
真菌性（例）
　　アスペルギルス症
　　クリプトコッカス症
*寄生虫性 *（例）*
　　猫肺虫
　　鉤虫属
　　住血線虫

肺毛頭虫
犬糸状虫
オスラー肺虫
イヌハダニ
犬鞭虫
ホルモン性
発情中の一部の雌犬
腫瘍
好酸球性白血病
腫瘍関連性好酸球増加症
線維肉腫
骨髄増殖性疾患
リンパ腫
肥満細胞腫
粘液性癌腫
移行上皮癌

参考文献
Mackay, B. (2005) Eosinophils as a marker of systemic disease. *Proceedings, Australian College of Veterinary Scientists Science Week*, 2005.
Lilliehook, I., et al. (2000) Diseases associated with pronounced eosinophilia: a study of 105 dogs in Sweden. *JSAP*, 41:248-53.

4.2.12　好酸球減少症

急性感染 *
急性炎症 *
グルココルチコイド療法 *
副腎皮質機能亢進症
ストレス *

参考文献
Huang, H., et al. (1999) Iatrogenic hyperadrenocorticism in 28 dogs. *JAAHA*, 35:200-7.

4.2.13　肥満細胞血症

肥満細胞腫の播種
肥満細胞性白血病
肥満細胞腫 *（例）
・腸管
・脾臓
重度の炎症

4.2.14　好塩基球増加症

慢性顆粒球性白血病
高リポ蛋白血症
過敏性反応
リンパ腫
リンパ球プラズマ細胞性胃腸炎

肥満細胞腫 *
寄生虫，特に犬糸状虫症

参考文献

Dennis, J. S., et al. (1992) Lymphocytic/plasmacytic gastroenteritis in cats: 14 cases (19851990). *JAVMA*, 200:1712-18.

4.2.15　頬粘膜出血時間の延長（一次止血の異常）（表 4.2(b) 参照）

血小板減少症（q.v.）
血小板機能障害
遺伝性
　バセット・ハウンドの血小板機能障害（犬）
　オッターハウンドとグレート・ピレニーズの犬血小板無力性血小板症（犬）
　チェディアック東症候群（猫）
　コッカー・スパニエルの止血異常（犬）
　グランツマンの血小板無力症（犬）
　ヴォン・ヴィレブランド病 *（犬）
後天性
　慢性貧血
　播種性血管内凝固
　肝疾患 *
　感染性疾患
　　・エールリヒア症
　　・猫白血病ウイルス（猫）
　腫瘍 *（例）
　　・リンパ球性白血病
　　・多発性骨髄腫
　パラプロテイン血症
　　・良性マクログロブリン血症
　　・ポリクローナルガンモパシー
　尿毒症 *（q.v.）
　薬剤 / 毒素
　　・NSAID，特にアスピリン
　　・カルシウムチャンネル遮断薬
　　・抗生物質
　　・テオフィリン
　　・バルビツレート
　　・プロプラノロール
　　・ヘタスターチ
　　・ヘパリン
　　・ヘビ毒

参考文献

Prater, M. R. (2003) Focus on platelet problems: too few, too many, and too defunct. *Proceedings, ACVIM*, 2003.

Varela, F., et al. (1997) Thrombocytopathia and light-chain proteinuria in a dog naturally infected with Ehrlichia canis. *JVIM*, 11:309-11.

4.2.16 プロトロンビン時間の延長（外因系および共通経路の異常）（表4.2（b）参照）

アーチファクト（例）
第Ⅱ，Ⅴ，ⅦまたはⅩ因子の欠乏
播種性血管内凝固
低または異常フィブリノーゲン血症
肝疾患＊（例）
・門脈体循環シャント
・ビタミンＫ拮抗薬＊

参考文献

Andrews, D. A. (2002) Secondary hemostasis & coagulopathies. *Proceedings, Western Veterinary Conference*, 2002.

Niles, J. D., et al. (2001) Hemostatic profiles in 39 dogs with congenital portosystemic shunts. *Vet Surg*, 30:97-104.

4.2.17 部分トロンボプラスチン時間または活性化凝固時間の延長（内因系および共通経路の異常）（表4.2(b)参照）

コロイド投与

表4.2(b) 一般的な先天性および後天性止血異常の検査プロフィール

病態	PC	BMBT	ACT	PTT	PT	TCT	その他
ビタミンK拮抗薬	N	N	↑	↑	↑	N	PIVKA
免疫介在性血小板減少症	↓	↑	N/↑	N	N	N	
播種性血管内凝固	↓	↑	↑	↑	↑	↑	FDP
血小板機能不全	N	↑	N	N	N	N	
第Ⅷ，Ⅸ，Ⅺ，Ⅻ因子の欠乏症	N	N	↑	↑	N	N	
第Ⅶ因子の欠乏	N	N	N	N	↑	N	
第Ⅱ，Ⅹ因子の欠乏	N	N	↑	↑	↑	N	
第Ⅰ因子の欠乏	N	N	↑	↑	↑	↑	
ヴォン・ヴィレブランド病	N	↑	N/↑	N/↑	N	N	

略語：
PC ＝血小板数
BMBT ＝頬粘膜出血時間
ACT ＝活性化凝固時間
PTT ＝部分トロンボプラスチン時間
PT ＝プロトロンビン時間
TCT ＝トロンビン凝固時間
PIVKA ＝ビタミンK拮抗薬誘発性蛋白
FDP ＝フィブリン分解産物

British Veterinary Associationの許可を得て Ian Johnstone (2002) Bleeding disorders in dogs. 1. Inherited disorders. *In Practice*, 24(1), 2-10 および Ian Johnstone (2002) Bleeding disorders in dogs. 2. Acquired disorders. *In Practice*, 24(2), 62-68 より掲載．

播種性血管内凝固
第Ⅱ，Ⅴ，Ⅹ，ⅪまたはⅫ因子欠乏症
血友病A（第Ⅷ因子欠乏症）
血友病B（第Ⅸ因子欠乏症）
出血
低または異常フィブリノーゲン血症
肝疾患＊（q.v.）
ビタミンK拮抗薬＊
ビタミンK依存性凝固異常

参考文献
Andrews, D. A. (2002) Secondary hemostasis & coagulopathies. *Proceedings, Western Veterinary Conference*, 2002.
Johnstone, I. (2002) Bleeding disorders in dogs: 1. Inherited disorders. *In Practice*, 24:2-10.
Johnstone, I. (2002) Bleeding disorders in dogs: 2. Acquired disorders. *In Practice*, 24:62-8.
Mason, D. J. (2002) Vitamin K-dependent coagulopathy in a black Labrador Retriever. *JVIM*, 16:485-8.

4.2.18　フィブリン分解産物の増加
播種性血管内凝固
肝疾患＊（q.v.）
内部出血
血栓症＊
ビタミンK拮抗薬＊

参考文献
Scott-Moncrieff, J. C., et al. (2001) Hemostatic abnormalities in dogs with primary immune-mediated hemolytic anemia. *JAAHA*, 37:220-7.
Wardrop, K. J. (2004) Diagnosis of bleeding disorders. *Proceedings, Western Veterinary Conference*, 2004.

4.2.19　フィブリノーゲン濃度の減少
アーチファクト
　・凝血塊
　・不適切な抗凝固剤
播種性血管内凝固＊
過度の出血＊
遺伝性フィブリノーゲン欠乏症
免疫介在性溶血性貧血
重度の肝不全

参考文献
Scott-Moncrieff, J. C., et al. (2001) Hemostatic abnormalities in dogs with primary immune-mediated hemolytic anemia. *JAAHA*, 37:220-7.

4.2.20　アンチトロンビンⅢ濃度の減少
ヘパリン療法
肝疾患＊（q.v.）
凝固能亢進（例）

・播種性血管内凝固
蛋白喪失性腸症＊（q.v.）（例）
・パルボウイルス性腸炎
蛋白喪失性腎症＊（q.v.）

参考文献
Otto, C. M., et al. (2000) Evidence of hypercoagulability in dogs with parvoviral enteritis. *JAVMA*, 217:1500-1504.

4.3 電解質および血液ガス所見

4.3.1 総カルシウム

増加（表 4.3）
　急性腎不全（q.v.）
　アーチファクト
　　・脂肪血症
　慢性腎不全＊（q.v.）
　脱水／高アルブミン血症＊（q.v.）
　肉芽腫性疾患
　ビタミン A 過剰症
　ビタミン D 過剰症
　副腎皮質機能低下症（犬）
　猫の特発性高カルシウム血症（猫）
　生理的
　　・食後
　　・若齢犬＊
　三次性上皮小体機能亢進症
悪性腫瘍による高カルシウム血症（図 4.3）
　癌

表 4.3　各検査法による高カルシウム血症の原因鑑別

	PTH	PTHRP	iCa^{2+}	1,25DHCC
原発性上皮小体機能亢進症	↑/N	↓/N	↑	↑/N
リンパ腫	↓	↑	↑	↑
慢性腎不全	↑/N	↑/N	↓/N	↓
肛門嚢のアポクリン腺腫瘍	↓	↑	↑	↓
ビタミン D 過剰症	↓	↓/N	↑	↑

略語：
PTH ＝上皮小体ホルモン
PTHRP ＝上皮小体ホルモン関連性ペプチド
iCa^{2+}＝イオン化カルシウム
1,25DHCC＝1,25 ジヒドロキシコレカルシフェロール（ビタミン D）

Elsevier から許可を得て Feldman, E.C. & Nelson, R.W. (2004) *Canine and Feline Endocrinology and Reproduction*, 3rd edn. WB Saunders Co, Philadelphia を改変.

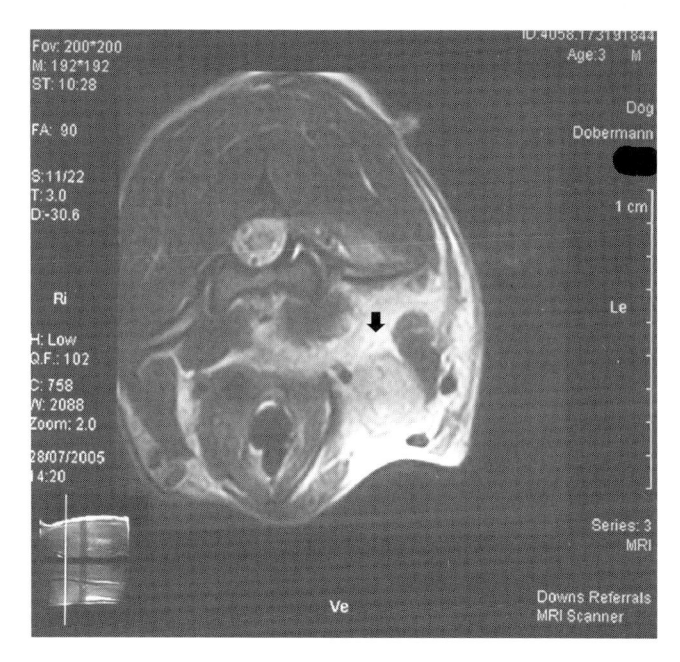

図 4.3　甲状腺癌（矢印）が見られる犬の頚部の T2 強調 MR スキャン横断面像．Down Referrals, Bristol の許可を得て掲載．

・気管支原性
・乳腺
・鼻腔
・前立腺
・扁平上皮
・甲状腺
造血器系悪性腫瘍
　・リンパ腫 *
　・多発性骨髄腫
　・骨髄増殖性疾患
転移性または原発性骨腫瘍（q.v.）
偽上皮小体機能亢進症
　・アポクリン腺癌 *
　・リンパ腫
原発性上皮小体機能亢進症
　遺伝性新生子上皮小体機能亢進症
　多発性内分泌腫瘍
　上皮小体腺腫
　上皮小体腺癌
　上皮小体の原発性過形成
骨格病変
　骨転移
　肥大性骨異栄養症
　骨髄炎
　全身性真菌症

薬剤/毒素
　エストロゲン
　カルシウムの非経口投与
　カルシポトリオール
　経口または静脈内カルシウム投与
　経口リン結合剤
　コレカルシフェロール殺鼠剤
　ジャスミン
　テストステロン
　同化ステロイド
　トリロスタン
　パラセタモール
　ビタミンD類似体
　ヒドララジン
　プロゲステロン

減少（カラー図版4.3参照）
　急性膵炎 *
　急性腎不全（q.v.）
　犬ジステンパーウイルス *（犬）
　慢性腎不全 *（q.v.）
　低アルブミン血症 *（q.v.）
　低マグネシウム血症（q.v.）
　低蛋白血症
　医原性（甲状腺摘出術後）*
　特発性
　上皮小体腺腫の梗塞
　腸管吸収不良 *
　甲状腺の髄質癌（C細胞腫瘍）
　栄養性二次性上皮小体機能亢進症
　原発性上皮小体機能低下症
　産褥テタニー（子癇）*
　横紋筋融解症
　腫瘍崩壊症候群

アーチファクト
　溶血
　不適切な抗凝固剤

薬剤/毒素
　EDTA
　エチレングリコール
　クエン酸処理した血液の輸血
　グルカゴン
　抗痙攣薬
　重炭酸ナトリウム
　静脈内リン酸投与
　パミドロネート
　フロセミド
　ミスラマイシン
　リン酸含有浣腸液

参考文献

Barber, P. (2001) Disorders of calcium homeostasis in small animals. *In Practice*, 23:262-9.
Chastain, C. B. (2001) Eclampsia in dogs: 31 cases (1995-1998). *Sm Anim Clin Endocrinol*, 11:9.
Fan, T. M., et al. (1998) Calcipotriol toxicity in a dog. *JSAP*, 39:581-6.
Gear, R. N. A., et al. (2005) Primary hyperparathyroidism in 29 dogs: diagnosis, treatment, outcome and associated renal failure. *JSAP*, 46:10-16.
Piek, C. J. & Teske, E. (1996) Tumor lysis syndrome in a dog. *Tijdschr Diergeneeskd*, 121:64-6.
Rosol, T. J., et al. (1988) Acute hypocalcaemia associated with infarction of parathyroid gland adenomas in two dogs. *JAVMA*, 192:212.
Tomsa, K., et al. (1999) Nutritional secondary hyperparathyroidism in six cats. *JSAP*, 40:533-9.
Weisbrode, S. E. & Krakowka, S. (1979) Canine distemper-virus associated hypocalcemia. *Am J Vet Res*, 40:147-9.

4.3.2 クロール

注意：高クロール血症の原因の大部分は高ナトリウム血症を同時に引き起こす．そのため，変化が比例して見られる場合，通常は高ナトリウム血症の原因を調べる方が容易である．ナトリウムの変化に合わせてクロールを補正する公式は以下のように提案されている：

犬：Cl（補正値）＝ Cl（測定値）× [146/Na^+（測定値）]
　　参照範囲：　　Cl（測定値）＝ 100 － 116mmol/l
　　　　　　　　　Cl（補正値）＝ 107 － 113mmol/l
猫：Cl（補正値）＝ Cl（測定値）× [156/Na^+（測定値）]
　　参照範囲：　　Cl（測定値）＝ 100 － 124mmol/l
　　　　　　　　　Cl（補正値）＝ 117 － 123mmol/l

注意：参照範囲は測定機器によって変動する場合がある．

増加
アーチファクト
　低張性水分喪失
　脂肪血症
　臭化カリウム療法
　純粋な水分喪失
補正された高クロール血症
　慢性呼吸性アルカローシス（q.v.）
　糖尿病 *
　ファンコニ症候群
　高アルドステロン症
　副腎皮質機能低下症（犬）
　腎不全 *（q.v.）
　腎尿細管アシドーシス
　小腸性下痢 *
　薬剤／毒素
　　・アセタゾラミド
　　・生理食塩水による輸液
　　・塩化カリウムの補給
　　・塩中毒
　　・スピロノラクトン
　　・完全非経口栄養
　　・尿酸化剤（例：塩化アンモニウム）

減少
アーチファクト
　脂肪血症
補正された低クロール血症
　慢性呼吸性アシドーシス（q.v.）
　運動*
　副腎皮質機能亢進症
　嘔吐*
　薬剤
　　・フロセミド
　　・重炭酸ナトリウム
　　・サイアザイド系利尿薬

参考文献

de Morais, H. S. A. (1992) Chloride ion in small animal practice: the forgotten ion. *J Vet Emerg Crit Care*, 2:11-24.

Settles, E. L. & Schmidt, D. (1994) Fanconi syndrome in a Labrador Retriever *JVIM*, 8:390-3.

4.3.3　マグネシウム

増加
　アーチファクト
　　・サンプルの溶血
　溶血
　副腎皮質機能低下症（犬）
　閉塞性尿路疾患*
　腎不全*（q.v.）
　胸部の腫瘍/胸水（猫）
　薬剤
　　・経口抗酸化剤
　　・非経口投与
　　・プロゲステロン
減少
　急性膵炎*
　胆汁うっ滞*（q.v.）
　摂取量の減少
　高カルシウム血症（q.v.）
　低カリウム血症（q.v.）
アーチアクト
　溶血
内分泌疾患
　糖尿病性ケトアシドーシス*
　甲状腺機能亢進症*（猫）
　上皮小体機能低下症（低イオン化マグネシウム血症）
　原発性高アルドステロン症
　原発性上皮小体機能亢進症
腸管からの喪失
　腸切除術
　腸疾患*

再分布
　低体温症＊（q.v.）
　敗血症＊
　外傷＊
腎性
　急性尿細管壊死
　薬剤誘発性尿細管損傷
　　・アミノグリコシド
　　・シスプラチン
　閉塞後利尿＊
薬剤／医原性
　アミノグリコシド
　アミノ酸
　インスリン
　完全非経口栄養
　血液透析
　ジギタリス
　シスプラチン
　長期の静脈内輸液
　パミドロネート
　経鼻胃（チューブ）吸引
　腹膜透析
　輸血
　利尿剤（例）
　　・サイアザイド
　　・フロセミド

参考文献

Kimmel, S. E., et al. (2000) Hypomagnesemia and hypocalcemia associated with protein-losing enteropathy in Yorkshire terriers: five cases (1992-1998). *JAVMA*, 217:703-6.

Schenck, P. A. (2005) Serum ionized magnesium concentrations in dogs and cats with hypoparathyroidism. *Proceedings, ACVIM*, 2005.

Toll, J., et al. (2002) Prevalence and incidence of serum magnesium abnormalities in hospitalized cats. *JVIM*, 16:217-21.

4.3.4 カリウム

増加

アーチファクト／偽高カリウム血症
　サンプルへの EDTA カリウムの混入
　溶血（特に秋田犬）
　血清分離の遅れた顕著な白血球増加症／血小板増加症
　血小板増加症

尿排泄の減少
　急性腎不全（q.v.）
　乳糜胸に対するドレナージの繰り返し
　胃腸管疾患＊
　　・十二指腸潰瘍の穿孔
　　・サルモネラ症
　　・鞭虫症

低レニン血症性低アルドステロン症
腎後性腎不全＊（q.v.）
膀胱破裂／尿腹症
副腎皮質機能低下症（犬）

摂取量の増加
医原性

移動
アシドーシス（q.v.）
糖尿病／糖尿病性ケトアシドーシス＊
再灌流性傷害（例）
　・大動脈血栓塞栓症
　・挫傷
腫瘍融解症候群

薬剤／毒素
アミロリド
ACE 阻害薬
エチレングリコール
NSAID
強心配糖体
経口または非経口的なカリウム補給
サクシニルコリン
三環系抗うつ剤
スピロノラクトン
ソルブタモール
トリロスタン
パラコート
プロスタグランジン阻害薬
β遮断薬

減少
食事
食事摂取量の減少
高蛋白の酸化食

内分泌疾患
糖尿病＊
副腎皮質機能亢進症
ミネラルコルチコイドの過剰
原発性高アルドステロン症

喪失の増加
慢性腎不全＊（q.v.）
利尿（例）
　・糖尿病＊
　・利尿療法
胃腸管からの喪失（嘔吐，下痢）＊（q.v.）
閉塞後利尿＊
腎尿細管アシドーシス

移動
アルカローシス
低体温症＊（q.v.）
バーミーズ猫の特発性低カリウム血症（猫）

薬剤／医原性
    アルブテロール
    アンフォテリシンB
    インスリン
    カテコラミン
    完全非経口栄養
    グルコース
    テルブタリン
    透析
    ヒドロクロロチアジド
    フルドロコルチゾン
    フロセミド
    輸液療法中の不十分なカリウム補給
    利尿剤（例）
      ・サイアザイド
      ・フロセミド
      ・ペニシリン
      ・ミネラルコルチコイド

参考文献
Hodson, S. (1998) Feline hypokalaemia. *In Practice*, 20:135-44.
Rijnberk, A., et al. (2001) Hyperaldosteronism in a cat with metastasised adrenocortical tumour. *Vet Q*, 23:38-43.

4.3.5　リン酸
減少
    食事摂取量の減少
    腸管からの吸収低下
    下痢*（q.v.）
    子癇*
    悪性腫瘍による高カルシウム血症*
    低体温症*（q.v.）
    ビタミンD低下症
    尿排泄の増加*
    代謝性アシドーシス*（q.v.）
    腎尿細管異常（例）
      ・ファンコニ症候群
    呼吸性アルカローシス（q.v.）
    嘔吐*（q.v.）

内分泌疾患
    糖尿病性ケトアシドーシス*
    副腎皮質機能亢進症
    高インスリン症／インスリノーマ
    原発性上皮小体機能亢進症

薬剤／医原性
    インスリン
    グルコース
    グルココルチコイド
    サリチル酸

重炭酸
パミドロネート
ビタミンD欠乏症
輸液療法
利尿剤
リン結合性抗酸化剤

増加
急性または慢性腎不全＊（q.v.）
溶血＊（q.v.）
代謝性アシドーシス＊（q.v.）
筋肉の外傷/壊死＊
正常な若齢動物
骨融解性骨病変
腎前性腎不全＊（q.v.）
腎後性腎不全（q.v.）
腫瘍融解症候群

アーチファクト
溶血

内分泌疾患
末端巨大症
甲状腺機能亢進症＊（猫）
栄養性二次性上皮小体機能亢進症
原発性上皮小体機能低下症
腎性二次性上皮小体機能亢進症＊

薬剤/毒素
コレカルシフェロール殺鼠剤
ジャスミン中毒
ビタミンD過剰症
リン酸含有浣腸液
リン酸補給

参考文献

Comazzi, S., et al. (2004) Haematological and biochemical abnormalities in canine blood: frequency and associations in 1022 samples. *JSAP*, 45:343-9.

Tomsa, K., et al. (1999) Nutritional secondary hyperparathyroidism in six cats. *JSAP*, 40:533-9.

4.3.6 ナトリウム

減少
滲出液を伴ううっ血性心不全＊
下痢＊
高血糖症＊（q.v.）
高脂血症（q.v.）
副腎皮質機能低下症（犬）
腹水を伴う肝疾患＊（q.v.）
顕著な高蛋白血症（q.v.）
滲出液を伴うネフローゼ症候群
過水和
膵炎＊
腎不全＊（q.v.）

嘔吐＊（q.v.）
滲出液
　腹膜炎＊
　胸水＊（q.v.）
　尿腹症
脱水／循環血液量減少
　皮膚からの喪失（例）
　　・火傷
　胃腸管からの喪失＊
　副腎皮質機能低下症（犬）
サードスペースへの喪失
　ドレナージが繰り返し行われている乳糜胸
　膵炎＊
　腹膜炎＊
　尿腹症
正常な水和状態
　抗利尿ホルモンの不適切な分泌
　不適切な輸液療法
　甲状腺機能低下症による粘液水腫性昏睡
　心因性多飲症＊
薬剤
　NSAID
　シクロフォスファミド
　ビンクリスチン
　利尿剤（例）
　　・アミロリド
　　・サイアザイド
　　・スピロノラクトン
　　・フロセミド
　　・マンニトール
増加
低張液の喪失
　皮膚（例）
　　・火傷
　糖尿病（浸透圧利尿に続発）＊
　胃腸管（嘔吐，下痢，小腸閉塞）＊（q.v.）
　閉塞後利尿＊
　腎不全＊（q.v.）
　サードスペースへの喪失（例）
　　・膵炎＊
　　・腹膜炎＊
摂取量の増加
　副腎皮質機能亢進症
　高アルドステロン症
　医原性
　塩中毒
純粋な水分喪失
　潜在性口渇または無飲症（例）
　　・頭部外傷
　　・尿崩症

- 炎症性脳疾患
- 頭蓋内腫瘍

高体温症（q.v.）
不感蒸泄は正常または増加している状態での飲水制限

薬剤／毒素
　塩分含有製剤（例）
　　・遊び用粘土
　重炭酸ナトリウム
　フルドロコルチゾン
　リン酸ナトリウム浣腸液

参考文献

Barr, J. M., et al. (2004) Hypernatremia secondary to homemade play dough ingestion in dogs: a review of 14 cases from 1998 to 2001. *J Vet Emerg Crit Care*, 14:196-202.

Peterson, M. E., et al. (1996) Pretreatment clinical and laboratory findings in dogs with hypoadrenocorticism: 225 cases (1979-1993). *JAVMA*, 208:85-91.

4.3.7　pH

酸血症

代謝性アシドーシス
　糖尿病性ケトアシドーシス*
　副腎皮質機能低下症（犬）
　低炭酸血症後の代謝性アシドーシス
　腎不全*（q.v.）
　腎尿細管性アシドーシス

乳酸産生
　下痢*（q.v.）
　低酸素症
　膵炎*
　敗血症*
　ショック*（q.v.）

薬剤／毒素
　アセタゾラミド
　エチレングリコール
　塩化アンモニウム
　サリチル酸
　パラアルデヒド
　メタノール
　メチオニン

呼吸性アシドーシス
　心肺停止

CNS（中枢神経系）疾患（脳幹／上位頸髄病変）（例）
　頭蓋内占拠性病変
　外傷

神経筋異常
　ボツリヌス
　バーミーズ猫の特発性低カリウム血症（猫）
　重症筋無力症

多発性筋炎
多発性神経根神経炎
破傷風
ダニ麻痺
重度の呼吸器疾患
急性呼吸窮迫症候群
気道閉塞 *
誤嚥性肺炎
胸壁外傷
横隔膜ヘルニア *
血胸 *
腫瘍 *
胸水 *（q.v.）
肺炎 *（q.v.）
気胸 *（q.v.）
肺線維症
肺水腫 *（q.v.）
肺血栓塞栓症
膿胸 *
煙吸引
医原性呼吸機能低下
麻酔
オピエート
有機リン酸
パンクロニウム
サクシニルコリン

アルカリ血症

代謝性アルカローシス
副腎皮質機能亢進症
高炭酸血症後
原発性高アルドステロン症
嘔吐 *
薬剤
酢酸
重炭酸
クエン酸
利尿剤
外因性ステロイド療法
グルコン酸
乳酸
呼吸性アルカローシス
過度のベンチレーター療法
低酸素症（例）
うっ血性心不全 *
高緯度
肺疾患 *
右左短絡を伴う心疾患
重度の貧血 *（q.v.）

パンティング／過換気
不安*
発熱*
熱射病*
甲状腺機能亢進症*（猫）
疼痛*

延髄呼吸中枢への直接刺激（神経原性過換気）
中枢神経系疾患（q.v.）
肝疾患（q.v.）
敗血症*
薬剤
・メチルキサンチン
・サリチル酸中毒

参考文献

Elliott, J., et al. (2003) Assessment of acid-base status of cats with naturally occurring chronic renal failure. *JSAP*, 44:65-70.
Shaffran, N. (2003) Blood gas interpretation. *Proceedings, ACVIM*, 2003.

4.3.8　PaO_2（動脈血酸素分圧）

減少
中枢神経系疾患（脳幹／上位頚髄病変）（例）
頭蓋内の空間占拠性病変
外傷
心疾患
肺水腫*（q.v.）
右左短絡
医原性呼吸機能低下
麻酔
オピエート
有機リン酸
パンクロニウム
サクシニルコリン
吸気中の酸素不足
麻酔中の酸素供給不良
高緯度
神経筋異常
ボツリヌス
バーミーズ猫の特発性低カリウム血症
重症筋無力症
多発性筋炎
多発性神経根神経炎
破傷風
ダニ麻痺
重度な呼吸器疾患
急性呼吸窮迫症候群
気道閉塞*
誤嚥性肺炎*
胸壁外傷*

横隔膜ヘルニア＊
血胸＊
腫瘍＊
胸水＊（q.v.）
肺炎＊（q.v.）
気胸＊（q.v.）
肺線維症
肺水腫＊（q.v.）
肺血栓塞栓症
膿胸＊
煙吸引

増加
酸素補給

参考文献

Joubert, K. E. & Lobetti, R. (2002) The cardiovascular and respiratory effects of medetomidine and thiopentone anaesthesia in dogs breathing at an altitude of 1486m. *J S Afr Vet Assoc*, 73:104-10.

4.3.9 総 CO_2（t CO_2）

増加
呼吸性アシドーシス（q.v.）
減少
呼吸性アルカローシス（q.v.）

4.3.10 重炭酸

増加
代謝性アルカローシス（q.v.）
減少
代謝性アシドーシス（q.v.）

4.3.11 塩基過剰（ベースエクセス）

増加
代謝性アルカローシス（q.v.）
減少
代謝性アシドーシス（q.v.）

4.4 尿検査所見

4.4.1 比重の変化

低張尿

溶質の排泄増加を伴わない水分喪失の増加
ADH（抗利尿ホルモン）分泌低下による多尿
インスリノーマ
過水和
クロム親和性細胞腫

    原発性中枢性尿崩症
    心因性多飲症 *
    薬剤（例）
        ・アドレナリン
        ・フェニトイン
ADHの阻害/抵抗性による多尿
    副腎皮質機能亢進症
    高カルシウム血症 *（q.v.）
    甲状腺機能亢進症 *（猫）
    低カリウム血症 *（q.v.）
    肝疾患 *（q.v.）
    原発性上皮小体機能亢進症
    原発性腎性尿崩症
    毒血症（例）
        ・子宮蓄膿症 *
薬剤
    抗痙攣剤
    コルチコステロイド
    サイアザイド系利尿剤
    スピロノラクトン
    炭酸脱水酵素阻害剤
    フロセミド
腎臓による尿濃縮能の低下
    急性腎不全（q.v.）
    慢性腎不全 *（q.v.）
    腎盂腎炎

高張尿

溶質の過剰喪失を伴う多尿
    末端巨大症
    糖尿病 *
    食事
        ・高蛋白食
        ・高塩分食
    ファンコニ症候群
    高粘稠度
    浸透圧利尿
        ・デキストロース
        ・マンニトール
    原発性腎性糖尿
溶質喪失が減少しない水分喪失の減少
    心不全 *
    脱水 *
    出血 *
    腎梗塞
    ショック *（q.v.）

参考文献

Feldman, E. C. (2004) Polyuria and polydipsia. *Proceedings, Western Veterinary Conference*, 2004.
Feldman, E. C. (2005) Diagnosis and treatment of canine and feline PD/PU. *Proceedings, Western*

Veterinary Conference, 2005.
von Vonderen, I. K., et al. (2004) Vasopressin response to osmotic stimulation in 18 young dogs with polyuria and polydipsia. *JVIM*, 18:800-806.

4.4.2 尿の化学的異常

グルコース－増加
高血糖症（q.v.）
 糖尿病 *
 副腎皮質機能亢進症
 医原性
 クロム親和性細胞腫
 原発性高アルドステロン症
 ストレス *
尿細管の異常
 ファンコニ症候群
 原発性腎性糖尿
軽度の高血糖症を伴う尿路系出血

参考文献
Flood, S. M., et al. (1999) Primary hyperaldosteronism in two cats. *JAAHA*, 35:411-16.
Hostutler, R. A. (2004) Transient proximal renal tubular acidosis and Fanconi syndrome in a dog. *JAVMA*, 224:1611-14.

血液
 "血尿"参照（q.v.）
ヘモグロビン
 血尿（q.v.）
溶血（q.v.）
 播種性血管内凝固
 ヘモプラズマ症
 免疫介在性溶血性貧血 *
 輸血不適合
 新生子同種溶血現象
 物理的原因
  ・火傷
  ・低張液の静脈内投与
  ・放射線
 脾臓捻転
 毒素
  ・ベンゾカイン
  ・クロール
  ・ジメチルスルフォキシド
  ・硝酸塩
  ・パラセタモール
  ・プロピルチオウラシル
  ・ヘビ毒

参考文献
Klag, A. R., et al. (1993) Idiopathic immune-mediated hemolytic anemia in dogs: 42 cases (1986-1990).

JAVMA, 202:783-8.

ビリルビン
偽陽性（例）色素尿
発熱＊（q.v.）
高ビリルビン血症＊（q.v.）
犬では少量は正常＊
飢餓＊
ミオグロビン－筋肉の損傷／壊死
競技運動
運動誘発性横紋筋融解症
熱射病＊
虚血（例）
・大動脈血栓塞栓症＊
外傷
・挫滅性損傷＊
毒素
・ヘビ毒

参考文献
Taylor, R. A. (1988) Metabolic and physiologic effects of athletic competition in the Greyhound. *Companion Anim Pract*, 2:7-11.

ウロビリノーゲン
（*注意*：獣医学での利用は限られている）
胆管閉塞後の胆道の再疎通

参考文献
MacWilliams, P. (2003). Profiling the urinary system I. *Proceedings, Western Veterinary Conference*, 2003.

硝酸
（*注意*：犬と猫では偽陰性が多い）
グラム陰性細菌尿

参考文献
MacWilliams, P. (2003). Profiling the urinary system I. *Proceedings, Western Veterinary Conference*, 2003.

蛋白－増加
偽陽性（試験紙法）
混入（例）
・塩化ベンザルコニウム
・セトリミド
・クロルヘキシジン
時間経過した尿
偽陽性（20％スルホサリチル酸試験）
セファロスポリン
ペニシリン
X線造影剤
スルファフラゾール
チモール

トルブタミド
腎前性
　ヘモグロビン尿（例）
　　・溶血性貧血 *
　高蛋白血症（q.v.）
　ミオグロビン尿（例）
　　・筋外傷 *
　　・横紋筋融解
　生理的（例）
　　・運動 *
　　・ストレス *
腎性
　軽度から中程度
　　・急性腎不全（q.v.）
　　・アミロイドーシス
　　・品種関連性腎症（犬）
　　・慢性腎不全 *（q.v.）
　　・ファンコニ症候群
　　・糸球体腎炎
　　・IgA 腎症
　　・原発性腎性糖尿
　　・二次性糸球体疾患
　　　◦ 細菌性心内膜炎
　　　◦ ボレリア症
　　　◦ ブルセラ症
　　　◦ 慢性細菌感染 *
　　　◦ 慢性皮膚疾患 *（q.v.）
　　　◦ 糖尿病性糸球体硬化症
　　　◦ 犬糸状虫症
　　　◦ エールリヒア症
　　　◦ 猫伝染性腹膜炎 *（猫）
　　　◦ 猫白血病ウイルス *（猫）
　　　◦ 高体温症 *（q.v.）
　　　◦ 低体温症 *（q.v.）
　　　◦ 免疫介在性溶血性貧血 *
　　　◦ 犬伝染性肝炎 *（犬）
　　　◦ 炎症性腸疾患 *
　　　◦ リーシュマニア症
　　　◦ レプトスピラ症 *
　　　◦ マイコプラズマ性多発性関節炎
　　　◦ 膵炎 *
　　　◦ 多発性関節炎
　　　◦ 前立腺炎 *
　　　◦ 子宮蓄膿症 *
　　　◦ 発熱 *（q.v.）
　　　◦ ロッキー山紅斑熱（犬）
　　　◦ 敗血症 *
　　　◦ スルフォンアミド過敏症
　　　◦ 全身性紅斑性狼瘡
　重度

- アミロイドーシス
- 糸球体腎炎

腎後性
- 生殖器系の炎症
  - 前立腺炎 *
  - 腟炎 *
- 生殖器系の分泌物
- 尿路系の炎症
  - 外傷
  - 尿路感染症 *
  - 尿石症 *
- 尿路生殖器系の腫瘍
  - 膀胱腫瘍
  - 尿管腫瘍
  - 尿道腫瘍
  - 腟または前立腺腫瘍

参考文献

Grauer, G. F. (2005) Canine glomerulonephritis: new thoughts on proteinuria and treatment. *JSAP*, 46:469-78.

Jacob, F., et al. (2005) Evaluation of the association between initial proteinuria and morbidity rate or death in dogs with naturally occurring chronic renal failure. *JAVMA*, 226:393-400.

Senior, D. F. (2005) Proteinuria. *Proceedings, WSAVA*, 2005.

pH

低下（7 >）
- 酸性化食 *
- 代謝性アシドーシス *（q.v.）
- 呼吸性アシドーシス *（q.v.）
- 薬剤
  - 塩化アンモニウム
  - フロセミド
  - メチオニン
  - リン酸ナトリウム酸
  - 塩化ナトリウム

上昇
- 食事
  - 低蛋白食 *
  - 食後のアルカリ化 *
- 代謝性アルカローシス（q.v.）
- 尿路系疾患
  - 近位尿細管アシドーシス
  - 尿停滞 *
  - 尿素産生菌による尿路感染症 *
- 薬剤
  - アセタゾラミド
  - クロルサイアザイド
  - クエン酸カリウム
  - 重炭酸ナトリウム
  - 乳酸ナトリウム

アーチファクト
   アンモニアか試薬の混入
   古いサンプル

参考文献
Elliot, J., et al. (2003) Assessment of acid-base status of cats with naturally occurring chronic renal failure. *JSAP*, 44:65-70.

ケトン－炭水化物から脂肪へのエネルギー産生のシフト
   低血糖症（例）
     ・インスリノーマ（q.v.）
   低炭水化物・高脂肪食
   飢餓
   コントロールされていない糖尿病 / 糖尿病性ケトアシドーシス *

参考文献
Bruskiewicz, K. A., et al. (1997) Diabetic ketosis and ketoacidosis in cats: 42 cases (1980-1995). *JAVMA*, 211:188-92.

4.4.3 尿沈渣の異常

白血球の増加
   少数は正常
   腫瘍
   尿路感染症 *
   尿路の炎症 *
   尿石症 *

赤血球の増加
   血尿（q.v.）

円柱
   ビリルビン
     ・ビリルビン尿
   幅の太い円柱
     ・慢性腎盂腎炎
     ・拡張した尿細管
   上皮細胞，脂肪，顆粒およびろう様円柱
     ・急性腎不全（q.v.）
     ・慢性腎不全 *（q.v.）
     ・尿細管上皮細胞の変性 / 壊死
     ・白血球の変性
     ・糸球体症
   ヘモグロビン
     ・ヘモグロビン尿（q.v.）
   ヒアリン
     ・蛋白尿に付随（q.v.）
   ミオグロビン
     ・ミオグロビン尿（q.v.）
   赤血球
     ・腎尿細管出血
   白血球

・尿細管間質性炎症

参考文献
Morton, L. D., et al. (1990) Juvenile renal disease in miniature schnauzer dogs. *Vet Pathol*, 27:455-8.

結晶（素因因子）
ビリルビン
("ビリルビン尿","高ビリルビン血症"を参照)
シュウ酸カルシウム
  食事
    ・過剰なカルシウム
    ・過剰なシュウ酸
    ・過剰なビタミンC
    ・過剰なビタミンD
  エチレングリコール中毒
  副腎皮質機能亢進症
  高カルシウム尿症
    ・高カルシウム血症（q.v.）
リン酸カルシウム
  アルカリ尿
  原発性上皮小体機能亢進症
  腎尿細管アシドーシス
シスチン
  酸性のpH
  腎尿細管細胞の遺伝的欠損
シリカ
  食事
    ・グルテン
    ・大豆穀
  土壌の摂取
キサンチン
  アロプリノールの投与
  遺伝性
ストラバイト
  アルカリ尿 *
  膀胱内異物
  尿路感染症 *
尿酸
  酸性尿
  品種関連性
    ・ダルメシアン *
    ・イングリッシュ・ブルドッグ
  門脈体循環短絡
  尿路感染症 *

参考文献
Feldman, E. C., et al. (2005) Pretreatment clinical and laboratory findings in dogs with primary hyperparathyroidism: 210 cases (1987-2004). *JAVMA*, 227:756-61.
Hess, R. S., et al. (1998) Association between hyperadrenocorticism and development of calcium-containing uroliths in dogs with urolithiasis. *JAVMA*, 212:1889-91.

Houston, D. M., et al. (2004) Canine urolithiasis: A look at over 16 000 urolith submissions to the Canadian Veterinary Urolith Centre from February 1998 to April 2003. *Can Vet*, 45:225-30.

4.4.4 感染の因子
細菌性
 混入 *
  ・カテーテル採尿 *
  ・無菌的採尿手技の失敗
  ・排尿による採尿 *
 尿路感染症 *
真菌性
 ブラストミセス症
 カンジダ症
 混入 *
 クリプトコッカス
 長期的な抗生剤療法
寄生虫性
 毛細線虫卵
 腎虫卵
 犬糸状虫のミクロフィラリア
 糞便の汚染 *
尿路感染症の素因
尿路上皮の変化
 遠位泌尿生殖器での正常細菌叢の変化
 化生
  ・エストロゲン
   ○外因性
   ○セルトリ細胞腫 *
 腫瘍 *
 外傷
  ・外部 *
  ・医原性（例）
   ○カテーテル挿入 *
   ○触診
   ○手術 *
  ・尿石症 *
 薬剤
  ・シクロフォスファミド
  ・エストロゲン
尿の変化
 排尿頻度の減少
  ・不随意性の停滞 *
  ・随意性の停滞 *
 量の減少
  ・水分摂取量の減少 *
  ・液体喪失の増加 *
  ・乏尿／無尿性腎不全（q.v.）
 希釈尿 *
 糖尿 *

解剖学的欠損
　後天性
　　・慢性下部尿路疾患 *
　　・二次性膀胱尿管逆流
　　・手術手技
　先天性
　　・異所性尿管
　　・尿膜管憩室遺残
　　・原発性膀胱尿管逆流
　　・尿道

免疫不全
　先天性
　副腎皮質機能亢進症
　医原性（例）
　　・コルチコステロイド *
　尿毒症 *（q.v.）

正常排尿の障害
　排泄路閉塞
　　・腫瘍 *
　　・前立腺疾患 *
　　・狭窄
　　・膀胱ヘルニア
　　・尿石症 *
　膀胱の不完全な排出
　　・解剖学的異常
　　　○ 憩室
　　　○ 膀胱尿管逆流
　　・神経原性
　　　○ 反射性共同運動障害 *
　　　○ 脊髄疾患

参考文献

Hitt, M. E. (1986) Hematuria of renal origin. *Compend Contin Educ Pract Vet*, 8:14-19.

Torres, S. M. F. (2005) Frequency of urinary tract infection among dogs with pruritic disorders receiving long-term glucocorticoid treatment. *JAVMA*, 227:239-43.

4.5　細胞学的所見

4.5.1　気管／気管支肺胞洗浄

好中球の増加
　誤嚥性肺炎 *
　細菌性気管支炎 *
　気管支肺炎 *
　犬の気管気管支炎 *（犬）
　慢性気管支炎 *
　異物 *
　寄生虫性（例）
　　・住血線虫

好酸球の増加（カラー図版 4.5 参照）
  薬剤
    ・臭化カリウム（猫）T
  好酸球性気管支炎 *
  猫喘息 *（猫）
  寄生虫性
    ・猫肺虫
    ・住血線虫
    ・肺毛頭虫
    ・キツネ肺虫
    ・オスラー肺虫属
  好酸球の肺浸潤 / 好酸球性気管支肺疾患

顕微鏡 / 培養での検出可能な微生物
上部気道
  猫肺虫
  気管支敗血症菌
  肺毛頭虫
  Malassezia pachydermatis
  ミコバクテリア属
  マイコプラズマ属
  オスラー肺虫

下部気道
  猫肺虫
  アスペルギルス属
  ブラストミセス属（*Blastomyces dermatitidis*）
  気管支敗血症菌 *
  肺毛頭虫
  Coccidioides immitis
  キツネ肺虫（犬）
  Cryptococcus neoformans
  Eucoleus aerophilus
  Haemophilus felis
  Histoplasma capsulatum
  ミコバクテリア属
  マイコプラズマ属
  日和見細菌 *
    ・パスツレラ属
    ・シュードモナス属
    ・*Salmonella Typhimurium*
  オスラー肺虫属
  ケリコット肺吸虫（犬）
  ペニシリウム属
  Pneumocystis carinii（犬）
  Toxocara canis（犬回虫）
  Toxoplasma gondii
  Yersinia pestis（ペスト菌）

参考文献

Chapman, P. S., et al. (2004) Angiostrongylus vasorum infection in 23 dogs (1999-2002). *JSAP*, 45:435-40.

Clercx, C., et al. (2000) Eosinophilic bronchopneumopathy in dogs. *JVIM*, 14:282-91.
Foster, S. F., et al. (2004) A retrospective analysis of feline bronchoalveolar lavage cytology and microbiology (1995-2000). *J Feline Med Surg*, 6:189-98.

4.5.2 鼻腔洗浄液の細胞診

腫瘍
腺癌 *
軟骨肉腫
感覚神経芽細胞腫
線維肉腫
血管肉腫
組織球腫
平滑筋肉腫
脂肪肉腫
リンパ腫 *
悪性線維性組織球腫
悪性メラノーマ
悪性神経鞘腫
肥満細胞腫
粘液肉腫
神経内分泌腫瘍
骨肉腫
副鼻腔髄膜腫
横紋筋肉腫
扁平上皮癌 *
移行上皮癌
可移植性性器肉腫
未分化癌 *
未分化肉腫

炎症性
異物または歯牙疾患に続発した急性または慢性炎症 *
アレルギー性鼻炎 *
肉芽腫様鼻炎
リンパ球プラズマ細胞性鼻炎 *
鼻咽頭ポリープ *
口腔鼻瘻

顕微鏡／培養での検出可能な微生物

真菌症
アスペルギルス症
クリプトコッカス症
ペニシリウム属
リノスポリジウム属

細菌性／マイコプラズマ性
気管支敗血症菌 *
*Chlamydophila felis**（猫）
Haemophilus felis
マイコプラズマ属 *

寄生虫
肺毛頭虫

ウサギヒフバエ属
毛細線虫
舌虫
イヌハイダニ（犬）

参考文献

Ballwener, L. R. (2004) Respiratory parasites. *Proceedings, Western Veterinary Conference*, 2004.
Windsor, R. C., et al. (2004) Idiopathic lymphoplasmacytic rhinitis in dogs: 37 cases (1997-2002). *JAVMA*, 224:1952-7.

4.5.3 肝臓の細胞診

アミロイドーシス
過形成
　結節性過形成 *
胆汁色素の増加
　胆汁うっ滞 *（q.v.）
銅の増加
　銅関連性肝疾患
感染性肝疾患
　バベシア症
　Bacillus piliformis
　細菌性胆管肝炎 *
　犬アデノウイルス -1 型 *（犬）
　犬ヘルペスウイルス（犬）
　肝毛細線虫
　サイトクスゾーン症
　エールリヒア症
　肝外性敗血症
　猫コロナウイルス *（猫）
　Hepatozoon canis
　リーシュマニア症
　レプトスピラ症 *
　肝膿瘍
　Metorchis conjunctus
　ミコバクテリア症
　ネオスポラ症
　猫肝吸虫
　Rhodococcus equi
　トキソプラズマ症
　エルシニア症
炎症性肝疾患
　胆管肝炎 *（q.v.）
　慢性肝炎 *（q.v.）
　銅うっ滞 / 貯蔵病
　肉芽腫性肝炎
　　・*Bartonella henselae*
　　・真菌症
　　・腸管のリンパ管炎 / リンパ管拡張症
　　・リーシュマニア症

特異体質性薬剤反応
肝葉解離性肝炎
薬剤
・抗痙攣剤
・NSAID
腫瘍細胞（例）
胆管癌
血管肉腫
肝細胞腺癌 *
平滑筋肉腫
リンパ腫 *
肥満細胞
転移性腫瘍 *
空胞性肝疾患
慢性感染（例）
・歯牙疾患 *
・腎盂腎炎
糖尿病 *
外因性グルココルチコイドの投与 *
副腎皮質機能亢進症
高脂血症
甲状腺機能低下症 *
炎症性腸疾患 *
脂質貯蔵病
腫瘍 *
膵炎 *

参考文献

Rutgers, H. C. & Haywood, S. (1988) Chronic hepatitis in the dog. *JSAP*, 29:679-90.
Thrall, M. A. (2002) Cytology of intra-abdominal organs and masses. *Proceedings, Western Veterinary Conference*, 2002.
Washabau, R. J. (2004) Common canine liver diseases *Proceedings, Western Veterinary Conference*, 2004.

4.5.4 腎臓の細胞診

腫瘍性細胞
腺癌
軟骨肉腫
血管腫
血管肉腫
リンパ腫 *
転移性甲状腺癌
骨肉腫
炎症性細胞
慢性間質性腎炎 *
糸球体腎炎
レプトスピラ症 *
腫瘍
腎盂腎炎
腎膿瘍

参考文献

Thrall, M. A. (2002) Cytology of intra-abdominal organs and masses. *Proceedings, Western Veterinary Conference*, 2002.

4.5.5 皮膚搔爬 / 被毛引き抜き / テープ押圧検査

寄生虫性
　ウサギツメダニ属 *
　毛包虫属 *
　ネコハジラミ
　カンガルーハジラミ
　幼ダニ *
　イヌハジラミ（*Linognathus setosus*）*
　リンクスアカルス・ラボラスキー
　ネコショウセンコウ（小穿孔）ヒゼンダニ
　ミミダニ（耳疥癬）*
　犬疥癬 *（犬）
　イヌハジラミ（*Tricodectes canis*）
　ツツガムシ *

真菌性
　皮膚糸状菌症
　マラセジア属

参考文献

Saevik, B. K., et al. (2004) Cheyletiella infestation in the dog: observations on diagnostic methods and clinical signs. *JSAP*, 45:495-500.

4.5.6 脳脊髄液（CSF）分析

CSF中の細胞数 / 微量蛋白の増加

感染性疾患
藻類
　プロトテコーシス
細菌性
　レプトスピラ症
　様々な好気性および嫌気性菌（例）
　　・大腸菌
　　・クレブシラ属
　　・ストレプトコッカス属
真菌性
　アスペルギルス症
　ブラストミセス症
　コクシジオイディス症
　クリプトコッカス症
　ヒストプラズマ症
　ヒアロヒホ真菌症
　フェオフィホ真菌症（黒色菌糸症）
寄生虫性
　犬鉤虫

広東住血線虫
ウサギヒフバエ
犬糸状虫
犬回虫

原虫性
アカントアメーバ症
バベシア症
エンセファリトゾーン症
ネオスポラ症
サルコシスティス様微生物
トキソプラズマ症
トリパノソーマ症

リケッチア性
エールリヒア症
ロッキー山紅斑熱（犬）
サケ中毒（犬）

ウイルス性
ボルナ病
犬ジステンパー＊（犬）
犬ヘルペスウイルス（犬）
犬パラインフルエンザ（犬）
犬パルボウイルス＊（犬）
中央ヨーロッパダニ媒介脳炎
猫免疫不全ウイルス＊（猫）
猫伝染性腹膜炎＊（猫）
猫白血病ウイルス＊（猫）
犬伝染性肝炎＊（犬）
仮性狂犬病
狂犬病

非感染性（図 4.5）
好酸球性髄膜脳炎
線維軟骨性塞栓症
フコース蓄積症
球様細胞白質萎縮症
肉芽腫性髄膜脳脊髄炎
特発性振戦症候群
椎間板疾患
ポインターの髄膜脳脊髄炎
壊死性脳炎
腫瘍
側脳質周囲脳炎
灰白脳脊髄炎
パグとマルチーズ脳炎
化膿性肉芽腫性髄膜脳脊髄炎
ステロイド反応性髄膜脳脊髄炎および多発性動脈炎
ヨークシャー・テリア脳炎

参考文献

Cizinauskas, S., et al. (2000) Long-term treatment of dogs with steroid-responsive meningitisarteritis: clinical, laboratory and therapeutic results. *JSAP*, 41:295-301.

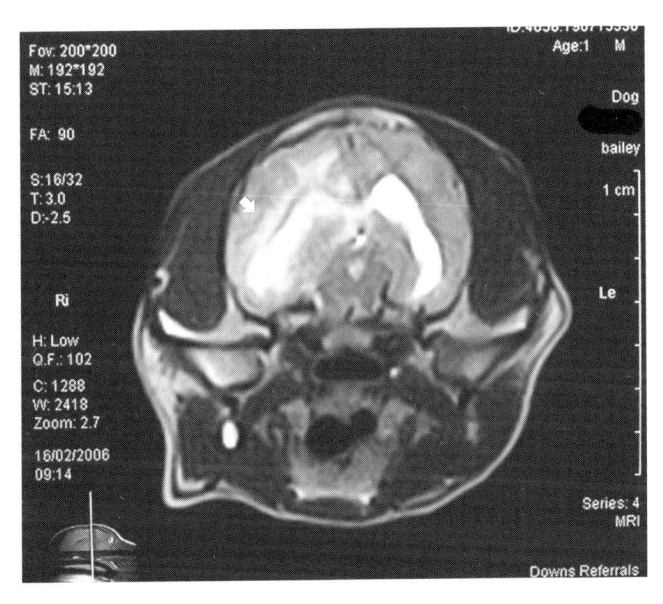

図4.5　肉芽腫性髄膜脳脊髄炎が疑われる犬の脳のT2強調MRスキャン横断面像．右側脳室周囲に高信号が認められる（矢印）．Down Referrals, Bristolの許可を得て掲載．

Gandini, G., et al. (2003) Fibrocartilaginous embolism in 75 dogs: clinical findings and factors influencing the recovery rate. *JSAP*, 44:76-80.
Kuwamura, M., et al. (2002) Necrotising encephalitis in the Yorkshire Terrier: a case report and literature review. *JSAP*, 43:459-63.
Rusbridge, C. (1997) Collection and interpretation of cerebrospinal fluid in cats and dogs. *In Practice*, 19:322 31.

4.5.7　皮膚／皮下マスの細針吸引

腫瘍
上皮系
　基底細胞腫
　乳頭腫
　肛門周囲腺腫 *
　皮脂腺腫／過形成 *
　皮脂腺腫瘍 *
　扁平上皮癌 *
　汗腺腫瘍
円形細胞
　組織球腫 *（犬）
　リンパ腫
　肥満細胞腫 *
　形質細胞腫
　可移植性性器肉腫（犬）
間葉系
　血管周囲細胞腫
　脂肪腫 *

メラノーマ
肉腫＊（例）
・軟骨肉腫
・線維肉腫
・血管肉腫
・骨肉腫
炎症細胞
膿瘍＊
蜂巣織炎＊
皮下脂肪織炎
膿皮症＊

参考文献

McEntee, M. C. (2001) Evaluation of superficial masses: diagnostic and treatment considerations. *Proceedings, Atlantic Coast Veterinary Conference*, 2001.

Raskin, R. E. (2002) Cytologic features of discrete cells/round cells. *Proceedings, Western Veterinary Conference*, 2002.

4.6 ホルモン／内分泌試験

4.6.1 サイロキシン

増加
食事
・大豆
甲状腺機能亢進症＊（猫）
若齢犬＊
肥満＊
妊娠中の雌犬＊
過度の運動＊
総T4自己抗体
甲状腺癌
薬剤
・甲状腺ホルモンの過剰な供給
・イポデート

減少
新生子猫＊
サイトハウンドの正常値は低い

原発性甲状腺機能低下症
後天性＊
先天性

甲状腺以外の疾患（甲状腺機能正常症候群）＊，多くの疾病（例）
急性疾患
・急性肝炎＊（q.v.）
・急性膵炎＊
・急性腎不全（q.v.）
・自己免疫性溶血性貧血＊
・細菌性気管支肺炎＊
・犬ジステンパーウイルス＊（犬）
・椎間板疾患＊（犬）

- 多発性神経根神経炎
- 敗血症 *
- 全身性紅斑性狼瘡

慢性疾患
- 悪液質
  - 心臓 *
  - 腫瘍 *
- 慢性腎不全 *（q.v.）
- うっ血性心不全 *
- 皮膚疾患 *（q.v.）
- 糖尿病 *
- 胃腸管疾患 *（q.v.）
- 副腎皮質機能亢進症
- 副腎皮質機能低下症（犬）
- 肝疾患 *（q.v.）
- リンパ腫 *
- 巨大食道症
- 全身性真菌症

薬剤
アミオダロン
NSAID
- カルプロフェン
- サリチル酸
- フェニルブタゾン
- フラニキシン

グルココルチコイド
抗痙攣剤
- フェニトイン
- フェノバルビトン

スルフォンアミド
同化ステロイド
プロゲステロン
フロセミド
プロパノロール
プロピルチオウラシル
麻酔
メチマゾール
ヨウ素の補給

参考文献

Chastain, C. B. (2002) Thyroid function testing in greyhounds. *Sm Anim Clin Endocrinol*, 12:4.

Frank, L. A., et al. (2005) Effects of sulfamethoxazole-trimethoprim on thyroid function in dogs. *Am J Vet Res*, 66:256-9.

White, H. L., et al. (2004) Effect of dietary soy on serum thyroid hormone concentrations in healthy adult cats. *Am J Vet Res*, 65:586-91.

4.6.2 上皮小体ホルモン

増加
副腎皮質機能亢進症

低カルシウム血症の上皮小体以外の原因（q.v.）
栄養性二次性上皮小体機能亢進症
原発性上皮小体機能亢進症
腎性二次性上皮小体機能亢進症 *
血清カルシウムを低下させる薬剤（"低カルシウム血症"を参照）

減少
アーチファクト
- 凍結後の保存 / 長距離輸送

ビタミンD過剰症
高カルシウム血症の上皮小体以外の原因
原発性上皮小体機能低下症
血清カルシウムを増加させる薬剤（"高カルシウム血症"を参照）

参考文献
Barber, P. J. (2004) Disorders of the parathyroid glands. *J Feline Med Surg*, 6:259-69.
Gear, R. N. A., et al. (2005) Primary hyperparathyroidism in 29 dogs: diagnosis, treatment, outcome and associated renal failure. *JSAP*, 46:10-16.
Hendy, G. N., et al. (1989) Characteristics of secondary hyperparathyroidism in vitamin-D deficient dogs. *Am J Physiol*, 256:E765-72.
Tomsa, K., et al. (1999) Nutritional secondary hyperparathyroidism in six cats. *JSAP*, 40:533-9.

4.6.3　コルチゾール（基準値またはACTH刺激試験後）

増加
重度 / 慢性疾患 *
ストレス *

アーチファクト
グルココルチコイドとの交差反応（デキサメサゾンではない）
- コルチゾン
- ヒドロコルチゾン
- メチルプレドニゾロン
- プレドニゾロン
- プレドニゾン

副腎皮質機能亢進症
副腎依存性
下垂体依存性

薬剤
抗痙攣剤

減少
アーチファクト
長時間 / 不適切な貯蔵

副腎皮質機能低下症（犬）
原発性
続発性

薬剤
慢性的なアンドロゲン投与
慢性的なグルココルチコイド投与
慢性的なプロジェスタゲン投与
酢酸メゲストロール

参考文献

Gieger, T. L. (2003) Lymphoma as a model for chronic illness: effects on adrenocortical function testing. *JVIM*, 17:154-7.

Kintzer, P. P & Peterson, M. E. (1997) Diagnosis and management of canine cortisol-secreting adrenal tumors. *Vet Clin North Am Small Anim Pract*, 27:299-307.

4.6.4　インスリン

高血糖症を併発
増加
　インスリン結合抗体
　インスリン抵抗性 *
減少
　糖尿病 *
低血糖症を併発
増加
　インスリノーマ

参考文献

Caywood, D. D., et al. (1988) Pancreatic insulin-secreting neoplasms : Clinical, diagnostic, and prognostic features in 73 dogs. *JAAHA*, 24:577-84.

4.6.5　ACTH

増加
　異所性 ACTH 分泌
　インスリン投与
　下垂体依存性副腎皮質機能亢進症
　原発性副腎皮質機能低下症
減少
　副腎依存性副腎皮質機能亢進症
　医原性副腎皮質機能亢進症
　突発性二次性副腎皮質機能亢進症
ノーチファクト
　ガラス容器に採取
　凍結後の保存

参考文献

Galac, S., et al. (2005) Hyperadrenocorticism in a dog due to ectopic secretion of adrenocorticotropic hormone. *Domest Anim Endocrinol*, 28:338-48.

4.6.6　ビタミン D（1,25 ジヒドロキシコレカルシフェロール）

増加
　外因性投与
　肉芽腫性疾患
　悪性腫瘍による体液性高カルシウム血症
　原発性上皮小体機能亢進症
　ビタミン D 殺鼠剤

減少
　慢性腎不全
　リンパ腫
　原発性上皮小体機能亢進症
　ビタミンD欠乏食

参考文献

Boag, A. K., et al. (2005) Hypercalcaemia associated with *Angiostrongylus vasorum* in three dogs. *JSAP*, 46:79-84.

Gerber, B., et al. (2004) Serum levels of 25-hydroxycholecalciferol and 1,25-dihydroxycholecalciferol in dogs with hypercalcaemia. *Vet Res Commun*, 28:669-80.

4.6.7　テストステロン

増加（GnRH または hCG 後）
　機能的精巣組織
　卵巣莢膜腫

減少
　去勢雄
　セルトリ細胞腫 *
　薬剤
　　・外因性アンドロゲン治療

アーチファクト
　EDTA 管への採取
　室温で保存
　赤血球と共に保存

参考文献

Cellio, L. M. & Degner, D. A. (2000) Testosterone-producing thecoma in a female cat. *JAAHA*, 36:323-25.

Chastain, C. B., et al. (2004) Sex hormone concentrations in dogs with testicular diseases. *Sm Anim Clin Endocrinol*, 14:41-2.

4.6.8　プロゲステロン

増加
　副腎皮質癌
　顆粒細胞腫瘍
　黄体嚢腫
　正常な黄体機能
　卵巣遺残症候群
　プロスタグランジン療法
　最近の排卵

減少
　アーチファクト
　　・室温で保存
　　・全血で保存
　外因性プロゲステロンの投与
　正常な黄体機能の維持不良
　排卵不良
　分娩間近

正常な無発情

参考文献

Boord, M. & Griffin, C. (1999) Progesterone secreting adrenal mass in a cat with clinical signs of hyperadrenocorticism. *JAVMA*, 214:666-9.

4.6.9 エストラジオール

増加
　卵胞卵巣囊腫
　卵巣遺残症候群
　精上皮腫 *
　セルトリ細胞腫 *

参考文献

Kim, O. & Kim, K. S. (2005) Seminoma with hyperestrogenemia in a Yorkshire Terrier. *J Vet Med Sci*, 67:121-3.

4.6.10 心房性ナトリウム利尿ペプチド

増加
　心房伸展
　　・先天性
　　・拡張型心筋症 *
　　・肥大型心筋症 *（猫）
　　・房室弁の粘液腫様変性 *（犬）
　　・その他の心筋症
　うっ血性心不全 *
　輸液による過剰負荷
　腎不全 *（q.v.）
減少
　脱水 *

参考文献

Boswood, A., et al. (2003) Clinical validation of a proANP 31-67 fragment ELISA in the diagnosis of heart failure in the dog. *JSAP*, 44:104-8.

Vollmar, A. M., et al. (1991) Atrial natriuretic peptide concentration in dogs with congestive heart failure, chronic renal failure, and hyperadrenocorticism. *Am J Vet Res*, 52:1831-4.

Vollmar, A. M., et al. (1994). Atrial natriuretic peptide and plasma volume of dogs suffering from heart failure or dehydration. *Zentralbl Veterinarmed [A]*, 41:548-57.

4.6.11 改良水制限試験（多尿／多飲の検査）

水制限後の尿は完全に濃縮（手順は 6.13 参照）
　正常 *
　心因性多飲症 *
水制限後の尿はほぼ最大に濃縮
　正常 *
　部分的尿崩症
　心因性多飲症 *

水制限後の尿はほとんど濃縮されず，DDAVP 投与後は完全に濃縮
　中枢性尿崩症
水制限後も DDAVP 投与後も尿はほとんど濃縮されない
　副腎皮質機能亢進症
　髄質洗い出し
腎性尿崩症
　原発性
　二次性
　　・末端巨大症
　　・副腎皮質機能亢進症
　　・高カルシウム血症 *
　　・甲状腺機能亢進症 *（猫）
　　・副腎皮質機能低下症（犬）
　　・低カリウム血症 *
　　・肝疾患 *
　　・腎盂腎炎
　　・子宮蓄膿症 *
　　・腎不全 *
　　・極度の低蛋白食

参考文献
Behrend, E. N. (2003) Diabetes insipidus and other causes of polyuria/polydipsia. *Proceedings, Western Veterinary Conference*, 2003.

4.7　糞便検査所見

4.7.1　糞便中の血液

("血便"（q.v.）および"メレナ"（q.v.）参照）
注意：過去 5 日以内に赤身肉を食べていると，潜血反応が陽性になることがある．

4.7.2　糞便寄生虫

吸虫
　アラリア属
鉤虫
　アンシロストーマ属 *
　アンシナリア属 *
原虫
　クリプトスポリジウム属 *
　ジアルジア属 *
　Toxoplasma gondii
　牛胎子トリトリコモナス
糞便に排泄される呼吸器系寄生虫
　猫肺虫
　肺毛頭虫
　キツネ肺虫（犬）
　Eucoleus boehmi
　ケリコット肺吸虫（犬）

回虫
  犬小回虫
  犬回虫
  猫回虫
条虫
  テニア属 *
線虫
  糞線虫属
鞭虫
  犬鞭虫 *

参考文献
Ballweber, L. R. (2003) Respiratory parasites. *Proceedings, Western Veterinary Conference*, 2002.
Ballweber, L. R. (2004) Internal parasites of dogs & cats. *Proceedings, Western Veterinary Conference*, 2004.

4.7.3 糞便培養

特定の腸病原性細菌の培養
  Campylobacter spp*
  *Clostridium difficile**
  *Clostridium perfringens**
  大腸菌 *
    ・腸出血性
    ・腸病原性
    ・腸毒性
  サルモネラ属 *
  エルシニア属
非選択的培養
非選択的培養は診断的有用性が低いと考えられている．

参考文献
Hackett, T., & Lappin, M. R. (2003) Prevalence of enteric pathogens in dogs of north-central Colorado. *JAAHA*, 39:52-6.
Sykes, J. E. (2003) Canine infectious diarrhoea. *Proceedings, Australian College of Veterinary Scientists Science Week*, 2003.

4.7.4 糞便真菌感染

Histoplasma capsulatum

参考文献
Clinkenbeard, K. D. (1988) Disseminated histoplasmosis in dogs : 12 cases (1981-1986). *JAVMA*, 193:1443-7.

4.7.5 未消化食物の残渣

注意：膵外分泌機能不全の試験は，未消化食物残渣の検出よりもトリプシノーゲン様免疫活性の方が感度が高い．

脂肪
　胆汁酸欠乏
　膵外分泌機能不全
　吸収不良 *
デンプン
　膵外分泌機能不全
　高デンプン食
　腸管通過時間の短縮

PART 5
電気的診断検査

5.1 心電図（ECG）所見

注意：ECG 測定値の変化は，心腔サイズの指標としては比較的感度が低い．

5.1.1 P 波の変化

高い P 波（肺性 P）
 右心房拡大（例）
  ・慢性呼吸器疾患 *
  ・拡張型心筋症 *
  ・三尖弁逆流 *

幅広い P 波（僧帽 P）
 左心房拡大 *（例）
  ・拡張型心筋症 *
  ・僧帽弁逆流

高さが変動する P 波（ワンダリング・ペースメーカー）
 迷走神経の緊張亢進 *

P 波の欠如
心房細動 ***
 急性の心房伸展
  ・過剰な容量負荷
 心房の病変
 過度の迷走神経刺激
 拡大した心房 *

持続性心房停止
 アーチファクト
 心房の病変
 高カリウム血症

洞停止／洞房ブロック
 短頭種では正常
 心房の病変（例）
  ・心筋症 *
  ・拡張 *
  ・線維化
  ・肥大
  ・壊死
 電解質不均衡 *
 迷走神経の緊張亢進
  ・慢性呼吸器疾患 *
  ・胃腸管疾患
 洞不全症候群
 ヒス束の狭窄

薬剤（例）
- β遮断薬
- カルシウムチャンネル遮断薬
- ジギタリス配糖体

参考文献
Gavaghan, B. J., et al. (1999) Persistent atrial standstill in a cat. *Aust Vet J*, 77:574-9.
Gelzer, A. (2002) The challenges of atrial fibrillation. *Proceedings, ACVIM*, 2002.
Moneva-Jordan, A., et al. (2001) Sick sinus syndrome in nine West Highland White terriers. *Vet Rec*, 148:142-7.

5.1.2 QRS群の変化

高いR波
  左心室拡大（例）
  - 心筋症 *
  - 甲状腺機能亢進症 *（猫）
  - 僧帽弁逆流 *

小さいR波
  急性出血
  心膜液

幅広いQRS
  上室性
    左脚ブロック
    - 心筋症 *
    - 大動脈弁下狭窄 *
    - 薬剤/毒素（例）
      ◦ ドキソルビシン
      ◦ 三環系抗うつ剤
    右脚ブロック
    - 正常な動物で時に見られる
    - 心臓腫瘍
    - 犬糸状虫症
    - 遺伝性
    - 心停止後
    - 心室中隔欠損
    左心室肥大 *
    顕微鏡的な壁内心筋梗塞
    キニジン中毒
    重度の虚血
  心室性
    促進心室固有調律 *
    心室期外収縮 *
    心室補充収縮
    心室早期拍動 *
    心室頻拍 *

スラー状の上行脚
  心室早期興奮/ウォルフ・パーキンソン・ホワイト症候群
  - 後天性心疾患（例）
    ◦ 猫肥大型心筋症

- 先天性
- 特発性

電気的交互脈
- 心膜液

深い S 波（図 5.1(a〜f)）
- 右心室拡大（例）
  - 肺高血圧
  - 肺動脈弁狭窄
  - 短絡が逆転した動脈管開存症
  - 三尖弁逆流

参考文献

Della Torre, P. K., et al. (1999) Effect of acute haemorrhage on QRS amplitude of the lead II canine electrocardiogram. *Aust Vet J,* 77:298-300.

Wright, K. N., et al. (1996) Supraventricular tachycardia in four young dogs. *JAVMA,* 208:75-80.

5.1.3 P-R 間隔の変化

P-R 間隔の延長（第 1 度房室ブロック）
- 正常な動物で時おり認められる *
- 年齢が関係した房室伝導系の変性
- 猫の拡張型心筋症（猫）
- 心疾患 *
- 高カリウム血症（q.v.）
- 低カリウム血症 *（q.v.）
- 迷走神経の緊張増加 *
- 薬剤 / 毒素
  - β 遮断薬
  - カルシウムチャンネル遮断薬
  - 強心配糖体
  - キニジン
  - 三環系抗うつ剤
  - ビタミン D 殺鼠剤

P-R 間隔の短縮
- 心室早期興奮 / ウォルフ・パーキンソン・ホワイト症候群
  - 後天性心疾患（例）
    - 猫の肥大型心筋症
  - 先天性
  - 特発性

房室間伝導の間欠的遮断（第 2 度房室ブロック）
- 正常な動物にも見られることがある
- 安静時の幼齢子犬
- 上室頻拍を伴って見られる場合は生理的
- 電解質不均衡 *（q.v.）（例）
  - 高カリウム血症（q.v.）
- 甲状腺機能亢進症 *（猫）
- 迷走神経の緊張亢進（例）
  - 慢性呼吸器疾患 *（q.v.）
  - 胃腸管疾患 *（q.v.）
- 顕微鏡的な特発性線維症

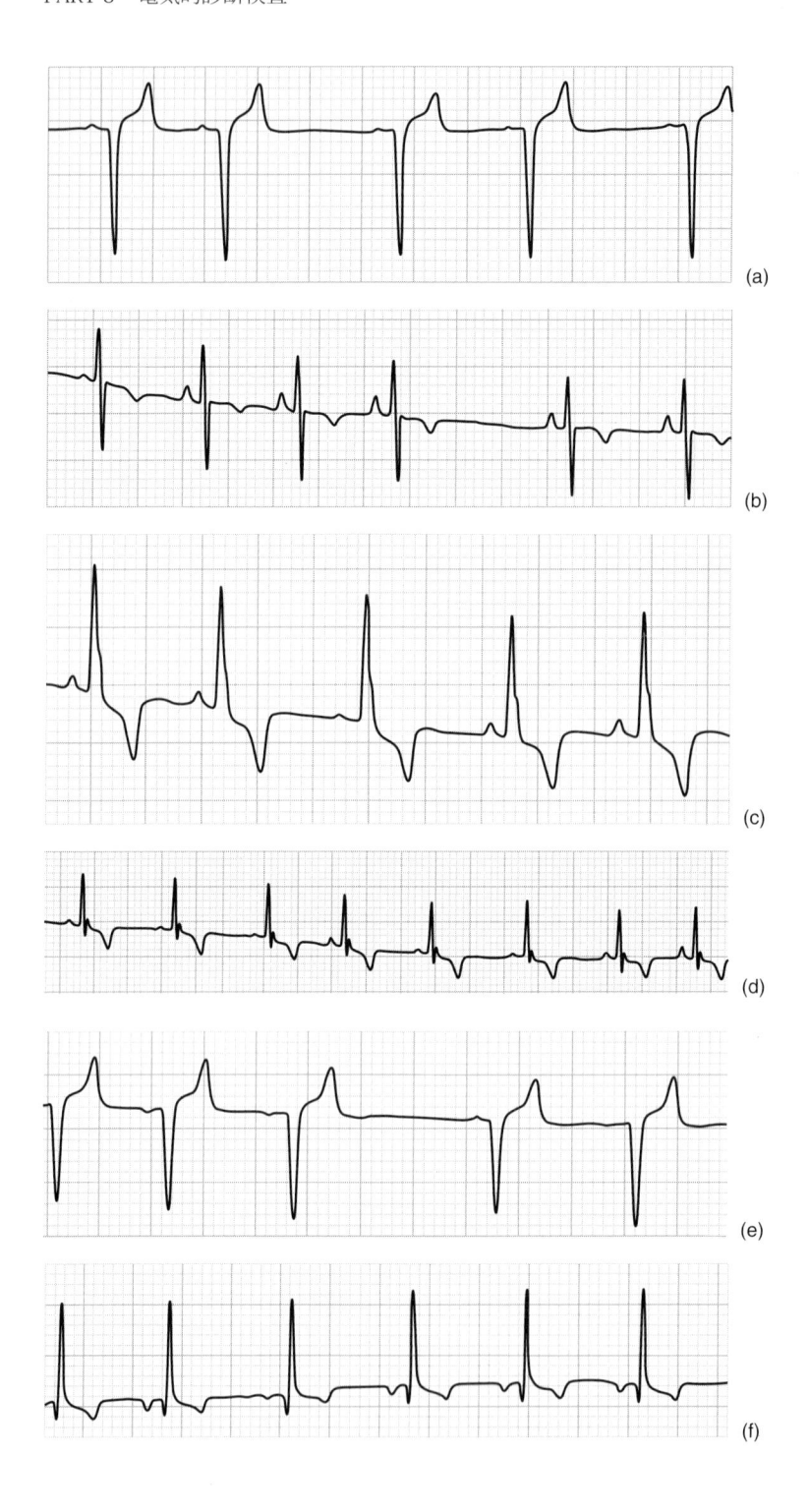

図 5.1(a～f) 心電図．深い S 波が認められることから，右心室拡大が示唆される．(a) I 誘導，(b) II 誘導，(c) III 誘導，(d) aVF，(e) aVL，(f) aVR（25mm/s，10mm/mV）．Downs Referrals, Bristol の許可を得て掲載．

心筋疾患
ヒス束の狭窄
薬剤（例）
- α₂作動薬
- アトロピン
- β遮断薬
- カルシウムチャンネル遮断薬
- 強心配糖体

完全房室ブロック（第3度房室ブロック）
特発性
細菌性心内膜炎
先天性心疾患（例）
- 大動脈弁狭窄
- 心室中隔欠損

高カリウム血症
先天性房室ブロック
浸潤性病変を含む心筋疾患
心筋梗塞
心筋炎
重度の薬物中毒（例）
- β遮断薬
- カルシウムチャンネル遮断薬
- 強心配糖体

参考文献

Atkins, C. E., et al. (1990) Efficacy of digoxin for treatment of cats with dilated cardiomyopathy. *JAVMA*, 196:1463-9.
Atkins, C. E., et al. (1994) ECG of the Month. *JAVMA*, 205:983-4.
Wright, K. N., et al. (1996) Supraventricular tachycardia in four young dogs. *JAVMA*, 208:75-80.

5.1.4　S-T部分の変化

S-T部分の低下／スラー
急性心筋梗塞
心臓外傷
ジギタリス中毒
電解質不均衡 * (q.v.)
心筋虚血

S-T部分の上昇
心筋低酸素症
心筋梗塞
心筋腫瘍
心膜炎

QRSの異常後に生じたS-T部分の二次的変化
脚ブロック
心室肥大
心室期外収縮 *

S-T部分の偽性低下（顕著な心房再分極波）
病的な心房の変化
頻脈（q.v.）

参考文献

Krotje, L. J., et al. (1990) Intracardiac rhabdomyosarcoma in a dog. *JAVMA*, 197:368-71.

5.1.5　Q-T間隔の変化

Q-T間隔の延長
　中枢神経系疾患（q.v.）
　運動＊
　低カルシウム血症（q.v.）
　低カリウム血症＊（q.v.）
　低体温症＊（q.v.）
　薬剤/毒素
　　・アミオダロン
　　・エチレングリコール
　　・キニジン
　　・ダニ毒
　　・三環系抗うつ剤

Q-T間隔の短縮
　高カルシウム血症（q.v.）
　高カリウム血症（q.v.）
　薬剤/毒素
　　・強心配糖体

参考文献

Campbell, F. E. & Atwell, R. B. (2002) Long QT syndrome in dogs with tick toxicity *(Ixodes holocyclus)*. *Aust Vet J,* 80:611-16.

5.1.6　T波の変化

高いT波
　麻酔の合併症
　徐脈（q.v.）
　心不全＊
　高カリウム血症（q.v.）
　熱射病時の過換気
　左脚ブロック
　心筋低酸素症
　心筋梗塞
　右脚ブロック

小さいT波
　低カリウム血症＊（q.v.）

T波の交代
　低カルシウム血症（q.v.）
　循環カテコラミンの増加
　交感神経の緊張亢進

5.1.7　基線の変化

　心房細動
　心房粗動

体動によるアーチファクト *
心室細動
心室粗動

参考文献
Good, L., et al. (2002) ECG of the Month. *JAVMA*, 221:1108-11.
Manohar, M. & Smetzer, D. L. (1992) Atrial fibrillation. *Compend Contin Educ Pract Vet*, 14:1327-33.

5.1.8 調律の変化

心房細動
 麻酔
 胃腸管疾患 *
 甲状腺機能低下症 *（犬）
 原発性／"孤立性"
 急速で大量の心膜穿刺
 重度の心房拡大（例）
  ・拡張型心筋症 *
  ・僧帽弁逆流
  ・動脈管開存症
 過剰な容量負荷

心房粗動
 心筋症
 医原性
  ・心臓カテーテル
 重度の心房拡大（例）
  ・拡張型心筋症 *
  ・僧帽弁逆流
  ・動脈管開存症
 薬剤
  ・キニジン

房室ブロック（q.v.）

副収縮
 心房性
 心室性

持続性心房停止
 アーチファクト
 心房の病変
 高カリウム血症

洞ブロック／停止
 心房疾患（例）
  ・心筋症 *
  ・拡張 *
  ・線維化
  ・肥大
  ・壊死
 電解質不均衡 *（q.v.）
 迷走神経の緊張亢進
  ・慢性呼吸器疾患 *
  ・胃腸管疾患 *

洞不全症候群
ヒス束の狭窄
薬剤（例）
・β遮断薬
・カルシウムチャンネル遮断薬
・ジギタリス配糖体

上室期外収縮／上室頻拍（洞性，心房性，接合部性頻拍）
　正常のことがある
形態的な心疾患（例）
　心房拡大＊
　心筋疾患
全身性（例）
　甲状腺機能亢進症＊（猫）
　炎症性＊
　腫瘍＊
　敗血症＊
　薬剤（例）
　　・ジゴキシン
　　・全身麻酔

心室期外収縮／心室頻拍
図 5.1(g～i)
心疾患
　うっ血性心不全＊
　心内膜炎（例）
　　・細菌性
　遺伝性（例）
　　・ジャーマン・シェパード
　心筋梗塞
　心筋炎（例）
　　・特発性
　　・外傷
　　・ウイルス性
　腫瘍
　心膜炎
心臓以外の疾患
　貧血＊（q.v.）
　自律神経失調症＊
　凝固障害（q.v.）
　播種性血管内凝固

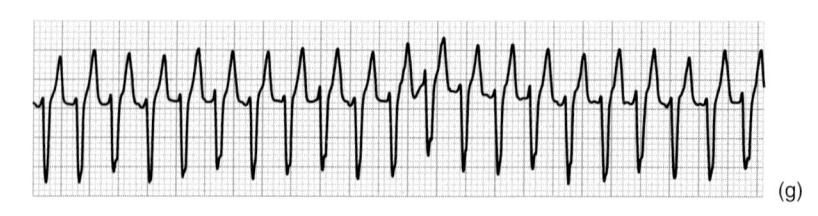

図 5.1(g)　心室頻拍を示す犬の心電図（Ⅱ誘導，25mm/s，5mm/mV）．Downs Referrals, Bristol の許可を得て掲載．

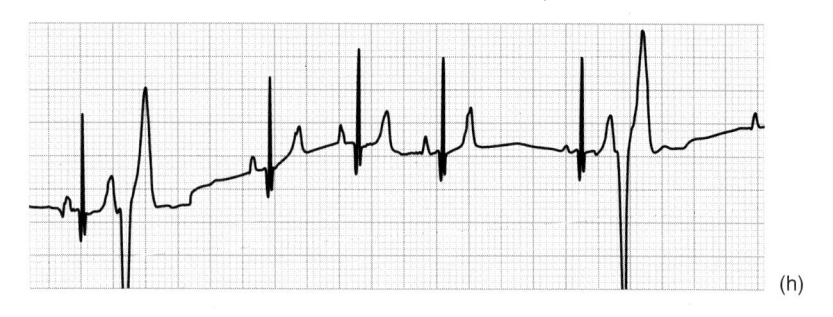

図 5.1(h)　間欠的な心室期外収縮が認められる心電図（Ⅱ誘導，25mm/s，5mm/mV）．Downs Referrals, Bristol の許可を得て掲載．

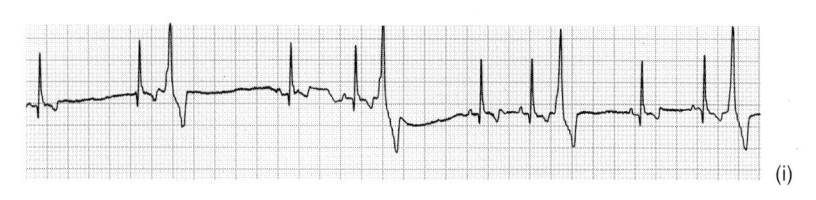

図 5.1(i)　心室性三段脈を示している不整脈原性右室心筋症のボクサーの心電図（Ⅱ誘導，25mm/s，5mm/mV）．Downs Referrals, Bristol の許可を得て掲載．

内分泌疾患 *
胃拡張／捻転 *
低酸素症
栄養欠乏症
膵炎 *
敗血症 *
尿毒症 *（q.v.）
薬剤／毒素
・アトロピン
・キシラジン
・抗不整脈薬（例）
　○アミオダロン
　○ジゴキシン
　○ソタロール
　○リグノカイン
・三環系抗うつ剤
・臭化グリコピロニウム
・臭化プロパンセリン
・テオブロミン
・ドパミン
・ドブタミン
・ハロタン
・ビタミンD殺鼠剤
心室粗動／細動

心室不全収縮
　電解質／酸塩基異常
　重度の洞房ブロック
　末期の全身性疾患
　第3度房室ブロック

参考文献
Good, L., et al. (2002) ECG of the Month. *JAVMA*, 221:1108-11.
Grubb, T. & Muir, W. W. (1999) Supraventricular tachycardias in dogs and cats *Compend Contin Educ Pract Vet*, 21:843-56.
Manohar, M. & Smetzer, D. L. (1992) Atrial fibrillation. *Compend Contin Educ Pract Vet*, 14:1327-33.
Moise, N. S. (1997) Diagnosis of inherited ventricular tachycardia in German shepherd dogs. *JAVMA*, 210:403-10.

5.1.9　心拍数の変化

頻脈
上室頻拍
　心房細動
　心房粗動
　異所性心房頻拍
　接合部頻拍
　　・自動性接合部頻拍
　　・房室結節リエントリー性頻拍
　　・副伝導路介在性マクロリエントリー性頻拍
　洞結節リエントリー性頻拍
　心室早期興奮／ウォルフ・パーキンソン・ホワイト症候群
　心室頻拍（q.v.）
洞頻脈
　生理的
　　・興奮 *
　　・運動 *
　　・恐怖 *
　　・疼痛 *
　病的
　　・心不全 *
　　・呼吸器疾患 *
　　・ショック *
　　・全身性
　　　○貧血 *（q.v.）
　　　○発熱 *（q.v.）
　　　○甲状腺機能亢進症 *（猫）
　　　○低酸素症
　　　○敗血症 *
　薬剤／毒素
　　・イブプロフェン
　　・エチレングリコール
　　・クサリヘビ毒
　　・グリフォスフェート
　　・三環系抗うつ剤

- 精製鉱油
- 選択的セロトニン再取り込み阻害剤
- ソルブタモール
- 大麻
- テオブロミン
- テルフェナジン
- バクロフェン
- パラコート
- パラセタモール
- ビタミン D 殺鼠剤
- ピレスリン / ピレスロイド
- フェノキシ酸除草剤
- メタアルデヒド
- 藍藻

徐脈
- 心房静止
  - 房室筋症
  - 拡張型心筋症 *
  - 高カリウム血症（q.v.）
- 心ブロック（q.v.）
- 洞不全症候群
- 洞停止

洞性徐脈
- 競技犬，安静 / 睡眠中では正常
- 心疾患
  - 末期心不全 *
  - 猫の拡張型心筋症（猫）
- 低血糖症（q.v.）
- 甲状腺機能低下症 *
- 迷走神経の緊張亢進（例）
  - 胃腸管疾患 *（q.v.）
  - 呼吸器疾患 *（q.v.）
- 神経学的疾患（例）
  - 昏睡
- 重度の全身性疾患 *
- 薬剤 / 毒素
  - イチイ
  - イベルメクチン
  - カーバメート
  - クサリヘビ毒
  - グリフォスフェート
  - 抗不整脈薬
    - カルシウムチャンネル遮断薬
    - ジゴキシン
    - β 遮断薬
  - スイセン
  - 大麻
  - ツツジ
  - テオブロミン
  - バクロフェン

- パラコート
- ビタミン D 殺鼠剤
- フェノキシ酸除草剤
- 有機リン酸
- ロペラミド

参考文献
Ct, E. (2002) Arrhythmias. *Proceedings, Tufts Animal Expo*, 2002.
Gavaghan, B. J., et al. (1999) Persistent atrial standstill in a cat. *Aust Vet J*, 77:574-9.
Little, C. J. (2005) Hypoglycaemic bradycardia and circulatory collapse in a dog and a cat. *JSAP*, 46:445-8.

5.2 筋電図所見

自発性活動
　正常な終板ノイズ
　電極刺入アーチファクト
　線維自発電位
　　- 脱神経
　ミオトニー電位（急降下爆撃音）
　　- ミオトニー（筋緊張症）
　偽性ミオトニー電位
　　- 多発性筋炎
　　- 原発性筋症
　　- ステロイド筋症

誘発性活動
筋活動電位の減少
　接合部異常
　　- ボツリヌス症
　　- ダニ麻痺
　神経症
　原発性筋症
筋活動電位の増加
　高齢動物
　慢性神経症
反復刺激後の減衰減少
　重症筋無力症
　再神経支配

参考文献
Blot, S. (2003) Clinical and genetic traits of hereditary canine myopathies. *Proceedings, ACVIM*, 2003.
Hickford, F. H., et al. (1998) Congenital myotonia in related kittens. *JSAP*, 39:281-5.

5.3 神経伝導速度所見

速度の増加
　四肢近位部
速度の減少
　脱髄性神経症
　四肢遠位部

隣接組織の低体温 *
蛋白質欠乏
非常に高齢 / 幼齢の動物 *

参考文献

Harkin, K. R., et al. (2005) Sensory and motor neuropathy in a Border Collie. *JAVMA*, 227:1263-5.

5.4 脳波検査所見

高振幅徐波
 脳浮腫
 慢性炎症
 肝性脳症 *
 水頭症
 低カルシウム血症（q.v.）
 特発性てんかん
 鉛中毒
 占拠性病変
 外傷 *

低振幅速波
 急性炎症（例）
  ・細菌性脳炎
  ・犬ジステンパーウイルス *（犬）

低振幅徐波
 虚血性脳症

参考文献

Jaggy, A. & Bernardini, M. (1998) Idiopathic epilepsy in 125 dogs: a long term study. Clinical and electroencephalographic findings. *JSAP*, 39:23-9.

Klemm, W. R. & Hall, C. L. (1974) Current status and trends in veterinary electroencephalography. *JAVMA*, 164:529-32.

PART 6
診断検査

　鑑別診断リストを作成したら，確定診断を下すために通常は追加検査が必要となる．以下に，一般的な診断検査の概要をその適応および解釈の指針を併せて説明する．しかし，多くの診断検査は動物にとってある程度のリスクを伴い，一部の検査から得られる診断的情報量は，臨床家の能力と経験によって変動する．そのため，ある検査手技の経験がない臨床家は，講習を受けたり死体で実習するなど，経験豊富な同僚からトレーニングを受けて経験を積むことをお勧めする．以下に述べる検査のうち，患者に特に重大なリスクを伴うものは次の通りである．
- 気管支肺胞洗浄
- 脳脊髄液（CSF）穿刺
- 脊髄造影
- 心膜穿刺
- 腹膜洗浄
- 胸腔穿刺
- 超音波ガイド下バイオプシー

6.1　細針吸引（FNA）

適応
　アクセス可能なマスまたは臓器の細胞診

器具
　5mlまたは10mlのシリンジ
　目的部位の到達に適した長さの21〜25ゲージ針
　スライドガラス数枚
　サージカルスクラブ

テクニック
保定
　体表の病変では通常，鎮静は必要ない．腎臓や肝臓のバイオプシーのように，さらに深部の場合は動物の不動化が不可欠なため，鎮静または全身麻酔が勧められる．

特に事前に注意すること
　腎臓や肝臓のように血管が豊富な臓器を吸引する場合，事前に凝固プロファイルを実施することが推奨される．より深部の病変では，必ず重要な構造や血管を穿孔しないよう，そして確実に関心領域からサンプリングできるよう，可能な限り超音波ガイドを利用すべきである．超音波ガイド下での針吸引の詳細は，超音波学の専門書を参照頂きたい．

手技
　関心領域上の皮膚を剃毛し，無菌的に準備する．体表の病変は可能であれば指でその位置に固定する．シリンジを抜気し，適切な針を装着する．素早くマスに針を刺入する．次に3〜5mlの真空圧をかけてシリンジのプランジャーを引く．真空圧をかけている間は針を動かしてはならない．体表または血管がないマスであれば，針を一部だけ抜いて（針の先端はまだ皮膚の下にあり，真空状態が維持されていることを確認する），病変内で方向を数回変えて吸引するとよい．血管が存在する臓器の場合は針を刺入し，それと同じ経路で針を抜く．そして，プランジャーを0mlまで進めて真空を解除し，マスから針を引き抜く．
　針を外し，再びプランジャーを引いてシリンジに3mlの空気を入れる．針を装着し，その先をスラ

イドガラスに斜めに向けて，プランジャーを強く押してシリンジの空気を排出する．サンプルは血液塗抹作成法（q.v.）または pull-apart 法で直ちに標本を作成する．pull-apart 法では，スライドガラスに排出された吸引物の真上に清潔なスライドガラスを直角に載せる．次に，これらのスライドガラスを水平に静かに引きながら離す．スライドガラスは直ちに風乾する．

リスク
この手技によるリスクは，感染またはマスの播種および出血である．

解釈
標本は適切な細胞診テキストを参照しながら顕微鏡で調べるか，細胞診専門医に提出する．

6.2　気管支肺胞洗浄

適応
慢性下部呼吸器疾患の診断

器具
内視鏡
滅菌された気管支肺胞洗浄用または適切なカテーテル
滅菌生理食塩水
シリンジ
滅菌収集容器

テクニック

保定
動物は麻酔する．

特に事前に注意すること
手技の実施中は適切にモニタリングして患者の酸素化状態に十分注意し，酸素飽和（濃度）の急激な悪化が疑われたら，手技をいったん停止または中止すべきである．バイオプシーポートから酸素流を供給すると，酸素飽和の維持に役立つことがある．

手技
内視鏡を気管内に挿入する．系統的な手順で気道内の病変，マスおよび異物について調べ，粘膜充血や粘液の程度も評価する．

気道を調べ終わったら，内視鏡を細気管支内まで関心領域へと推し進める．次に滅菌カテーテルを挿入し，気道内へ押し出されるまで進めていく．気道を貫通し気胸の原因となる可能性があるため，カテーテルは盲目的に深く進め過ぎないよう注意すべきである．0.5ml/kg の生理食塩水をカテーテルからフラッシュしたら，続けて 3ml の空気を注入してチューブを空にする．動物の胸部にしっかりとクーページを行い，それから液体を吸引する．通常は注入した生理食塩水の 20 ～ 30％だけが回収される．びまん性の疾患が疑われる場合，肺の様々な領域で同じ手技を 2 ～ 3 回繰り返すべきである．

液体を滅菌容器に保存する．サンプルを遠心分離し，一般には pull-apart 法（6.1 参照）で沈渣の直接塗抹を作成するが，それは沈渣の粘性が非常に強いことが多いためである．

リスク
リスクには医原性気胸および，内視鏡，洗浄液，あるいは疾病自体の存在による低酸素症が含まれる．

解釈
標本は適切な細胞診テキストを参照しながら顕微鏡で調べるか，細胞診専門医に提出する．

6.3　消化器（GI）内視鏡バイオプシー

適応
慢性嘔吐または下痢の精査

器具
適切な太さと長さの軟性内視鏡
内視鏡バイオプシー鉗子
10％緩衝ホルマリンを入れた容器

テクニック
事前の準備
　24時間絶食する．結腸鏡検査では，手技前に結腸の準備を十分にしておくことが不可欠である．このためには24時間絶食し，ヒト用経口腸洗浄液を手技の18時間前に投与する．実施日の朝に，温湯浣腸を2回行うべきである．

保定
　動物は麻酔する．

上部消化管
注意：この手技に関するより詳細な情報については，内視鏡の専門書を精読されることをお勧めする．

　動物は左側横臥位にする．内視鏡を破損しないように，口に歯科用開口器を装着してから胃へと進める．空気で胃を軽く拡張させたら，内視鏡をさらに幽門に推し進め，そこから十二指腸へ挿入する．内視鏡はできる限り小腸遠位へと進めるべきである．

　識別できる病変からは全てバイオプシーを実施する．限局性病変が見つからなければ，複数の粘膜をバイオプシーする．内視鏡バイオプシー鉗子はバイオプシーチャンネルから挿入する．バイオプシーチャンネルを出たら鉗子をすぐに開いて粘膜面へと推し進める．鉗子が表面に対して直角になるようスコープの角度を変えながら行う．鉗子を優しく粘膜に押しつけながら閉じる．一気に引き抜くような動作で鉗子を引き，小さい粘膜片を剥離させたらバイオプシーチャンネルから取り出す．

　バイオプシーサンプルを移すにはいくつかの方法がある．著者が好んで行うのは，サンプルを針でそっと持ち上げて容器に運ぶ方法だが，この方法ではサンプル損傷のアーティファクトを生じる可能性がある．他には，ホルマリンに浸したまま鉗子を開いてサンプルを直接落下させる方法が好まれる場合もある．しかし，この場合は鉗子を再び使用する前に完全に洗い流し，胃腸管に医原性の化学的損傷を与えないようにする必要がある．

　小腸から複数のサンプルを採取したら内視鏡を胃まで引き戻し，胃を再び空気で拡張させる．病変，マスまたは異物の有無を胃の全域について慎重に調べる．病変部からバイオプシーを採取するか，病変が見られない場合，上述したように胃の様々な領域から数か所の胃粘膜を採取する．

結腸鏡
　結腸鏡検査の実施中も上述のようにバイオプシーを採取できる．

リスク
　リスクは全身麻酔，胃腸管の穿孔，口腔洗浄用製剤の誤嚥に関連したものである．

解釈
　サンプルの組織病理検査は，消化管サンプルの検査に精通している病理診断に提出すべきである．

6.4　心電図（ECG）（図6.4参照）

適応
　聴診による不整脈の検出
　失神／虚脱
　先天性心疾患の評価
　一般的な心臓検査によるデータベースの一部として

器具
　心電図計
　消毒用アルコールまたはカップリングゲル

テクニック
　動物は右側横臥位にする．次の方法で動物に誘導を装着する．赤色の電極は右側の肘，黄色の電極は左側の肘，緑色の電極は左側の膝，黒色の電極は右側の膝．アルコールまたはカップリングゲルを各クリップに塗る．鰐口クリップの装着を嫌がる動物には，ECGパッドを使用してもよい．鰐口クリップで皮膚近くの被毛を挟み，カップリング剤を十分に塗布することでも診断に役立つECGが得られることがある．

　電気的カップリング剤は短い回路を産生するほど多く使い過ぎないようにし，また誘導クリップが互いに接触しないように注意すべきである．標準的には，Ⅰ，Ⅱ，Ⅲ，aVR，aVLおよびaVF誘導では

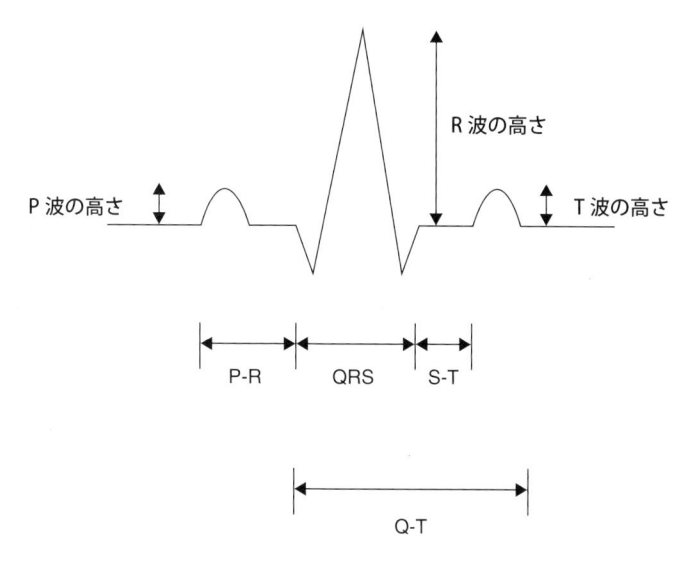

図 6.4 正常な P-QRS-T 波の測定

25mm/秒で10秒および10mm/mV，そしてⅡ誘導では50mm/秒で30秒とすべきである．
解釈
　臨床家は系統的手順でECGを解析すべきである．心拍数を計算する．調律が規則的か不規則かを確認するため波形パターンを調べる．波形は上室性（狭く高い）または心室性（幅広く変形）のように，その由来を確認するために調べる．波形の大きさと間隔も測定すべきである．平均電気軸も算出できる．ECG記録項目のサンプルが付録Dの心臓記録チャートに記載されている．

6.5　磁気共鳴画像（MRI）

6.5.1　脳

適応
　頭蓋内病変が疑われる場合
撮影の設定
　0.3mmのギャップで2.5〜3mmスライス
　横断面と矢状断面で反復して実施する
撮影像
　T1W（T1強調画像）
　T2W（T2強調画像）
　フレア撮影法
　ガドリニウム造影T1画像

6.5.2　脊　髄

適応
　脊髄病変が疑われる場合
撮影の設定
　関心領域の位置を決めるため神経学的検査を実施する
　0.2〜0.3mmのギャップで2.0〜3mmスライス

横断面と矢状断面で反復して実施する
撮影像：
　T1 強調画像
　T2 強調画像
　ガドリニウム造影 T1 画像

6.5.3　鼻　腔

適応
　鼻腔疾患が疑われる場合（例）
　　　・マス
　　　・異物
撮影の設定
　0.3mm のギャップで 2.5 ～ 3.0mm スライス
　横断面と矢状断面で反復して実施する
撮影像
　T1 強調画像
　T2 強調画像
　ガドリニウム造影 T1 画像

6.6　超音波ガイド下バイオプシー

適応
　深部の臓器またはマスの組織学検査
機器
　超音波装置
　ツルーカットニードル
　10％緩衝ホルマリンを入れた容器
　メス刃
　サージカルスクラブ
テクニック
事前の準備
　血液学検査，血小板数，部分スロンボプラスチン時間（PTT），プロトロンビン時間（PT）および頬粘膜出血時間（BMBT）を含む血液凝固プロファイルを実施する．
保定
　動物は鎮静または麻酔する．
手技
　バイオプシーする部位を超音波検査で確認し，剃毛して外科的に準備をする．トランスデューサーで強く圧迫して，腸管ループのような表層の臓器を押しやり，バイオプシーする領域が表面に来るようにする．臨床家は，予定している針の経路が大血管やその他の重要臓器を損傷しないよう確認する必要がある．
　バイオプシーニードルはプローブに対して斜めの角度だが，プローブが描出している画像内に入るように挿入することで，超音波画像で視覚化できるようにする．バイオプシーする領域まで針を進めたら，引き金を引いてバイオプシーニードルを取り出す．次にそれを開き，メス刃でサンプルを静かにホルマリン液の中に落下させる．採取した領域は超音波で再検査し，大量の出血が生じていないことを確認すべきである．腎臓や肝臓のような血管が豊富な臓器では，自己限定性で少量の出血が予測されることがある．
リスク
　リスクには，出血，腫瘍または感染の播種，あるいは臓器破裂がある．この手技に関するさらに詳細な情報は，超音波画像の専門書を参照することをお勧めする．

解釈
サンプルは組織病理検査に提出する.

6.7 脳脊髄液（CSF）採取

適応
中枢神経系疾患が疑われる場合
- 感染
- 炎症

器具
20～22ゲージ脊髄針
サージカルスクラブ
滅菌採取容器

テクニック
この手技には2名の助手が必要になる.

特に事前に注意すること
理想的には，脳の磁気共鳴画像検査（MRI）をCSF採取前に実施し，穿刺によって致死的な小脳ヘルニアを引き起こし得る頭蓋内圧上昇の存在を除外するべきである．頭蓋内圧の上昇は，このような脳の画像診断が実施できなくても，意識状態の低下，頭部押しつけ，瞳孔不同症または乳頭浮腫から臨床的に疑うことも可能である．

保定
動物は麻酔する．

手技
術者が右利きの場合は動物を右側横臥位にする．環椎後頭骨領域を剃毛し，外科的に準備する．助手は動物の頭部を持ち，気管内チューブが曲がらないよう注意しながら，鼻平面を首に対して直角，検査台とは平行にする．

術者は後頭骨稜と環椎翼を触診する．無菌的状態で，針を環椎翼の頭側縁の位置で背側正中線上の皮膚から挿入する．皮膚を貫通したら針のスタイレットを取り除く．脳脊髄液がハブに流入してくるのが見えるまで針をゆっくりと進める．くも膜下腔に入る際に，プチンと弾ける感覚が得られることがある．骨に当たったら針を抜き，角度を変えて再度挿入し直すべきである．針を皮膚から抜いたら，再び刺入する前にスタイレットの位置を戻すべきである．

脳脊髄液が採取できたら，2人目の助手は針や術者に触れないよう注意しながら収集容器を針のハブの下で持ち，液体を容器の中に滴下させる．体重5kg当たり1mlのCSFを安全に採取できる．

サンプルの取扱い
脳脊髄液中の細胞は一般に数が少なく脆弱である．通常の速度による遠心分離では細胞が壊れる可能性がある．CSFの細胞診には様々な手技が記述されている．1つは，サンプルを2つに分ける方法が推奨されている．1つは通常の試験管に移し，もう1つはホルマリンを1滴入れた試験管に入れる．この代わりに，スライドガラス上でシリンジの外筒を真っ直ぐに保ち，それをブルドッグ鉗子で固定し，ワセリンまたはロウで密封した沈渣用チャンバーを使って標本を院内で作成してもよい．液体または上清液を残しておき，細菌学的検査，ウイルス抗体価およびPCR検査に使用する．

リスク
リスクは医原性の脊髄損傷と小脳ヘルニアである．

解釈
サンプルは細胞診専門医に提出して調べてもらう．

6.8 骨髄吸引

適応
血液学的疾患（例）
- 説明のつかない血球減少症

- 血小板増加症
- 白血球増化症
- 多血症

高カルシウム血症
高ガンマグロブリン血症
多病巣性の骨融解病変
原因不明の発熱

器具
ジャムシディバイオプシーニードル（大型犬では12ゲージ，小型犬と猫には14ゲージ）
サージカルスクラブ
10ml シリンジ
局所麻酔薬
メスの柄とメス刃

テクニック
保定
動物は鎮静または麻酔する．

手技
吸引およびバイオプシーを行う部位は，腸骨翼，上腕骨近位または大腿骨大転子である．
　選択した部位は剃毛し無菌的に準備する．皮膚と骨膜に局所麻酔薬を浸潤させる．針の刺入部位の皮膚に小さい穿刺切開を加え，ジャムシディバイオプシーニードルを力強く回転させながら骨髄腔へと推し進める．ニードルが骨髄腔内に入ったら，直ちにスタイレットを抜いてシリンジを接続する．シリンジプランジャーを数回力強く引いて骨髄を吸引する．次に針とシリンジを素早く外し，骨髄液をスライドガラスの上に噴き出させる．

標本作成
　細胞診用の骨髄吸引標本を作成する方法にはいくつかあるが，どの場合でも迅速に作成して直ちに風乾することが最も重要である．そうしないと，サンプルはすぐに凝固し，乾燥に時間がかかるとアーチファクトの原因になるためである．推奨されるテクニックは，血液塗抹法（q.v.）と pull-away 法（q.v.）である．他には，吸引したサンプルを1滴，垂直に置いたスライドガラスに載せ，液体が下方に流れてから押圧標本を作成する方法がある．十分な量の吸引サンプルを採取できれば，以上の作成法を併用するのが望ましい．

解釈
　風乾後，標本は染色と検査のため細胞診専門に送付する．

6.9　胸腔，心膜，膀胱，および腹腔穿刺術

6.9.1　胸腔穿刺

適応
胸水または気胸が存在するまたは疑われる場合
- 診断
- 治療

器具
22～24ゲージ翼状針
20ml シリンジ
3方活栓
滅菌収集容器
サージカルスクラブ

テクニック
特に事前に注意すること
呼吸困難の動物は，ストレスの多い取扱いや手技を行う前に，必ず5分間の酸素療法で安定させる．

保定
　鎮静および/または麻酔は，それが必要で安全に実施できるのであれば行う．
手技
　動物は腹臥位にし，可能であれば第5～第11肋間の胸部を剃毛し外科的に準備する．
　翼状針，3方活栓およびシリンジを接続する．胸水が疑われる場合，針を胸壁の低い位置で第8肋骨の頭側から刺入する．気胸が考えられる場合，胸壁の約1/3の下側で第9肋骨の頭側に針を刺入する．針が胸膜を穿刺したら，速やかに空気または液体が吸引されるように，助手がシリンジに陰圧をかけておく．液体サンプルは細胞診と培養のため滅菌容器に採取すべきである．
リスク
　このテクニックは医原性の肺裂傷というリスクを伴うため，胸水または気胸の存在を確認できたら，通常は大量の液体または空気を抜去するには胸腔ドレーンを留置する方が安全である．
解釈
　細胞診および細菌学的検査は腫瘍性，感染性，心臓性および胸水のその他の原因を鑑別するのに有用である（q.v.）．

6.9.2　心膜穿刺

適応
　心膜液の除去
　　・診断
　　・治療
器具
　胸腔ドレーン
　心膜穿刺カテーテルまたは14～16ゲージ静脈内カテーテル
　20mlシリンジ
　3方活栓
　滅菌収集容器
　アドレナリンを含まないリグノカイン
テクニック
特に事前に注意すること
　ECGモニタを接続し，必要であれば酸素供給も行う．
保定
　必要に応じて，アセプロマジンとペンジンなどで鎮静を施す．
手技
　胸部の両側を剃毛し外科的に準備する．動物を左横臥位にする．胸壁の下側約2/3の位置で，第5肋間腔に1％リグノカインを浸潤する．滅菌状態を保ちつつ，3方活栓および30mlシリンジを胸腔ドレーンまたは心膜穿刺カテーテルのシリンジアダプター先端に接続する．施術前に皮膚を横に牽引しておくと，手技が終了した後に刺入創を覆うシールとして役立つことがある．
　局所麻酔した部位に，皮膚から肋間筋の一部にかけて穿刺切開を加える．術者がカテーテルを胸壁に通している間，助手は陰圧を維持する．初めに回収されるのは胸水のことがある．胸水はこの時点で抜去できるが，動物が心原性ショック/タンポナーデを起こしている場合は，そのまま心膜水の除去に進むことが好ましく，胸水は心膜穿刺後に吸引する．
　針を心膜が感じられるまで心膜に対して垂直に進めていく．これは，抵抗の増加として感じられるか，針の先端が心膜に接触することでしばしば引っ掻くような感触を得られることがある．心膜腔に針を進める．この場合には超音波ガイドが役立つが，緊急事態では盲目的施術も適切である．
　ECGをモニタする．針が心筋に触れると心室早期拍動(VPC)またはST分節の変化が一般的に起こり，もしこれが生じたら針を引くべきである．時には，リグノカインによる心室性不整脈の治療が必要になることがある．
　液体を吸引する．良性の心膜液は通常，ポートワイン色である．針をさらに5mm進め，次にシースを心膜腔内に進める．吸引を続ける．いったん中止し，この時点で吸引した液体が凝固しているかどう

かを評価することで，心臓を不注意に穿刺していないかを確認するのに役立つ．疑わしい症例では，液体の充填赤血球量を血液と比較することも有用である．液体が回収できなくなるまで吸引を続ける．カテーテルを抜く．

初めに胸水を抜去していなければ，このときに行う．皮膚の切開創を縫合する．液体の量，色および濃度を記録する．PCV を測定し，腫瘍の評価は細胞診専門に依頼する．

リスク
リスクには心臓穿刺と不整脈の発生が含まれる．

解釈
細胞診と培養は液体の原因評価に役立つ．しかし，多くの腫瘍は剥離性ではないため，細胞診では偽陰性という結果になることがある．過去には，腫瘍性と特発性滲出液の鑑別に pH が役立つと提唱されていたが，この検査は診断的有用性という点であまりにも非特異的である．液体を穿刺する前の心エコー検査は，心膜腫瘍の診断に最適な非侵襲的な手法であるが，将来的には心臓の MRI がさらに広く利用可能になると考えられる．小動物では心膜の感染症はまれである．

6.9.3　膀胱穿刺

適応
尿路感染症が疑われる場合の採尿
尿検査のための採尿
・尿試験紙
・尿比重
・沈渣の評価
・細胞診

器具
21 〜 23 ゲージ針
10ml シリンジ
滅菌収集容器

テクニック
保定
通常，気難しい動物以外では鎮静は必要ない．

手技
動物は横臥位または背側臥位にする．後腹部を剃毛し外科的に準備する．膀胱を触診し，指でその位置に固定する．膀胱を触知できなければ，超音波ガイドを使用すべきである．

シリンジに接続した針を，尾側に約 45 度の角度で，ぶれないよう滑らかな動きで膀胱内に進める．穿刺部位は三角領域の 3 〜 5cm 頭側にすべきである．膀胱尖部を穿刺部位として使用すると，膀胱が収縮した時に針が膀胱腔から抜け出る．

リスク
膀胱穿刺は，膀胱の触診と固定が容易に行え，動物に凝固障害がなければ一般には安全な方法である．

解釈
無菌的な配慮のもとで行われている限り，膀胱穿刺尿での病原微生物の成長は尿路感染症を示唆している．カテーテル採尿や自然排尿による採取では，皮膚，生殖器，胃腸管および環境から混入することがあるため，必ずしもことのことが当てはまるわけではない．

6.9.4　腹腔穿刺 / 診断的腹膜洗浄

適応
遊離腹水の評価
腹膜炎が疑われる場合の診断

器具
メス刃

胸腔ドレーンまたは腹膜透析カテーテル
　　温かい滅菌等張生理食塩水
　　10mlまたは20mlシリンジ
　　サージカルスクラブ

テクニック
　　腹部腹側を剃毛し，外科的に準備する．大量の腹水が疑われるか，超音波検査で診断されている場合，腹腔穿刺単独でも診断検査として十分である．ごく少量の腹水または局所的な腹膜炎が疑われる場合，診断的腹腔洗浄が好ましい．

腹腔穿刺
　　腹腔穿刺では，1.5インチの21～23ゲージ針を10～20mlシリンジに接続し，臍のすぐ右側の腹側腹部から刺入して液体を吸引する．腹水が存在している，もしくはその存在が強く疑われるにもかかわらず全く液体が抜けない場合，針が大網に捕捉されている可能性があるため，針を別の部位に入れ直すと吸引できることがある．数か所から穿刺しても何も吸引されなければ，最終的には超音波画像で液体の存在を確定すべきである．存在するのであれば，超音波ガイドを利用して液体サンプルを採取する．

診断的腹膜洗浄
　　診断的腹膜洗浄では，カテーテル設置部位に局所麻酔薬を浸潤させ，症例によっては鎮静が必要なこともある．
　　メス刃で皮膚を穿刺切開し，カテーテル／胸腔ドレーンを腹腔内に挿入する．スタイレットを外し，シリンジを接続する．大量の液体を吸引できるのであれば，おそらく洗浄は必要ない．吸引できなければ，20ml/kgの加温した等張生理食塩水を静脈輸液セットでカテーテルに連結し，重力による流れを利用するか，生理食塩水バッグに圧をかけて腹腔内に注入する．動物を優しく回転させ，腹部を指で軽く叩く．その後，できるだけ多くの液体を吸引し，滅菌収集容器で保存する．

リスク
　　リスクは最小限だが，出血や不注意な臓器の穿孔があげられる．

解釈
　　洗浄液のPCVが5％を超えている場合，それは重大な出血を意味する．混濁は腹膜炎を示唆する．クレアチニンの増加は尿路破裂および尿腹症を示唆することがある．ビリルビンの増加は胆管破裂および胆汁性腹膜炎を示している可能性がある．アミラーゼの増加は膵炎を表していることがある．
　　サンプルは細菌学的検査および細胞診にも提出すべきである．

6.10　血圧測定

6.10.1　中心静脈圧

適応
　　輸液療法のモニタ
　　　・大量に使用している（例：ショック）
　　　・尿産生量の低下（例：急性乏尿または無尿性腎不全）
　　重症患者，そして麻酔リスクが非常に高い患者のモニタ
　　心不全の動物のモニタ

器具
　　16～18ゲージ頚静脈カテーテル
　　3方活栓
　　1m定規
　　静脈輸滴セット
　　静脈輸液延長チューブ
　　500ml生理食塩水

テクニック
　　動物は横臥位にする．頚静脈上の皮膚を剃毛し外科的に準備する．
　　厳密な無菌操作を維持しながら頚静脈カテーテルを留置し，おおまかな右心房の位置である第3肋

間腔まで進める．カテーテルのハブが耳の基部にくるよう，カテーテルを縫合またはテープでその位置に固定する．3方活栓をカテーテルに接続し，輸液バッグと連結した輸液セットを3方活栓のポートに連結し，まず全ての空気がチューブの外にフラッシュされていることを確認する．

延長チューブを3方活栓の残りのポートに接続し，ポールに垂直にテープで留め，上端を開放させてマノメーターを作成する．その隣に定規を置き，胸腔入口で気管の中間点に0のマークを付ける．3方活栓のストップコックを回してマノメーターと生理食塩水バッグを連結し，生理食塩水が15cmの高さでマノメーターに流入するようにする．次にストップコックを回してマノメーターと頸静脈カテーテルを連結する．そうすることで，マノメーター内の液体が中心静脈圧を示す位置まで落下し，cmH_2Oの単位で測定できる．

頸静脈カテーテルは固定したままにしておき，輸液や中心静脈投与が勧められる薬剤の投与に利用できる．ヘパリン加生理食塩水で定期的にフラッシュし開通性を維持する．

リスク
リスクは最小限である．

解釈
中心静脈圧が $10cmH_2O$ を超えているのは異常な上昇である（例：輸液の過剰投与）．うっ血性心不全では測定値が $15cmH_2O$ を超えることがある．

6.10.2 ドプラ法による間接血圧測定法

適応
関連疾患における高血圧のスクリーニング（q.v.）
低血圧の程度の評価
- ショック
- 全身麻酔
- その他の関連病態（q.v.）

高血圧または低血圧に対する治療反応の評価

器具
ドプラ超音波機器
超音波ゲル
様々なサイズのカフを備えた血圧計
テープ

テクニック
事前の準備
動物は順化させるため，できるだけ長く置いておく．可能な限りストレスを与えない環境に置き，静かに優しく扱うことが必要である．

手技
ドプラ超音波機器での検出に適している動脈は，足の指動脈（どの足でもよい）または尾動脈である．拍動を触診し，その領域の皮膚を剃毛する．被毛の少ない一部の動物では，アルコールで湿らすだけでも十分なことがある．こうすることで手技に伴うストレスを軽減し，高血圧という偽陽性の診断も避けられる．

適切な幅（選択した肢の円周の約40％）のカフを肢の近位に装着したら，カフがしっかりと，かつ快適に密着し，漏出していないことを確認するために数回膨らませる．

アーチファクトによる測定値の低下または上昇が起こらないよう，選択した肢は上下させて心臓の高さにする．プローブに超音波ゲルを塗布する．プローブを拍動に優しく当て，良質なシグナルが得られるよう動かす．ヘッドフォンを利用すると動物へのストレスを低減できる．

超音波機器で拍動を検出できたら，プローブをテープまたは手でその位置に固定する．シグナルが消えるまでカフを膨らませ，次にゆっくりと抜気する．再びシグナルが得られた時の測定値が収縮期血圧である．5回測定すべきであり，最高値と最低値は破棄して，中間の3つの値で平均値を算出する．

解釈
動物が著しくストレスを受けていない限り，収縮期血圧が180 mm Hgを超える場合は全身性高血

圧が示唆される．連続的に測定し，網膜検査を行って高血圧の存在を確定することが推奨される．

6.11 動的検査

6.11.1 ACTH刺激試験

適応
　副腎皮質機能低下症または亢進症が疑われる場合の診断
　副腎皮質機能亢進症の治療反応モニタ
　医原性と自然発生性副腎皮質機能亢進症の鑑別

器具
　ACTH
　針とシリンジ
　プレーンの採血管

テクニック

事前の準備
　交差反応を避けるため，この検査の少なくとも24時間前にはグルココルチコイドを休薬する．ただし，過去2週間のグルココルチコイドは，たとえ局所投与でも下垂体-副腎系を抑制する可能性があることに注意する．

手技
　3mlの血漿または血清を採取し，時間も併せて採血管にラベルする．大部分の犬では250μg，5kg未満の犬と猫では125μgのACTH（例：Synacthen）を静脈内投与する．犬ではACTHを投与して120分後に血漿または血清を3ml採取する．猫では，ACTHを投与して60分後および180分後にサンプルを採取する．この場合も時間と共に採血管にラベルする．血漿または血清を分けてコルチゾールの測定に提出する．

注意：検査センターによって推奨するサンプル採取のタイミングが異なるため，適したプロトコールを検査センターに問い合わせておくこと．

解釈
　副腎皮質機能亢進症では，ACTH投与後のコルチゾール濃度は600nmol/l以上と予測される．副腎皮質機能低下症では，ACTH投与前後のコルチゾール濃度は15nmol/l未満のはずである．
　副腎以外の疾患が存在すると，副腎皮質機能亢進症の偽陽性結果が多く見られる．この検査では，下垂体依存性副腎皮質機能亢進症の感度が85％，副腎依存性副腎皮質機能亢進症の感度が50％である．この検査の副腎皮質機能低下症に対する特異性と感度は非常に高い．ACTH刺激試験の結果は，副腎皮質機能亢進症の確定診断を下す前に，その他の臨床所見と照らし合わせて解釈すべきである．

6.11.2 低用量デキサメサゾン抑制試験（LDDST）

適応
　副腎皮質機能亢進症が疑われる場合のスクリーニング

器具
　デキサメサゾン
　プレーンの採血管
　針とシリンジ

テクニック
　基礎値として3mlの血漿または血清を採取し，時間と共にラベルする．デキサメサゾンを静脈内投与する．犬は0.01mg/kg，猫は0.1mg/kg．投与して4時間後および8時間後に採血し，時間も共にラベルする．全てのサンプルをコルチゾールの測定に提出する．

解釈
　LDDSTは，犬では下垂体依存性および副腎依存性副腎皮質機能亢進症のどちらに対しても感度が高い．ACTH刺激試験と同様，副腎以外の疾患では偽陽性が起こり得る．デキサメサゾン投与8時間後の

コルチゾール濃度が 40nmol/l 以上の場合は副腎皮質機能亢進症が示唆される．4 時間後または 8 時間後のコルチゾール濃度が，デキサメサゾン投与前の濃度の 50％以上低下し，8 時間後の抑制が起こらない場合は下垂体依存性副腎皮質機能亢進症が示唆される．

6.11.3 胆汁酸刺激試験

適応
　肝機能の評価

器具
　プレーンの採血管
　ヒマワリ油とドッグフードまたはキャットフード
　針とシリンジ

テクニック

事前の準備
　動物は 12 時間絶食する

手技
　基礎値として 3ml の血清を採取し，採血管に時間も併せてラベルしたら，動物に脂肪を含む食事を与えて胆嚢収縮を刺激する．ヒマワリ油を缶詰フードに添加すると，通常は十分に刺激することができる．食事の 2 時間後にもう一度 3ml の血清を採取し，時間と共にラベルする．採血管を胆汁酸の測定に提出する．

解釈
　犬および猫の食後サンプルの正常値は $0 \sim 15 \mu mol$ である．$30 \mu mol$ を超える値は肝機能不全に一致する．
　胆汁酸は，肝細胞疾患（原発性または続発性），あるいは門脈体循環シャント（後天性または先天性）が存在する場合も上昇する．続発性肝疾患による上昇は通常軽度だが，肝機能不全および門脈体循環シャントによる上昇は一般に顕著である．
　黄疸の動物では胆汁酸は上昇しており，このような症例では肝機能に関する情報は得られない．

6.12 血液学的テクニック

6.12.1 生理食塩水凝集試験

適応
　免疫介在性溶血性貧血が疑われる場合

器具
　スライドガラス
　等張生理食塩水
　EDTA で管に採取した血液

テクニック
　清潔なスライドガラスに血液を 1 滴載せ，生理食塩水を 1 滴加える．スライドガラスを円形に揺らして血液と生理食塩水を混合する．

解釈
　1 滴の血液に生理食塩水を加えると，肉眼的にも顕微鏡的にも連銭形成（正常である）は阻害されるが，自己凝集による凝塊は壊れない（連銭とは，積み重ねられたコインとよく似た赤血球の連鎖である）．肉眼的な凝集は自己凝集を示唆している．顕微鏡下の検査で，凝集が連銭形成によるものではないことを確定する．

6.12.2 血液塗抹の準備

適応
完全血球計算のために採血したら，必ず血液塗抹も観察すべきである：
自動血球計算機による血液学的数値の確認
赤血球および白血球の形態学的評価
循環中の腫瘍細胞の存在を評価

器具
スライドガラス2枚
EDTAで抗凝固処理した血液

テクニック
スライドガラスの一角に，事前に切り込みを入れてからガラスカッターで割り，塗抹用スライドガラスを作成する．
EDTA抗凝固処理した血液をほんの1滴，サンプルガラスの端近くに載せる．塗抹用ガラスをサンプルガラスの血液の向こう側に，20～40度の角度で置く．次に，塗抹用ガラスがその血液にちょうど触れるまで手前にスライドさせる．血液は塗抹用ガラスの辺縁に沿って広がるが，このガラスはサンプルガラスよりも幅が狭いため，血液が辺縁全体に広がることはない．塗抹用ガラスを滑らかな動きで一気に押して，薄層のある塗抹を作る．塗抹はすぐに風乾する．院内で観察する場合，入手可能な簡易染色キットで染色すべきである．

解釈
薄層を100倍の対物油浸レンズで観察する．白血球と赤血球の形態学を評価し，血小板数を主観的に推定し，白血球分類を行うべきである．少なくとも100個の白血球を計測し，好中球，リンパ球，単球，好酸球および好塩基球の比率を計算すべきである．血小板は塗抹の薄層に向かうほど凝集する傾向があることに注意する．

6.12.3 頬粘膜出血時間（カラー図版6.12参照）

適応
一次止血の評価
・血小板減少症または血小板機能障害が疑われる動物
・説明のつかない出血障害のある動物
・手術を受ける動物の術前評価
  ◦出血障害の素因となり得る病態
  ◦ヴォン・ヴィレブランド病の素因品種

器具
出血時間測定装置（例：シンプレートⅡ）
ストップウォッチ
ろ紙
ガーゼバンデージ

注意：専用の出血時間測定装置の代わりにメス刃を使用してもよいが，基準より深く切開すると出血時間を過大評価し，浅い切開では過小評価につながる可能性がある．

テクニック
保定
気難しい動物では鎮静が必要な場合がある．

手技
動物は横臥位にする．上顎口唇の脇を上に反転させ，バンデージで結んで中程度に充血させる．
出血時間測定装置を表層の血管が分布していない頬粘膜領域に置く．装置の引き金を引いたらストップウォッチを押す．装置によって粘膜には基準の大きさと深さの切開創が2本作られ，出血が起こる．血液は切開創の下でろ紙に滲ませていくが，ろ紙は切開創に触れないように注意し，凝血の形成を妨げるように行う．

解釈
　正常な時間は犬では 1.4 〜 3.5 分，猫では 1.5 〜 2.5 分である．

6.12.4　動脈血の採血
適応
　動脈血ガス分析
　酸塩基状態の評価
器具
　23 ゲージ針
　ヘパリン化しておいた 1 〜 2ml シリンジ
　サージカルスクラブ
テクニック
　犬および猫では大腿動脈，そして犬では足背側動脈または中足動脈を使うことができる．
　選択した動脈の領域を剃毛し，外科的に準備する．皮膚を伸展させて動脈を触診する．ヘパリン化した 1 〜 2ml シリンジを接続した 23 ゲージ針を先端を上に向けたまま動脈内に刺入する．採血できたら，動脈を滅菌スワブで 3 〜 5 分圧迫する．
　サンプルを直ちに分析しない場合，針の先端をラバーストップで密封し，氷中で保存する．
解釈
　血液ガスおよび酸塩基の鑑別はセクション 4.3 を参照．

6.13　水制限試験
適応
以下の項目の鑑別：
　尿崩症
　　・中枢性
　　・腎原性
　心因性多飲症
　この試験は，既知の腎疾患が存在するか疑われる場合は禁忌で，多飲多尿（q.v.）のその他の原因を完全に精査してから実施すべきである．動物が既に臨床的に脱水しており，尿比重が低いのであれば，既に尿を濃縮できないことが証明できるため，この試験は必要ない．
器具
　屈折計
　体重計
　尿カテーテル
　デスモプレシン
　針とシリンジ
テクニック
事前の準備
　水分は試験の実施前から 3 日間かけて徐々に制限する（試験の影響による髄質の洗い出しを予防するため．量はそれぞれ 3 日前が 120ml/kg，2 日前は 90ml/kg，そして 1 日前が 60ml/kg である．食事は試験前夜から，飲水は試験の開始時点から中止する．
手技
　膀胱をカテーテルで空にし，尿比重を記録する．採血して尿素，クレアチニンおよび電解質をチェックする．患者の体重を正確に計測する．次の項目を 60 分毎に測定する．採尿して尿比重を測定する．採血して尿素，クレアチニンおよび電解質を測定する．抑うつと脱水の症状を観察する．可能であれば血清浸透圧重量モル濃度を測定すると有益である．
　尿比重が 1.030 を超えるか，動物が臨床的に脱水または疾病の症状を示したら試験を終了すべきである．動物の尿比重が 1.030 を超えることなく体重が 5％以上減少したら，バソプレッシン濃度を測定

するための採血を行う.

次に水溶性デスモプレッシンを2～5単位筋肉内投与する．尿比重用の採尿，そして尿素，クレアチニンおよび電解質用の採血を2時間まで，または尿濃縮が見られるまで15～30分毎に行う．

試験が終了したら少量の水を30分毎に2時間与え，嘔吐，脱水および抑うつをモニタする．2時間後に動物の状態が良ければ自由飲水に切り変えてよい．

リスク

この試験では，脱水とそれによる続発症がリスクとなるが，多飲多尿について患者を事前に正しく評価できており，試験中も脱水を綿密にモニタしていればリスクは低い．

解釈

試験前に完全な診断評価が実施されていると仮定し，デスモプレッシン投与前に尿が1.035＜に濃縮されていれば，中枢性または腎原性尿崩症は除外でき，心因性多飲症が考えられる．デスモプレッシン投与前の尿比重が1.030＜の場合も心因性多飲症に合致すると思われるが，部分的尿崩症の可能性もある．

動物が尿を1.030＜に濃縮せずに5％脱水したら，その場合は尿崩症が考えられる．デスモプレッシン投与後にのみ尿比重が1.030＜に達した場合，中枢性尿崩症が考えられる．デスモプレッシン投与にもかかわらず尿比重が1.030＜に達しなければ，原発性腎原性尿崩症が考えられる．この結果は，副腎皮質機能亢進症や腎髄質洗い出し，腎機能不全といった病態でも認められるが，これらは試験を実施する前に除外しておくべきである．

6.14 連続血糖値曲線

適応

糖尿病の見かけ上のインスリン耐性に対する原因調査
インスリン投与の適切なタイミングと用量の決定

器具

グルコメーターまたは簡易血糖値測定器
針とシリンジ

テクニック

通常の用量でインスリンを投与し，動物には通常のスケジュールで食事を与える．1時間毎に採血し，血糖値を表および／またはグラフに記入する．動物が1日2回のインスリン投与を受けていれば，試験は12時間行う．1日1回の投与であれば，24時間行うのが理想的である．血糖値曲線は，針で耳から採血する方法，そして簡易血糖値測定器を使い，飼い主が自宅で作成する方法がある．後者には，動物の普段の生活リズムを変えないという利点がある．

解釈

血糖値曲線の値

最近の研究から，同じ動物でも後日の血糖値曲線に著しい変動があることが示され，インスリンの正確な投与を決定するための血糖値曲線の有用性には疑問視されていることに注意が必要である．しかし，血糖値曲線は次の点で重要である．見かけ上のインスリン耐性の原因としてソモギー効果を除外する，インスリンに対する有意な反応が少しでも認められるか否かを評価する，投与したインスリンの作用時間を評価する．

結果に対する特異的解釈

- 低血糖，あるいは血糖レベルが急速に低下し，続いて血糖レベルが急速に上昇している場合，インスリンの過剰投与がソモギー効果を引き起こしていると考えられる．
- インスリンの作用時間が10時間未満であれば，1日3回投与または長時間作用型インスリンの使用を検討すべきである．
- 作用時間が14時間を超えている場合，1日1回投与または短時間作用型インスリンを検討すべきである．
- インスリンの投与量が1～2単位/kgを超えても血糖濃度に有意な影響を与えなかった場合，真性または見かけ上のインスリン耐性の原因解明について検討すべきである．

参考文献

Fleedman, L. M. & Rand, J. S. (2003). Evaluation of day-to-day variability of serial blood glucose concentration curves in diabetic dogs. *JAVMA*, 222: 317-21.

6.15 皮膚掻爬

適応
ダニ感染が疑われる場合の診断（例）
・膿皮症
・落屑
・毛包異常

器具
液状パラフィン
メス刃
清潔なスライドガラス

テクニック

毛包虫
液状パラフィンを1滴，皮膚の新しい病変部位に置く．ダニを毛包から押し出すように皮膚を強く搾る．メス刃で血液が滲むまで皮膚を掻き取る．

疥癬ダニ
疥癬ダニは毛包虫よりもずっと見つけにくい．複数個所の掻爬が必要である．耳介辺縁と肘が好発部位であることを重視すべきである．数多く掻爬するほど陽性結果を得るチャンスが増えるため，皮膚科専門医によっては15か所の掻爬を推奨している．

解釈
スライドガラスを低倍率レンズで顕微鏡検査する．

参考文献

Rosenkrantz (2002) Ten common pitfalls in dermatology-Part I. *Proceedings, Western Veterinary Conference*, 2002.

6.16 シルマー涙液試験

適応
涙液産生の評価

器具
ストップウォッチ
シルマー涙液試験紙

テクニック
試験紙を切り目の位置で90度に折り曲げ，折った部分を下眼瞼の下側に載せる．1分後に涙液が試験紙に浸みこんだ長さをmmで記録する．

解釈
15mm未満の値は涙液分泌の低下を示す場合がある．

6.17 鼻腔洗浄液細胞診/鼻腔バイオプシー

適応
慢性鼻分泌またはくしゃみの調査

器具
湿らせたガーゼスワブ
収集容器

滅菌生理食塩水
60ml シリンジ
10Fr のポリエチレンカテーテルまたは静脈内カテーテルの外鞘

鼻腔洗浄
保定
　動物は麻酔し，気管内チューブを挿管してカフを膨らませる．
手技
　動物の頭部が下になるように台を傾ける．軟口蓋の後方にある咽頭部背側にガーゼスワブを2つ当てる．10Fr カテーテルを鼻に挿入する．カテーテルから生理食塩水を勢いよく注入し，今度は吸引する．液体は滅菌容器に採取する．
　ガーゼスワブを取り除き，回収された内容物は全て捺印または押圧塗抹標本を作成する．

鼻腔バイオプシー
事前の準備
　鼻腔バイオプシーを実施する前に，血液学，血小板数，部分スロンボプラスチン時間（PTT），プロスロンビン時間（PT）および頬粘膜出血時間を含む凝固プロファイルを行うことが賢明である．
手技
　鼻腔バイオプシーは鼻腔洗浄に続けて実施してもよい．10Fr ポリエチレンカテーテルまたは静脈内カテーテルの外鞘の先端が鋭利になるよう角度をつけて切断する．内視鏡，X線検査または MRI などでマスを確認できていれば，カテーテルをマスの位置まで進める．そうでない場合には，まず外鼻孔からの距離を測り，篩板を貫通しないよう内眼角よりも若干短かくなるようにする．シリンジを接続して力強く吸引する．採取したサンプルは押圧標本にするかホルマリンにて保存する．
リスク
　リスクとして出血，洗浄液の誤嚥および篩板の不注意な貫通があげられる．
解釈
　両検査とも，サンプルは細胞診，組織学および細菌学検査に提出する．

6.18　X線造影検査

6.18.1　バリウム食/嚥下

適応
　食道疾患が疑われる場合
　上部消化管（GI）の機能的または機械的閉塞が疑われる場合
器具
　バリウム懸濁液
　　・食道造影には 60%
　　・GI 連続撮影には 20%
テクニック
事前の準備
　動物の被毛に汚れや異物を付着させてはならない．最初に胸部および腹部の単純X線を撮影する．
保定
　鎮静剤は，腸管通過時間を変化させ胃送出時間を遅らせるため，使用しないのが最適である．必要な場合，犬では低用量のアセプロマジン，猫ではジゼパム/ケタミンであれば運動性に対する影響は最小限で投与することができる．
食道造影
　食道造影では（バリウム嚥下），濃度の高いペースト状のバリウムを使うべきである．
　患者はX線撮影のポジションにし，大さじ1杯のバリウムを経口投与する．動物がバリウムを2回目に呑みこんだら撮影する．巨大食道症と診断されたら，検査後に誤嚥を起こさないよう，動物を直立に維持して綿密にモニタする．

上部消化管

GI連続撮影では，検査の12〜24時間前から動物を絶食させる．

撮影を開始する2〜4時間前には結腸浣腸を行っておく．20％バリウム懸濁液を10ml/kgで，経口または胃チューブから投与する．右側面像と腹背像を0，5，15，30および60分後に撮影し，その後は検査終了まで1時間毎に撮影する．胃からバリウムが完全に流れ（胃送出時間），バリウムの先端が結腸に到達したら（腸管通過時間）検査を終了する．

解釈

食道造影検査では，食道の拡張，狭窄，管腔または粘膜の充填欠損について評価する．

GI連続撮影では，管腔または粘膜充填欠損および閉塞の徴候を評価する．猫では2時間後，犬では4時間後に大量のバリウムがまだ胃内に残っている場合は胃送出の遅延が示唆される．造影剤は一般に投与後3〜5時間で大腸に到達する．

リスク

腸管穿孔が疑われる場合，バリウム懸濁液の使用は禁忌である．巨大食道症が存在する場合，造影剤を誤嚥する危険がある．

6.18.2 静脈性尿路造影

適応

腎臓の存在，大きさおよび形状を確認または確定する．

腎臓の内部構造に関する情報を得る．

尿管の開通性および位置に関する情報を得る．

器具

注意：重度の腎機能障害がある場合は非イオン性造影剤が推奨される．

ヨード系造影剤

針とシリンジ

テクニック

事前の準備

患者は12時間絶食させる．水分摂取は，安全に行えるのであればX線撮影の12時間前までに制限する．ただし，動物は静脈性造影剤を投与する前に十分水和されていることが重要である．

検査を行う少なくとも2時間前には結腸の高圧浣腸を実施しておく．動物の被毛に汚れや残屑が付着していたら清拭するか洗い流す．検査の直前に膀胱を空にしておく．

単純X線撮影をまだ行っていなければこの時点で撮影する．

保定

動物を麻酔し，静脈カテーテルを末梢静脈に留置する．動物を背臥位にして腹背（VD）撮影の準備をする．

高濃度，低容量（ボーラス）法

300〜400mg/mlの濃度のヨード製剤を850mg I/kgで使用する．重度の高窒素血症がある場合は投与速度を倍にすべきである．ヨード剤を血液と同じ温度に温めると急速な投与に役立つ．

ヨード剤を静脈カテーテルから急速投与する．注射が終了したら直ちにVD像を撮影し，その後1，3，5，10，20および40分後にVDおよび側面像を撮影する．

低濃度，高容量（注入）法

この方法は尿管の描出に優れていることがある．

150mg/ml濃度のヨード製剤を1,200mg I/kgで使用する．重度の高窒素血症がある場合は投与速度を倍にすべきである．ヨード剤を5〜10分かけてゆっくりと注射する．必要に応じてX線撮影する．

リスク

リスクは最小限だが，麻酔，X線撮影および静脈性造影剤に対する反応によるリスクがあげられる．

解釈

4相が観察される．動脈造影相，腎造影相，腎盂造影相，膀胱造影相．動脈造影相では腎臓の血流を証明し，腎造影相は腎実質を評価するために利用し，腎盂造影相では尿収集系と尿管を評価し，膀胱造影相は膀胱を描出する（膀胱の検査は別の方法が好ましい．6.18.3参照）．

注意：動脈造影および腎造影相は低濃度高容量法では観察されない.

6.18.3　膀胱造影

適応
　下部尿路系の評価
　　・腟／陰茎
　　・尿道
　　・膀胱
　　・遠位尿管

器具
　フォーリーカテーテル
　尿カテーテル
　水溶性（ヨード系）造影剤
　50ml シリンジ
　3 方活栓
　KY ゼリー
　腸鉗子

テクニック

事前の準備
　患者は 12 時間絶食する.
　検査の少なくとも 2 時間前には結腸に高圧浣腸を実施し，動物の被毛に汚れや残屑があれば清拭するか洗い流しておく．検査の直前に動物の膀胱を空にする．
　通常の単純撮影がまだであればこの時点で撮影すべきである．

保定
　患者は麻酔または鎮静する.

気体膀胱造影法
　膀胱にカテーテルを挿入して完全に排尿させる．シリンジと 3 方活栓を使い空気を尿カテーテルからゆっくりと注入する．腹部を定期的に触診し，膀胱が膨満するか，あるいはシリンジに圧の戻りが感じられたら空気の注入を止める．総注入量は一般に 4 〜 10ml/kg である．X 線腹背像および側面像を撮影する．
　理論的には，この方法によって空気栓塞を起こすというリスクが考えられるので，これを回避するため，空気ではなく二酸化炭素を使用してもよい．

陽性膀胱造影法
　膀胱にカテーテルを挿入し完全に排尿させる．濃度 150 〜 200mg I/ml の水溶性ヨード造影剤（これよりも高濃度であれば生理食塩水で希釈できる）をシリンジと 3 方活栓を使って注入する．膀胱を定期的に触診し，膀胱が膨満するか，あるいはシリンジに圧の戻りが感じられたら注入を止める．総注入量は一般に 4 〜 10ml/kg である．X 線腹背像および側面像を撮影する．

膀胱二重造影法
　膀胱にカテーテルを挿入し完全に排尿させる．濃度 150 〜 200mg I/ml の水溶性ヨード造影剤を少量（動物の大きさにより 2 〜 20ml），シリンジと 3 方活栓を使って注入する．腹部をマッサージし，場合によっては動物を回転して造影剤を分散させる．
　次にシリンジと 3 方活栓から空気を注入する．膀胱を定期的に触診し，膀胱が膨満するか，あるいはシリンジに圧の戻りが感じられたら注入を止める．総注入量は一般に 4 〜 10ml/kg である．X 線腹背像および側面像を撮影する．

逆行性尿道造影法（雄）
　圧の戻りを得るため，まず気体膀胱造影を実施し，これが尿道を拡張させる．尿道には可能な限り最大の尿カテーテルを挿入する．カテーテルの先端を調査対象領域の遠位，または陰茎骨の遠位端に来るよう進めていく．150 〜 200mg I/ml を滅菌潤滑ゼリーで 1：1 に希釈した造影剤を用意する．カテーテル周囲の包皮をしっかりと保持し，シリンジと 3 方活栓で準備した造影剤を 1ml/kg 注入する．注入

後は直ちに，X線側面像と若干斜位のVD像を撮影する．

逆行性腟尿道造影法（雌）

圧の戻りを得るため，まず気体膀胱造影を実施し，これが尿道を拡張させる．フォーリーカテーテルの先端を膨張バルブの上で切り落とし，カテーテルをちょうど陰唇の上まで挿入する．腸鉗子を使って陰唇をカテーテル周囲で閉じ，バルブを膨らませる．濃度150～200mg I/mlの水溶性ヨード造影剤(これよりも高濃度であれば生理食塩水で希釈できる)を1ml/kgの用量で，シリンジと3方活栓から5～10秒かけて静かに注入する．直ちにX線側面像と若干斜位のVD像を撮影する．

リスク

リスクは最小限だが，感染の導入と理論上は空気栓塞のリスクがある．

解釈

・気体膀胱造影は(陰性造影)膀胱の位置を確認するために行う．
・陽性膀胱造影は膀胱破裂を確認するために行う．
・膀胱二重造影は結石および粘膜病変の検出に有用である．
・逆行性尿路造影または腟尿道造影は腟および尿道の病変を評価するために行う．

6.18.4 脊髄造影

適応

脊髄疾患が疑われる場合の精査

器具

非イオン性静脈性造影剤
22ゲージ脊髄針
サージカルスクラブ
滅菌収集容器
ジアゼパム

テクニック

保定

動物は麻酔する．

手技

もしまだであれば，脊椎の単純撮影を行う．

大槽脊髄造影を行う場合，術者が右利きであれば動物を右横臥位にする．環椎後頭骨領域を剃毛し，術前準備を施す．助手は気管内チューブを曲げないよう注意しながら，鼻平面が首と直角，台と平行になるよう動物の頭部を保持する．

術者は後頭骨稜と環椎翼を触診する．無菌的環境下で，環椎翼頭側縁の位置で皮膚の正中線上から針を刺入する．皮膚を貫通したら針のスタイレットを外し，脳脊髄液がハブに流入するのが見られるまで非常にゆっくりと針を進める．くも膜下腔に入るとパチンと弾けるような感覚が得られることがある．骨に当たったら針を抜き，角度を変えて再度刺入し直すべきである．針を皮膚から抜いたら，再び刺入する前にスタイレットの位置を戻すべきである．

腰椎脊髄造影の場合は，L4-5またはL5-6を使用する．腰椎脊髄造影は大槽脊髄造影よりも安全であり，重度の圧迫病変を描出するのに優れているかもしれないが，技術的にはより難しい．

セクション6.7で説明したように，CSFを分析のために採取する．この方法に少しでも疑問が残る場合は，少量の造影剤を試験的に注入し(0.5～1.0ml)，X線撮影して造影剤がくも膜下腔に入っていることを確認するとよい．完全な脊髄造影には，240mg/mlのヨード製剤を0.3～0.5ml/kg注入する．造影剤は数分かけてゆっくりと注入する．

注入が終了したら，直ちにX線側面像とVD像を撮影する．できるだけ詳細な像を得るには，斜位，反対側および動的な像(例：牽引像)を撮影する必要があるかもしれない．充填が不十分な場合は，患者を傾けると造影剤が関心領域に貯留するのに役立つことがある．しかし，造影剤が脳に流入しないよう，頭部を高く維持することに注意を払うべきである．

検査後は，回復中に痙攣発作の徴候がないか動物を注意深く観察し，ジアゼパムをすぐに投与できるようにしておくべきである．

解釈

脊髄造影には4つの基本的パターンがある．正常なパターンでは，造影剤が途切れることなく脊柱管を流れる像が観察される．異常なパターンは，硬膜外，硬膜内/髄外および髄内である．

6.19 造影エコー検査

適応

心臓の右左シャントの検出
- 心臓内
- 心臓外

器具

0.9%生理食塩水またはコロイド液
2×5mlシリンジ
3方活栓
静脈内カテーテル

テクニック

静脈内カテーテルを末梢静脈に留置する．

陽性コントラストを示す気泡含有造影剤には，生理食塩水，コロイド液，5%デキストロース，あるいは患者自身の血液少量と混合した生理食塩水が使用できる．

2本のシリンジ，すなわち3mlの造影剤を入れたシリンジと1mlの空気を入れたシリンジを互いに3方活栓に連結する．次に，造影剤を一方のシリンジからもう一方のシリンジに数回急速に移動させ，微小気泡を含む液体を作成する．

心エコーで心臓の右側傍胸骨長軸像を描出する．その後，造影剤を静脈内カテーテルに注入し（ただし，表層の泡は少しも注入してはならない），造影剤が右心系を通過し，左心系に造影剤が少しでも存在するかどうかを観察する．

次に手技を再度行うが，注入時に下行大動脈（膀胱の背側で最もよく描出できる）を観察する．

解釈

正常な心臓では肺が微小気泡を除去するため，造影剤が見えるのは右心系だけで左心系では見えない．心室中隔欠損のように心臓内に右左短絡がある場合，造影剤は肺を通過せずに左心系に認められる．造影剤が左心系には見えないが下行大動脈に存在する場合，動脈管開存症のような心臓外での短絡が疑われる．

6.20 脳神経（CN）検査

適応

疑われている頭蓋内疾患の神経学的位置づけの評価

器具

強い光源
止血鉗子

検査

皮刺激性物質に対する嗅覚（第1脳神経）

動物に目隠しをするか手で視界を覆い，フードのような匂いの強いものを鼻の近くに置く．動物が匂いを嗅ぐ動作をするか観察する．刺激性物質は鼻粘膜の感覚を刺激するが，これは第5脳神経を介して生じることに注意する．

瞳孔の大きさ/瞳孔不同症（網膜，第2，第3脳神経）

瞳孔の大きさと，左右の大きさが少しでも違うか注意する．

対光瞳孔反射（第2，第3脳神経，交感神経，網膜）

動物を暗い部屋に置き，順化させる．次に，強めの光を片方の目に当て，左右の瞳孔反射を観察する．同じことを反対側の目にも行う．

威嚇（網膜，第2，7脳神経，前脳，小脳）
　片方の目を覆い，もう一方の目に向けて脅す動きをする．角膜反射を刺激する可能性があるため，風を起こさないよう注意すべきである．瞬き反応が観察される．反対側の目にも検査を同様に繰り返す．

角膜反射（第5，第6，第7脳神経）
　眼瞼に触れないよう注意しながら，湿らせた綿棒を角膜に接触させる．眼球が牽引され，第3眼瞼が眼球を横切るはずである．

脱脂綿を投げる（第2脳神経）
　球形の脱脂綿を患者の前で落下させる．正常な動物は，頭と眼が脱脂綿の落下を追う動きをする．助手または目隠しで片方の眼を覆い，もう一方の眼の視覚を交互に検査する．

聴覚反応（第8脳神経）
　動物の視野の外で大きく手を叩くか口笛を吹く．動物は動こうとしたり周囲を見るはずである．

斜視（永久的：第3，第4，第6脳神経．一過性：第8脳神経）
　片側または両側の眼の変位は，上記脳神経の1つが欠如していることを意味すると考えられる．

突発性眼振（平行，垂直，回転）
　頭部は中立位に保ちながら，動物の眼に流れる動きがあるか観察する．急速運動相の方向を記録する．

体位眼振（第3，第8脳神経）
　例えば垂直方向に傾けるなど頭部の位置を変えたり，動物を背側臥位にすることで眼振を誘発できることがある．

眼前庭反射（第3，第4，第6，第8脳神経）
　頭部を左側または右側に動かすと，頭の回転方向に急速相が見られる眼振を誘発できるはずである．

顔面感覚，鼻刺激（第5脳神経，前脳）
　眼を手または目隠しで覆い，止血鉗子のような鈍性のプローブを使用して鼻粘膜に触れる．正常な動物は頭を引く．止血鉗子で上唇をつまむと，第7脳神経を介した顔面攣縮または口唇の巻きあがりが起こる．

顔面麻痺（第7脳神経）
　耳および口唇が下垂し全く動かない，眼球裂の拡大，瞬きの消失，吸気時の鼻孔反転の消失，正常側への鼻の変位は，第7脳神経の運動機能不全に合致する．

咀嚼筋委縮（第5脳神経）
　咀嚼筋の委縮および不対称性が観察および触知される．

眼球（第5，第7脳神経）
　各眼の内および外眼角を指で軽く触れる．正常な動物では瞬き反射が認められる．

嚥下/嘔気（第9，第10脳神経）
　咽頭背側の左または右側を指かアプリケーターで刺激する．正常な動物であれば口蓋を持ち上げて咽頭筋を収縮させるはずである．しかし，一部の正常動物はこの反応を示さない．不対称性反応は異常である．

舌（第12脳神経）
　舌を視診で評価し，委縮，不対称性，変位がないか触診する．正常な動物では，嘔気反射を評価した後に鼻を舐めることも多い．動物が飲んでいることころを観察するのも舌機能の評価に役立つ．

眼球心臓（第5，第10脳神経）
　心臓を聴診し心拍数を測定する．眼球を後方に押したら直ちに心拍数を再測定する．正常動物で予測される反応は心拍数の低下であるが，多くの正常動物はこの反応を示さないこともある．

顎の緊張（第5脳神経）
　顎を開いて，正常な緊張があるか評価する．

PART 7
診断アルゴリズム

　本章では，一般的ないくつかの所見を調査するための診断アルゴリズムを紹介する．これらは調査を補助するガイドラインとして考えるべきである．しかし，症例は個々に異なるため，かたくなに原則に固執することは必ずしも適切ではない．ここでは最も一般的な類症鑑別だけを取りあげた．R/o はルールアウト（除外）を表しており，その病態を類症鑑別の 1 つとしてみなすこと，あるいは調査を進める前に除外すべきであることを意味している．完全な鑑別リストは主要なテキストを参照して頂きたい．

7.1 徐脈

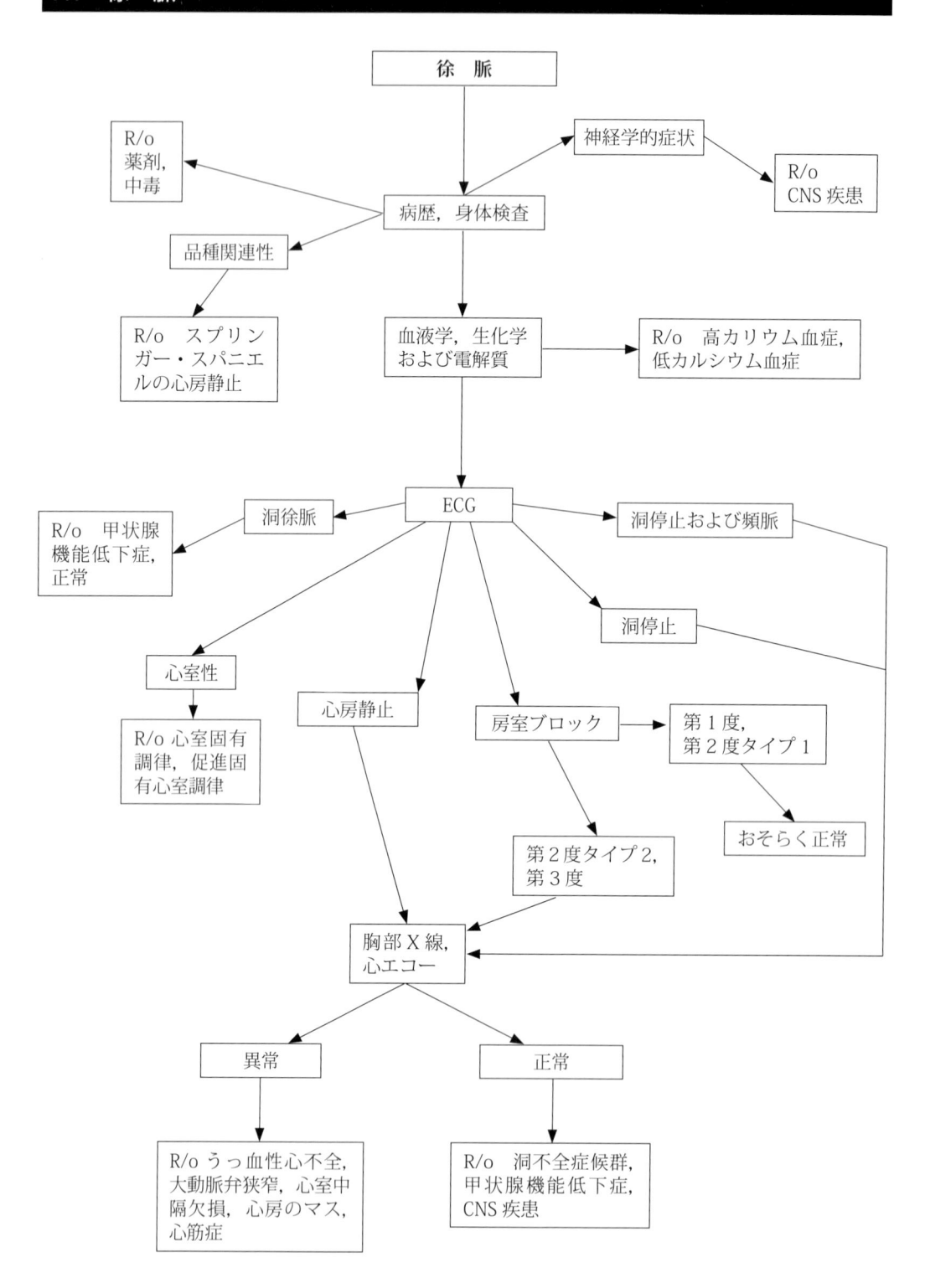

```
                          徐 脈
                           │
         ┌─────────────────┼─────────────────┐
         │                 │                 │
    R/o 薬剤,          病歴, 身体検査 ──→ 神経学的症状 ──→ R/o CNS疾患
    中毒  ←────────────┤
                         │
            品種関連性 ←─┤
                 │       │
                 ↓       ↓
        R/o スプリン   血液学, 生化学 ──→ R/o 高カリウム血症,
        ガー・スパニエ  および電解質         低カルシウム血症
        ルの心房静止       │
                           ↓
                          ECG
```

- 洞徐脈 → R/o 甲状腺機能低下症, 正常
- 洞停止および頻脈
- 洞停止
- 心室性 → R/o 心室固有調律, 促進固有心室調律
- 心房静止
- 房室ブロック
  - 第1度, 第2度タイプ1 → おそらく正常
  - 第2度タイプ2, 第3度

→ 胸部X線, 心エコー
  - 異常 → R/o うっ血性心不全, 大動脈弁狭窄, 心室中隔欠損, 心房のマス, 心筋症
  - 正常 → R/o 洞不全症候群, 甲状腺機能低下症, CNS疾患

7.2 頻脈

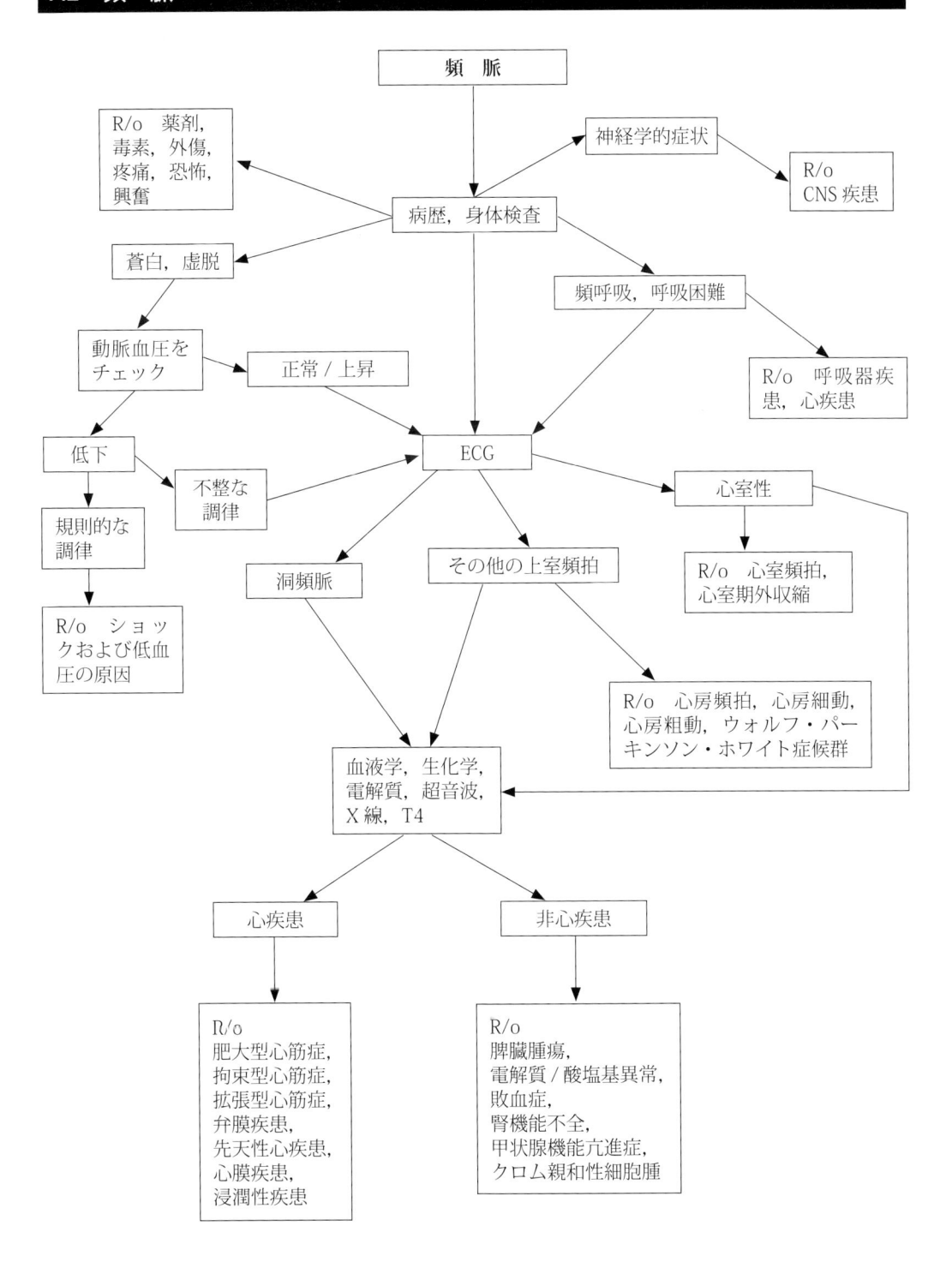

```
                              頻脈
                               │
        ┌──────────────────────┼──────────────────────┐
        │                      │                      │
   R/o 薬剤,               病歴, 身体検査 ──────→ 神経学的症状 → R/o CNS疾患
   毒素, 外傷,
   疼痛, 恐怖,
   興奮
        │
   蒼白, 虚脱                              頻呼吸, 呼吸困難
        │                                         │
   動脈血圧を                                 R/o 呼吸器疾患, 心疾患
   チェック
   ┌───┴────┐
  低下    正常/上昇
   │        │
 規則的な  不整な
  調律    調律
   │        │
 R/o ショック
 および低血圧
 の原因
                              ECG
     ┌────────────┬────────────┬────────────┐
   洞頻脈    その他の上室頻拍            心室性
                    │                      │
                    │                 R/o 心室頻拍,
                    │                 心室期外収縮
                    │
              R/o 心房頻拍, 心房細動,
              心房粗動, ウォルフ・パー
              キンソン・ホワイト症候群

     血液学, 生化学,
     電解質, 超音波,
     X線, T4
     ┌────────┴────────┐
   心疾患             非心疾患
     │                  │
   R/o               R/o
   肥大型心筋症,       脾臓腫瘍,
   拘束型心筋症,       電解質/酸塩基異常,
   拡張型心筋症,       敗血症,
   弁膜疾患,           腎機能不全,
   先天性心疾患,       甲状腺機能亢進症,
   心膜疾患,           クロム親和性細胞腫
   浸潤性疾患
```

7.3 低アルブミン血症

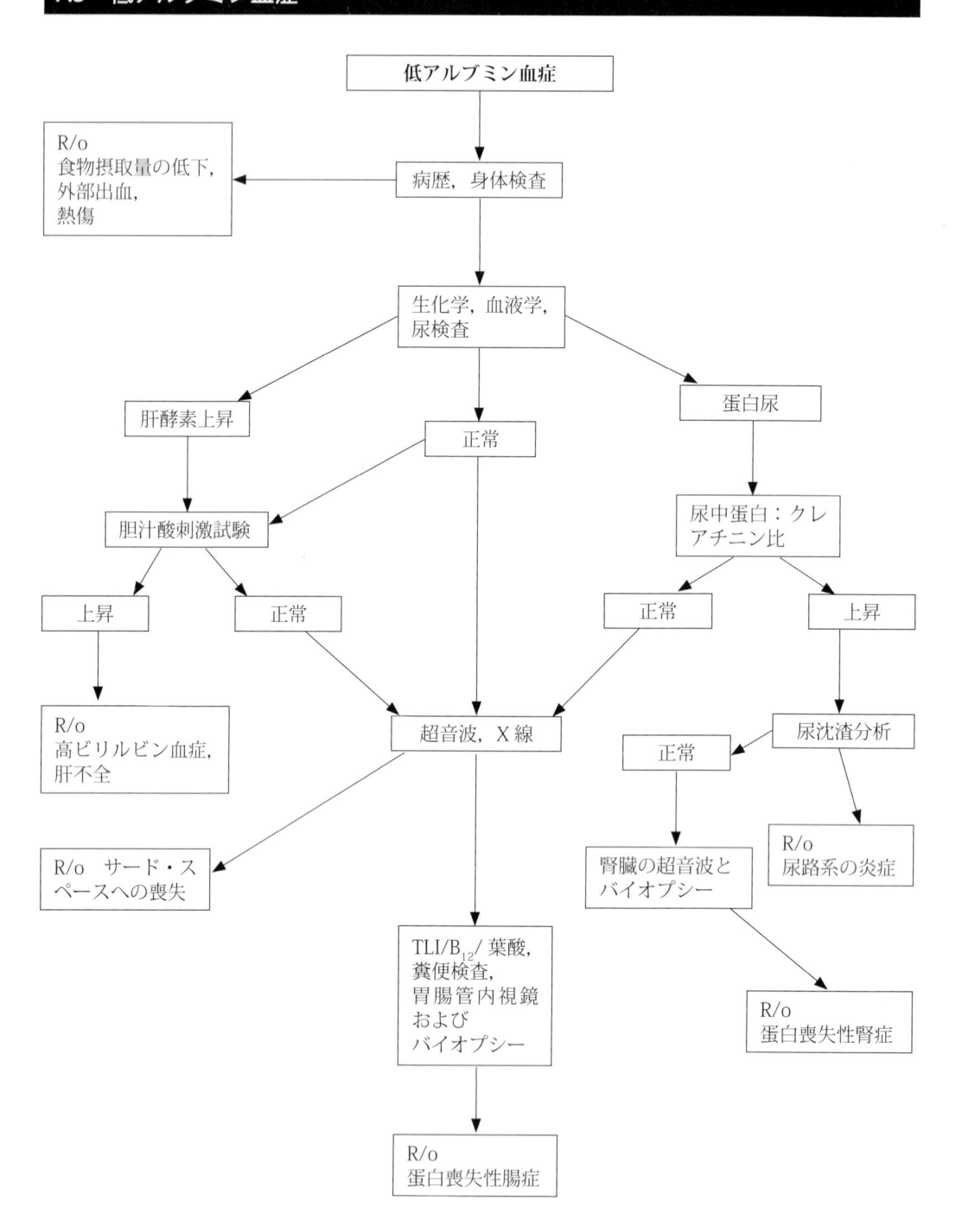

```
                    低アルブミン血症
                          │
                          ▼
  ┌─────────────┐    ┌──────────┐
  │ R/o         │◄───│ 病歴,身体検査 │
  │ 食物摂取量の低下,│    └──────────┘
  │ 外部出血,    │          │
  │ 熱傷        │          ▼
  └─────────────┘    ┌──────────┐
                    │ 生化学,血液学, │
                    │ 尿検査      │
                    └──────────┘
          ┌───────────┼───────────┐
          ▼           ▼           ▼
      ┌────────┐  ┌──────┐    ┌──────┐
      │肝酵素上昇 │  │ 正常 │    │ 蛋白尿 │
      └────────┘  └──────┘    └──────┘
          │                       │
          ▼                       ▼
      ┌──────────┐          ┌────────────┐
      │胆汁酸刺激試験│          │尿中蛋白:クレ │
      └──────────┘          │アチニン比    │
        │      │            └────────────┘
        ▼      ▼              │      │
     ┌────┐ ┌────┐            ▼      ▼
     │上昇 │ │正常 │         ┌────┐ ┌────┐
     └────┘ └────┘         │正常 │ │上昇 │
        │      │            └────┘ └────┘
        ▼      ▼              │      │
  ┌──────────┐ │              │      ▼
  │ R/o      │ │              │   ┌──────────┐
  │ 高ビリルビン血症,│              │   │ 尿沈渣分析 │
  │ 肝不全    │ │              │   └──────────┘
  └──────────┘ ▼              ▼      │
            ┌──────────┐  ┌──────────┐ │
  ┌──────────┐│超音波,X線 │  │腎臓の超音波と│ ▼
  │R/o サード・││          │  │バイオプシー │ ┌──────────┐
  │スペースへの ││          │  └──────────┘ │R/o       │
  │喪失       │└──────────┘                │尿路系の炎症 │
  └──────────┘    │                       └──────────┘
                  ▼
            ┌──────────────┐
            │TLI/B₁₂/葉酸,  │           ┌──────────┐
            │糞便検査,      │           │R/o       │
            │胃腸管内視鏡   │           │蛋白喪失性腎症│
            │および        │           └──────────┘
            │バイオプシー   │
            └──────────────┘
                  │
                  ▼
            ┌──────────┐
            │R/o       │
            │蛋白喪失性腸症│
            └──────────┘
```

7.4 非再生性貧血

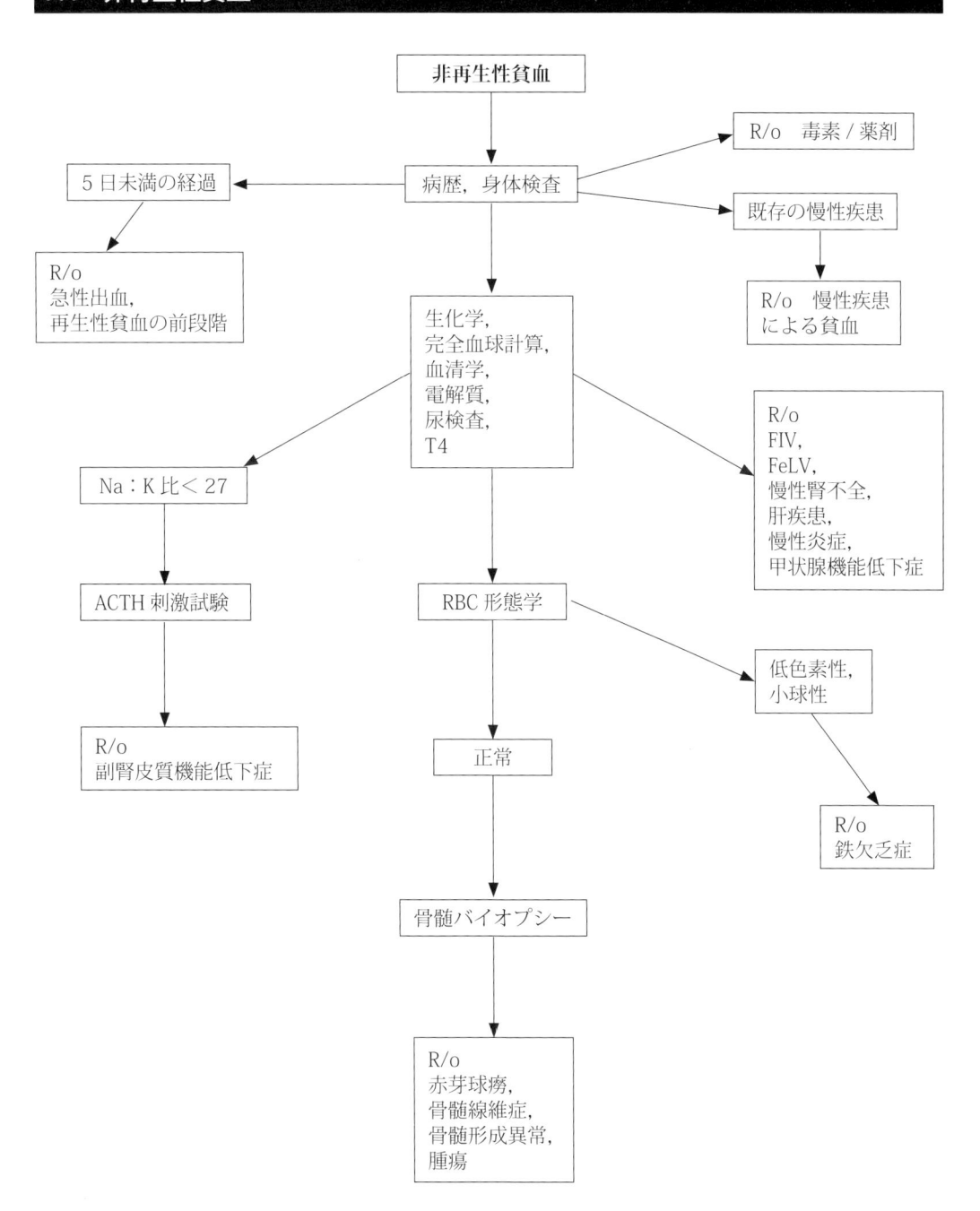

```
                          非再生性貧血
                              │
                              ▼
5日未満の経過 ◄──────── 病歴, 身体検査 ────────► R/o 毒素／薬剤
     │                        │
     ▼                        └────────────► 既存の慢性疾患
R/o                                                 │
急性出血,                                             ▼
再生性貧血の前段階                              R/o 慢性疾患による貧血
                              │
                              ▼
                         生化学,
                         完全血球計算,
                         血清学,
                         電解質,
                         尿検査,
                         T4
           ┌──────────────┼──────────────┐
           ▼              ▼              ▼
      Na：K比＜27       RBC形態学      R/o FIV, FeLV,
           │                          慢性腎不全,
           ▼                          肝疾患,
      ACTH刺激試験                     慢性炎症,
           │                          甲状腺機能低下症
           ▼
      R/o                      正常          低色素性, 小球性
      副腎皮質機能低下症           │                │
                                 ▼                ▼
                            骨髄バイオプシー      R/o 鉄欠乏症
                                 │
                                 ▼
                            R/o
                            赤芽球癆,
                            骨髄線維症,
                            骨髄形成異常,
                            腫瘍
```

7.5 再生性貧血

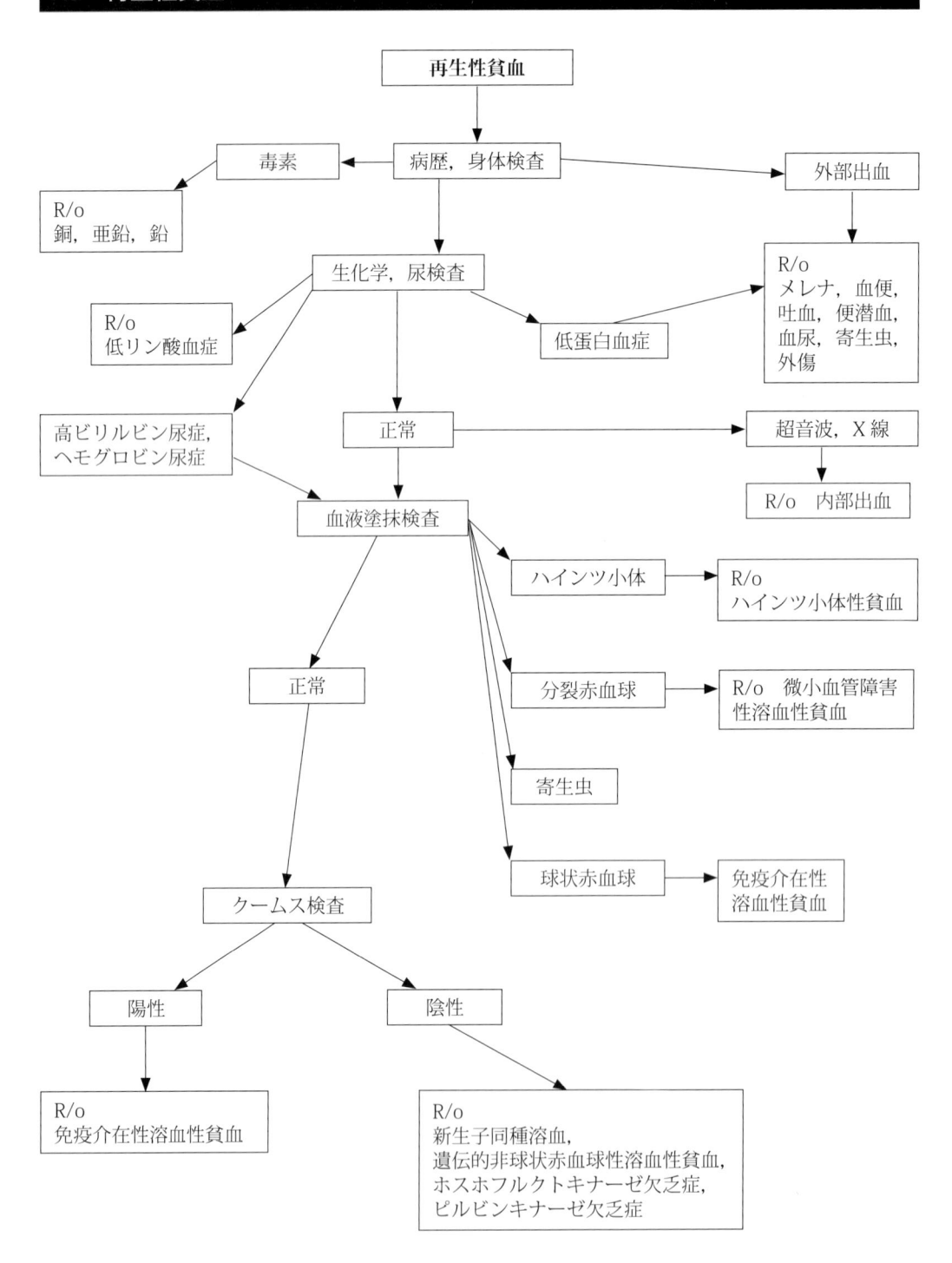

```
                          再生性貧血
                              │
          ┌───────────────────┼───────────────────┐
          ↓                   ↓                   ↓
        毒素            病歴,身体検査            外部出血
          │                   │                   │
          ↓                   ↓                   ↓
      R/o                 生化学,尿検査         R/o
      銅, 亜鉛, 鉛              │               メレナ,血便,
                              │               吐血,便潜血,
          ┌──────────┬────────┼────────┐      血尿,寄生虫,
          ↓          ↓        ↓        ↓      外傷
        R/o     高ビリルビン尿症, 正常   低蛋白血症
      低リン酸血症  ヘモグロビン尿症    │
                      │              ↓
                      │           超音波,X線
                      │              │
                      │              ↓
                      │           R/o 内部出血
                      ↓
                  血液塗抹検査
                      │
          ┌───────────┼──────────┬─────────┐
          ↓           ↓          ↓         ↓
        正常      ハインツ小体  分裂赤血球  寄生虫
          │           │          │
          │           ↓          ↓
          │         R/o        R/o 微小血管障害
          │      ハインツ小体性貧血  性溶血性貧血
          │
          │                    球状赤血球 → 免疫介在性
          │                                 溶血性貧血
          ↓
      クームス検査
          │
      ┌───┴───┐
      ↓       ↓
     陽性     陰性
      │       │
      ↓       ↓
    R/o      R/o
  免疫介在性  新生子同種溶血,
  溶血性貧血  遺伝的非球状赤血球性溶血性貧血,
            ホスホフルクトキナーゼ欠乏症,
            ピルビンキナーゼ欠乏症
```

7.6 黄疸

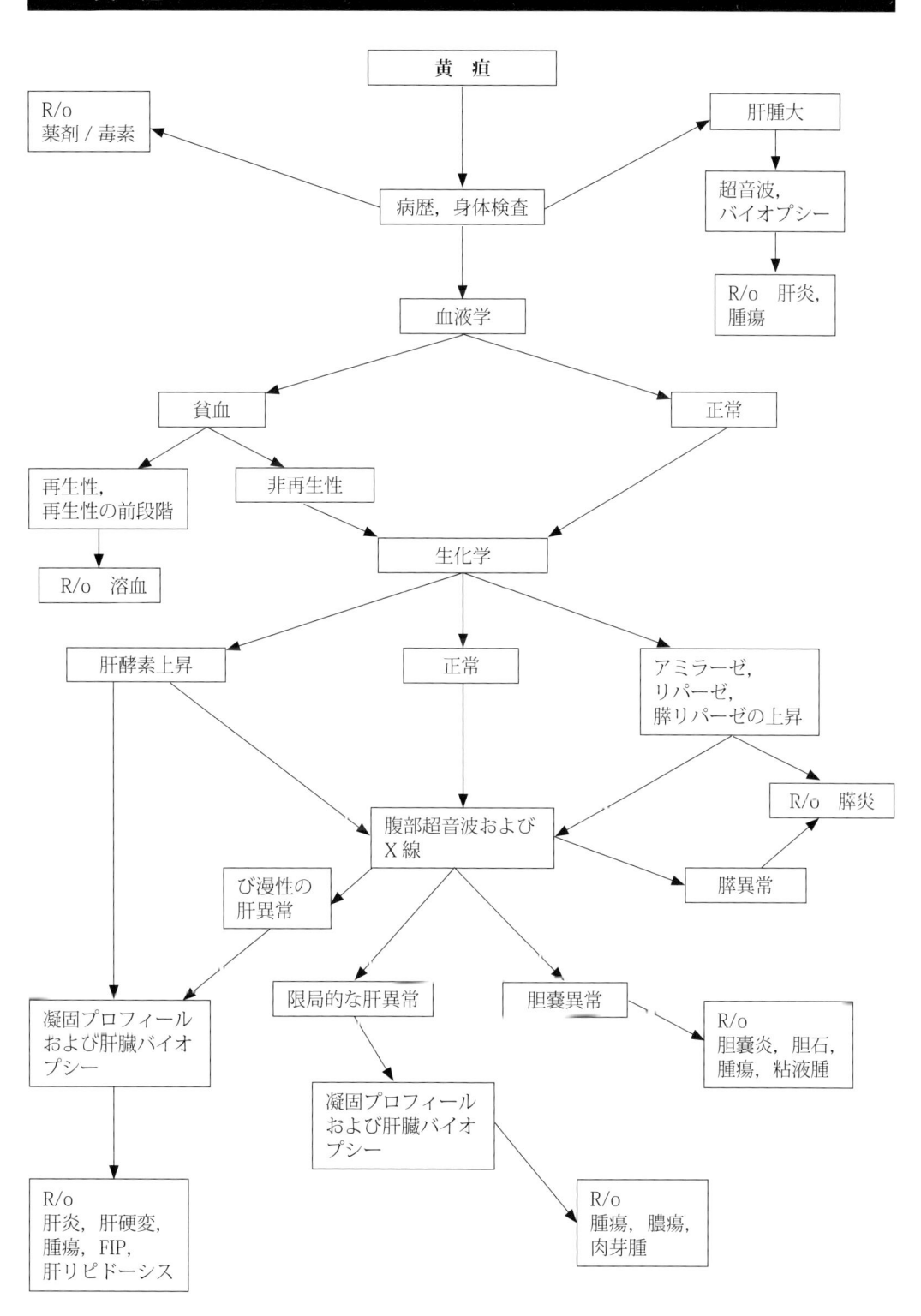

```
                          黄疸
                           │
    ┌──────────────────────┼──────────────────────┐
    │                      │                      │
 R/o                    病歴，身体検査          肝腫大
 薬剤/毒素                  │                      │
                           │                   超音波，
                          血液学                バイオプシー
                           │                      │
              ┌────────────┴─────┐                │
              │                  │              R/o 肝炎，
             貧血                正常             腫瘍
              │                  │
       ┌──────┴──────┐           │
       │             │           │
    再生性，       非再生性        │
    再生性の前段階    │           │
       │            └─────┬──────┘
     R/o 溶血              │
                         生化学
                           │
        ┌──────────────────┼──────────────────┐
        │                  │                  │
    肝酵素上昇             正常              アミラーゼ，
        │                  │                リパーゼ，
        │                  │                膵リパーゼの上昇
        │                  │                  │
        │                  │               ┌──┴──┐
        │                  │             R/o 膵炎
        │           腹部超音波および           │
        │              X線 ←─────────────膵異常
        │                  │
    ┌───┼──────┬───────────┼──────────┐
    │   │      │           │          │
 び漫性の  限局的な肝異常   胆囊異常
 肝異常                                      R/o
    │                                       胆囊炎，胆石，
    │                                       腫瘍，粘液腫
 凝固プロフィール
 および肝臓バイオ     凝固プロフィール
 プシー              および肝臓バイオ
    │                プシー
    │                  │
  R/o                 R/o
  肝炎，肝硬変，       腫瘍，膿瘍，
  腫瘍，FIP，          肉芽腫
  肝リピドーシス
```

7.7 低カリウム血症

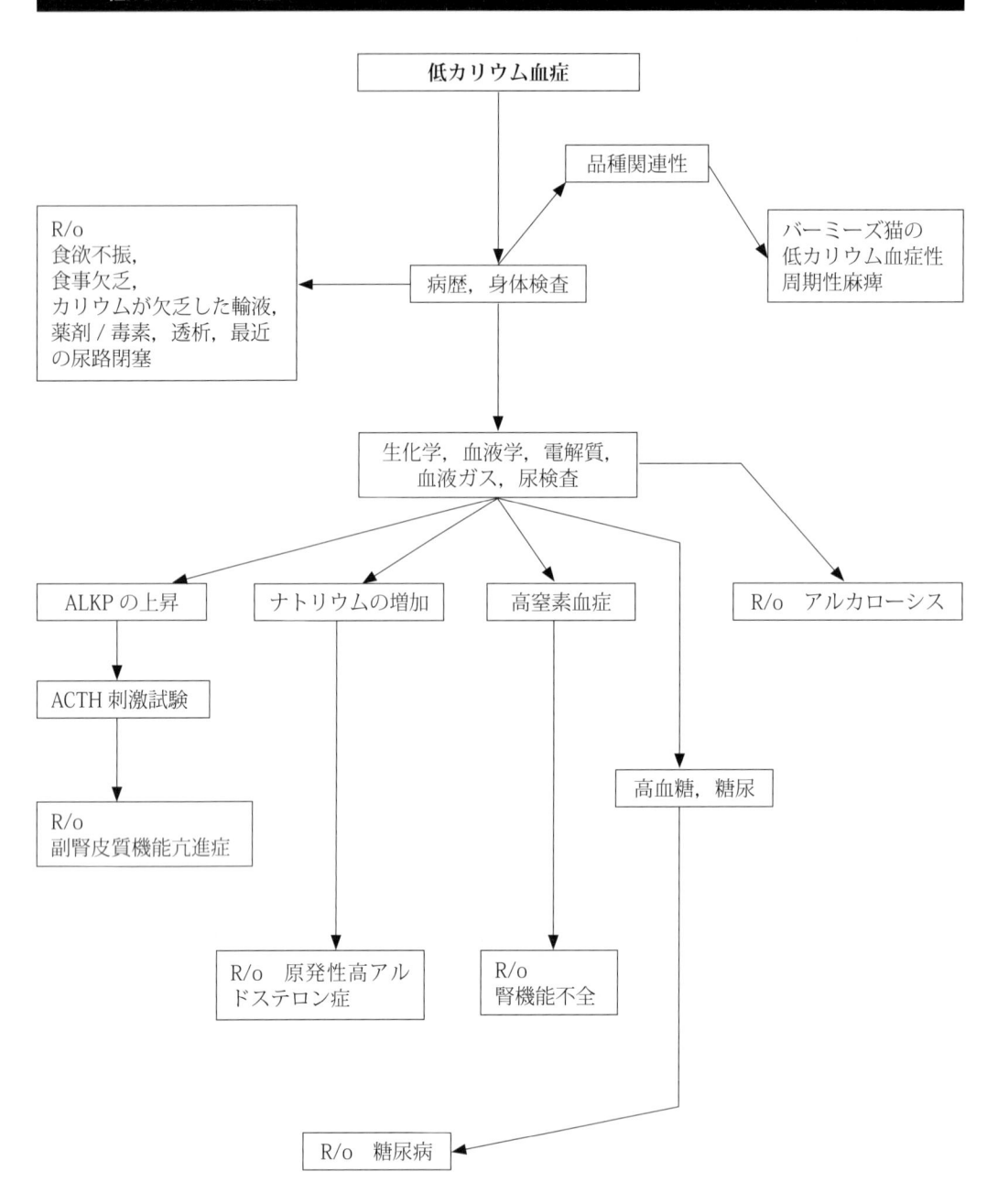

```
                    低カリウム血症
                          │
                          ▼
                      品種関連性 ──────► バーミーズ猫の
                          │              低カリウム血症性
                          ▼              周期性麻痺
R/o                  病歴, 身体検査
食欲不振,         ◄───
食事欠乏,
カリウムが欠乏した輸液,
薬剤／毒素, 透析, 最近
の尿路閉塞
                          │
                          ▼
                  生化学, 血液学, 電解質,
                  血液ガス, 尿検査
                          │
    ┌─────────┬───────────┼───────────┬─────────┐
    ▼         ▼           ▼           ▼         ▼
ALKPの上昇  ナトリウムの増加  高窒素血症            R/o アルカローシス
    │         │           │
    ▼         │           ▼
ACTH刺激試験   │       高血糖, 糖尿
    │         │           │
    ▼         ▼           ▼
R/o        R/o 原発性高アル  R/o
副腎皮質機能亢進症  ドステロン症   腎機能不全
                              │
                              ▼
                        R/o 糖尿病
```

7.8 高カリウム血症

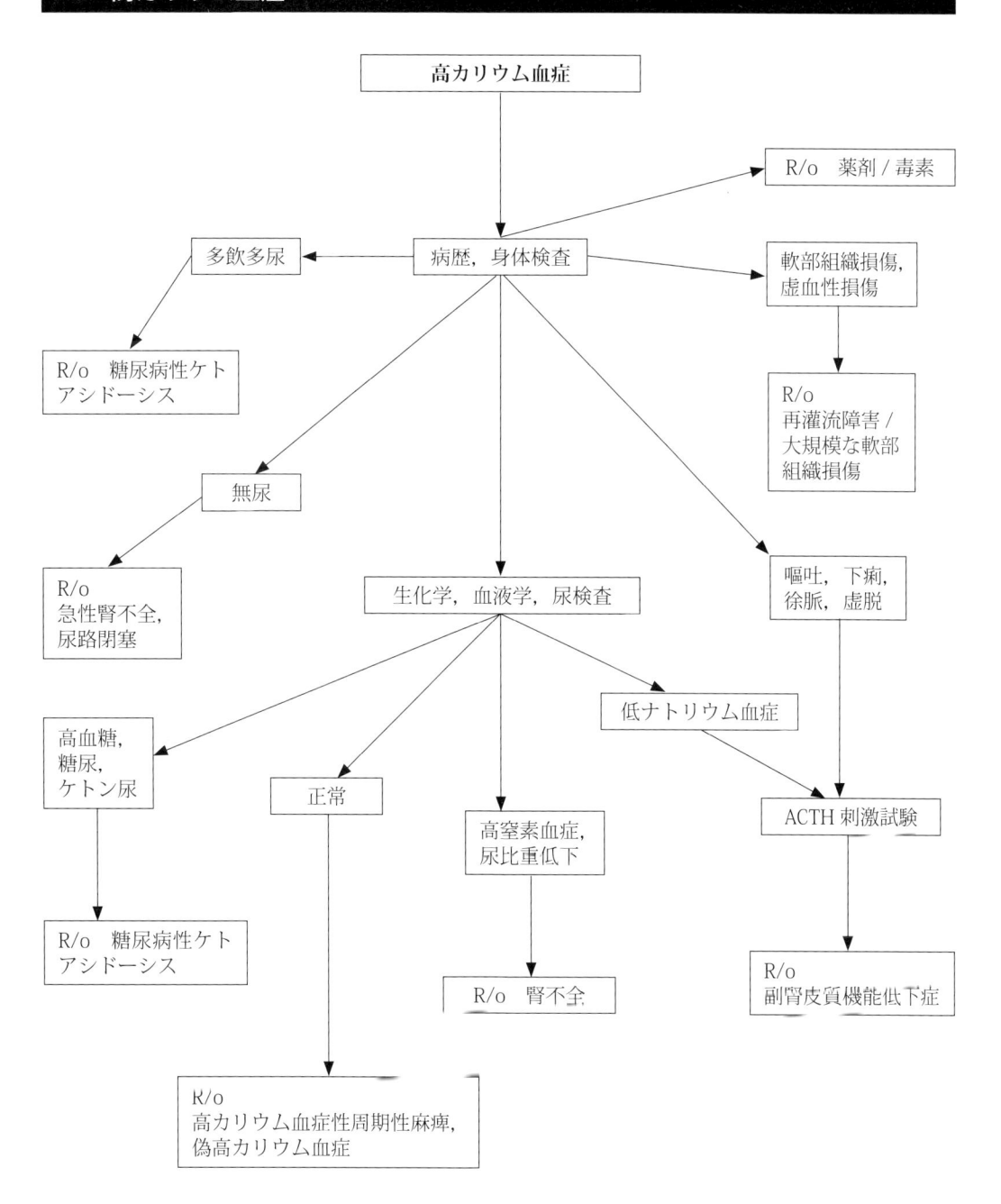

```
                              高カリウム血症
                                   │
                                   │────────────→ R/o 薬剤/毒素
                                   ↓
          多飲多尿 ←────────── 病歴, 身体検査 ──────────→ 軟部組織損傷,
              │                                        虚血性損傷
              ↓                                            │
          R/o 糖尿病性ケト                                   ↓
          アシドーシス                                   R/o
              │                                        再灌流障害/
              │                                        大規模な軟部
              ↓                                        組織損傷
           無尿
              │            ↓                              ↓
              ↓        生化学, 血液学, 尿検査          嘔吐, 下痢,
          R/o                                        徐脈, 虚脱
          急性腎不全,                                      │
          尿路閉塞                                         │
                                                         ↓
                                     低ナトリウム血症
   ┌──────────┬──────────┬──────────┐        │
   ↓          ↓          ↓          ↓        ↓
高血糖,      正常     高窒素血症,              ACTH 刺激試験
糖尿,                尿比重低下                    │
ケトン尿       │          │                       ↓
   │          │          ↓                    R/o
   ↓          ↓       R/o 腎不全               副腎皮質機能低下症
R/o 糖尿病性   R/o
ケトアシドーシス 高カリウム血症性周期性麻痺,
              偽高カリウム血症
```

7.9 低カルシウム血症

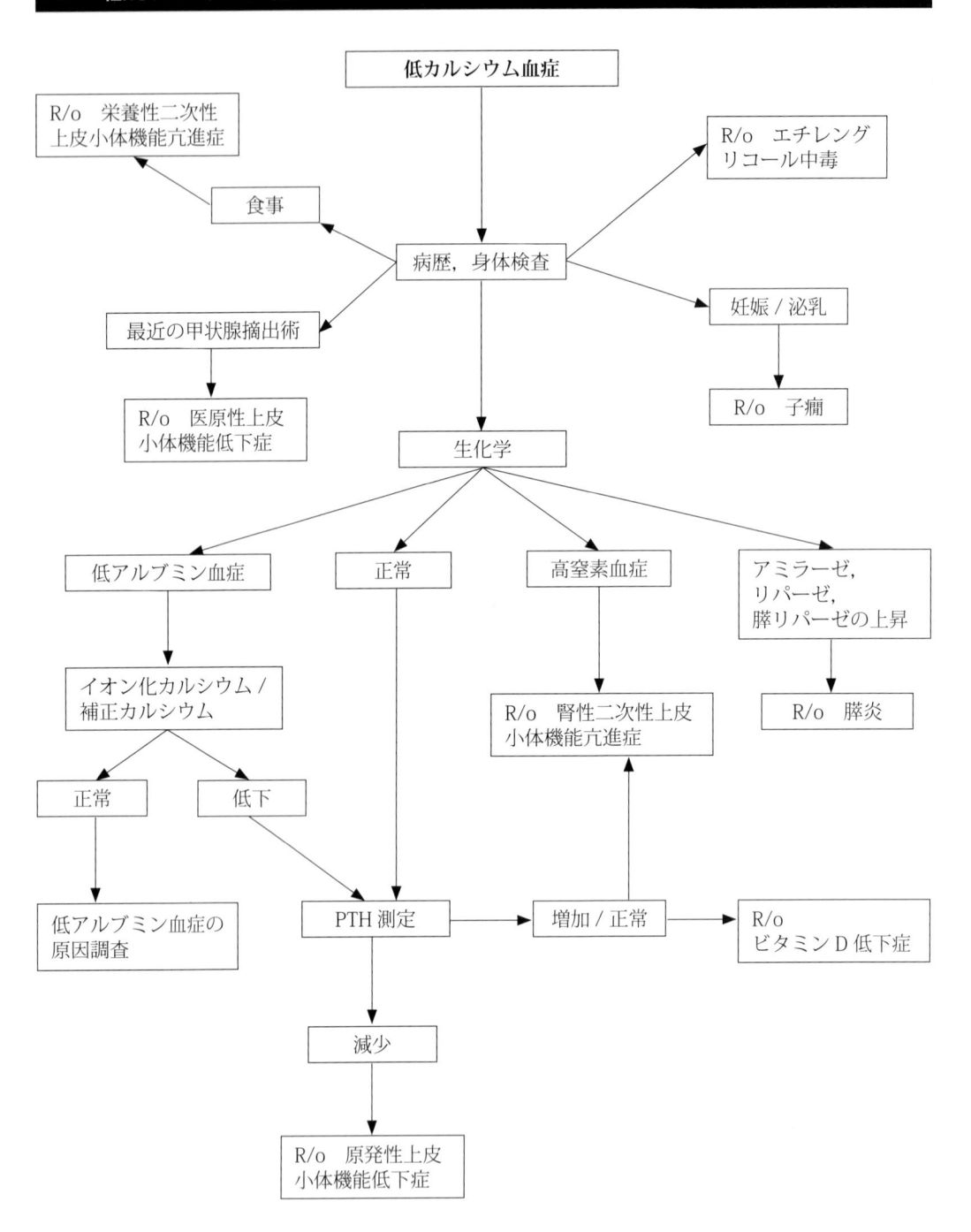

```
                          低カルシウム血症
                                │
    R/o 栄養性二次性                              R/o エチレング
    上皮小体機能亢進症                              リコール中毒
          ↑                                        ↑
        食事 ←─────── 病歴，身体検査 ─────────→ 妊娠／泌乳
                            │                      ↓
    最近の甲状腺摘出術 ←─────┤                   R/o 子癇
          ↓                  │
    R/o 医原性上皮            │
    小体機能低下症          生化学
                              │
        ┌───────────┬─────────┼──────────┬──────────────┐
    低アルブミン血症      正常      高窒素血症      アミラーゼ，
        ↓                                          リパーゼ，
   イオン化カルシウム／                              膵リパーゼの上昇
   補正カルシウム                                        ↓
        │                          R/o 腎性二次性上皮    R/o 膵炎
   ┌────┴────┐                      小体機能亢進症
  正常       低下                          ↑
   ↓          │                            │
 低アルブミン血症の  └──→ PTH測定 ────→ 増加／正常 ──→ R/o
 原因調査                                              ビタミンD低下症
                            ↓
                          減少
                            ↓
                     R/o 原発性上皮
                     小体機能低下症
```

7.10 高カルシウム血症

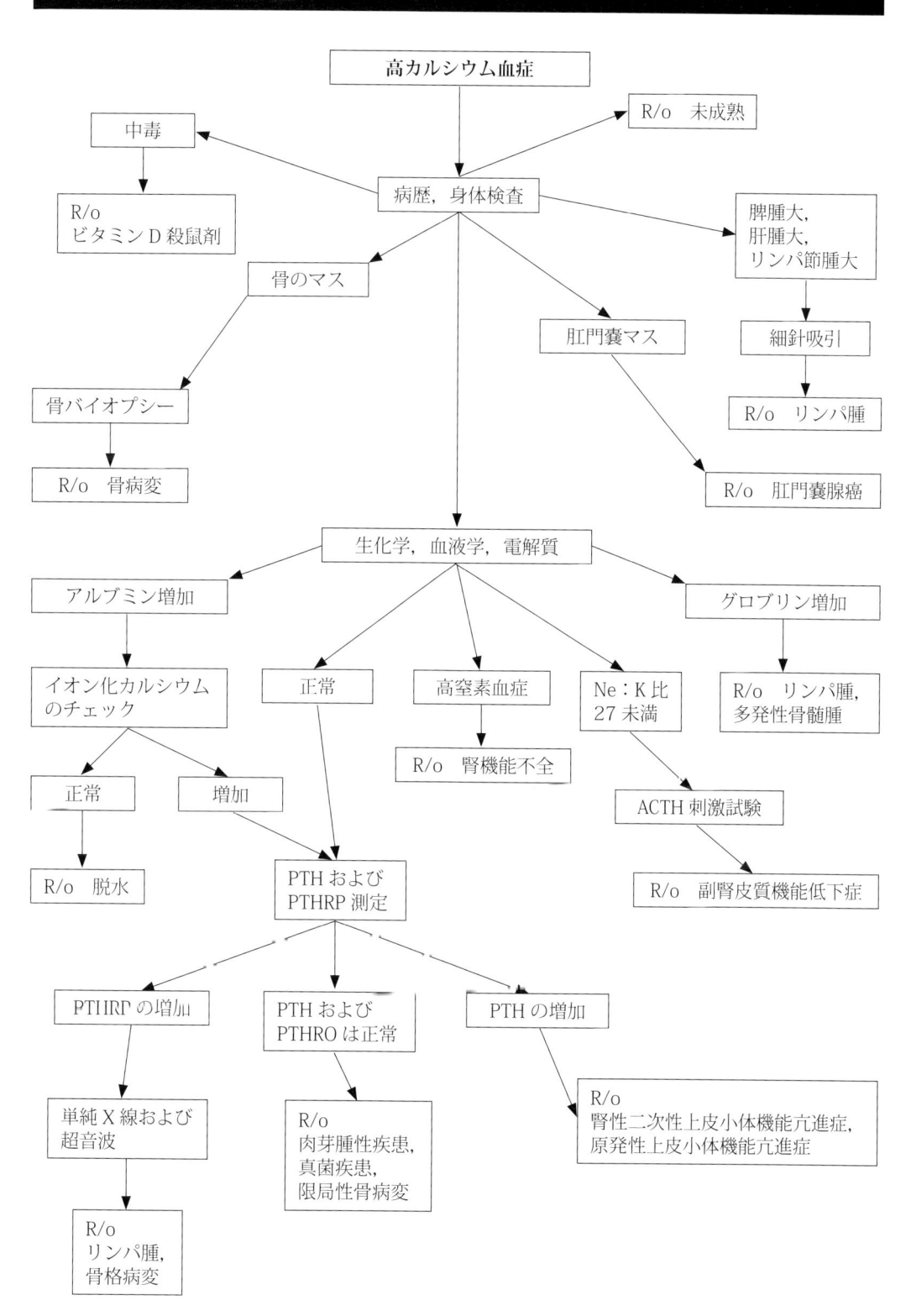

```
                    ┌─────────────────┐
                    │  高カルシウム血症  │
                    └─────────────────┘
                            │
   ┌────────────┐           ▼              ┌──────────────┐
   │   中毒     │◄──── 病歴, 身体検査 ────►│ R/o  未成熟  │
   └────────────┘                          └──────────────┘
        │                  │  │  │
        ▼                  │  │  │              ┌──────────┐
   ┌────────────┐          │  │  │              │ 脾腫大,   │
   │ R/o        │          │  │  └─────────────►│ 肝腫大,   │
   │ ビタミンD  │          │  │                 │ リンパ節腫大│
   │ 殺鼠剤     │          │  │                 └──────────┘
   └────────────┘          │  │                      │
                           ▼  │                      ▼
                    ┌──────────┐               ┌──────────┐
                    │ 骨のマス  │               │ 細針吸引 │
                    └──────────┘               └──────────┘
                         │      │                   │
                         ▼      ▼                   ▼
                  ┌──────────┐ ┌──────────┐  ┌──────────┐
                  │骨バイオプシー│ │肛門嚢マス│  │R/o       │
                  └──────────┘ └──────────┘  │ リンパ腫  │
                         │         │          └──────────┘
                         ▼         ▼
                  ┌──────────┐ ┌──────────┐
                  │R/o 骨病変 │ │R/o       │
                  └──────────┘ │肛門嚢腺癌 │
                               └──────────┘
```

```
                    ┌─────────────────────┐
                    │ 生化学, 血液学, 電解質 │
                    └─────────────────────┘
       ┌─────────┬──────────┼──────────┬──────────┐
       ▼         ▼          ▼          ▼          ▼
  ┌────────┐ ┌──────┐ ┌──────────┐ ┌────────┐ ┌──────────┐
  │アルブミン│ │ 正常 │ │高窒素血症│ │Ne:K比  │ │グロブリン│
  │  増加  │ └──────┘ └──────────┘ │27 未満 │ │  増加    │
  └────────┘    │          │       └────────┘ └──────────┘
       │        │          ▼            │          │
       ▼        │     ┌──────────┐      │          ▼
  ┌────────┐    │     │R/o       │      │     ┌──────────┐
  │イオン化  │   │     │腎機能不全│      │     │R/o       │
  │カルシウム│   │     └──────────┘      │     │リンパ腫, │
  │のチェック│   │                        ▼     │多発性骨髄腫│
  └────────┘    │                  ┌──────────┐ └──────────┘
    │    │      │                  │ACTH刺激試験│
    ▼    ▼      │                  └──────────┘
 ┌────┐┌────┐  │                        │
 │正常││増加│  │                        ▼
 └────┘└────┘  │                  ┌──────────┐
    │    │     │                  │R/o       │
    ▼    │     │                  │副腎皮質  │
 ┌────┐  │     │                  │機能低下症│
 │R/o │  │     │                  └──────────┘
 │脱水│  ▼     ▼
 └────┘ ┌──────────┐
        │PTH および │
        │PTHRP 測定│
        └──────────┘
         │    │    │
         ▼    ▼    ▼
  ┌────────┐┌────────┐┌──────────┐
  │PTHRPの │ │PTH および││PTHの増加│
  │ 増加   │ │PTHROは   │└──────────┘
  └────────┘ │ 正常     │      │
      │     └────────┘      ▼
      ▼          │      ┌──────────────┐
 ┌──────────┐   ▼      │R/o           │
 │単純X線および│ ┌──────────┐│腎性二次性上皮│
 │ 超音波     │ │R/o       ││小体機能亢進症,│
 └──────────┘   │肉芽腫性疾患,││原発性上皮小体│
      │         │真菌疾患,   ││機能亢進症    │
      ▼         │限局性骨病変│└──────────────┘
 ┌──────────┐   └──────────┘
 │R/o        │
 │リンパ腫,  │
 │骨格病変   │
 └──────────┘
```

7.11 全身性高血圧症

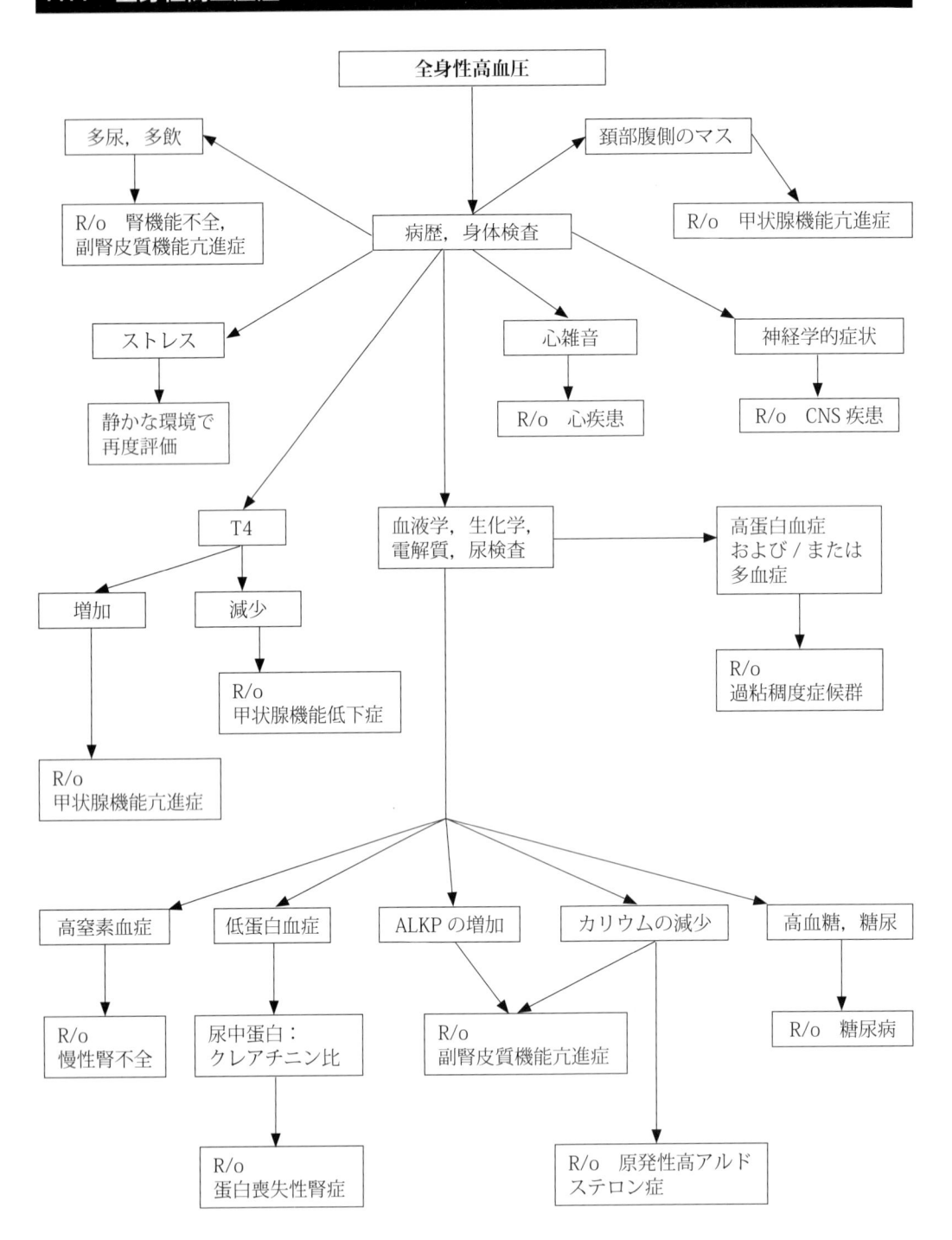

```
                          全身性高血圧
                              │
   ┌──────────────┬──────────┴──────────┬──────────────┐
多尿，多飲                          病歴，身体検査              頚部腹側のマス
   │                              │                          │
R/o 腎機能不全，      ┌──────┬──────┼──────┬──────┐    R/o 甲状腺機能亢進症
副腎皮質機能亢進症   ストレス          │    心雑音    神経学的症状
                       │              │        │              │
                  静かな環境で          │    R/o 心疾患   R/o CNS疾患
                  再度評価              │
                                       │
                    ┌──────────────────┼──────────────────┐
                   T4         血液学，生化学，         高蛋白血症
                   │           電解質，尿検査          および/または
              ┌────┴────┐              │              多血症
             増加      減少              │                │
              │         │               │           R/o 過粘稠度症候群
         R/o 甲状腺  R/o 甲状腺
         機能亢進症  機能低下症
                                        │
        ┌──────────┬──────────┬─────────┼─────────┬──────────┐
     高窒素血症   低蛋白血症  ALKPの増加  カリウムの減少   高血糖，糖尿
        │          │            │         │               │
    R/o 慢性    尿中蛋白：      R/o 副腎皮質            R/o 糖尿病
    腎不全     クレアチニン比   機能亢進症
                  │                        │
              R/o 蛋白喪失性          R/o 原発性高アルド
              腎症                    ステロン症
```

付録 A：病歴の記録

```
動物                       飼い主
日付
品種            年齢                性別
飼い主の所有期間
```

主な来院時のプロブレム
その問題の持続期間
体重減少 / 増加
一般状態
食欲 / 食物の捕捉 / 嚥下
飲水（量）
排尿
  排尿困難
  頻尿
  血尿
  多尿
呼吸器症状
  発咳
    ・特徴（粗性，軟性）
    ・頻度
    ・いつ起こるか（夜，興奮時，運動時）
嘔吐 / 吐出
  頻度
  真の嘔吐または吐出か
  食後どのくらいしてからか
  鮮血か　吐血か
下痢
  頻度
  硬さ
  量
  粘膜
  血液 / メレナ
繁殖状況 / 発情期間および周期
運動不耐性
虚脱 / 発作エピソード
  前駆症状および聴覚行動
  頻度
    ・群発性か
    ・てんかん重積の病歴はどうであるか
  タイプ
    ・全身性（強直性-間代性，間代性，間代性筋攣縮，弛緩性）
    ・焦点性（感覚，運動）
  排尿 / 排便
  意識の喪失
  タイミングおよび食事や運動との関連性
行動学的変化

過去の投薬／麻酔反応
駆虫歴
ワクチン接種歴
食事
毒物への暴露歴
最近の環境の何らかの変化
国外旅行歴
過去の医学的問題
過去または現在の薬物療法
同腹子／同居動物の類似した問題に関する病歴

付録B：身体検査記録

バイタルサイン
    体温
    脈拍
    呼吸

一般状態

水和状態

粘膜
    チアノーゼ
    蒼白
    充血

口腔検査
    歯肉
    歯牙
    その他の病変

眼
    結膜
    眼瞼
    瞳孔
    前眼房
    水晶体
    虹彩
    後眼房
    網膜

耳
    耳道
    鼓膜

鼻
    分泌物
    色素の変化
    空気の流れ
    上部気道の雑音

頚部触診
    腹側頚部マス
    気管の打診（または喉頭圧迫試験）

皮膚
    脱毛
    膿皮症
    皮膚腫瘍
    その他の病変

リンパ節
    腫大－全身的，限局的，単一のリンパ節

腹部触診
    疼痛
    肝臓
    脾臓
    腎臓
    膀胱
    腹部マス

腹水
胸部聴診
　心調律
　雑音
　　・グレード
　　・タイミング
　　・強度
　　・位置
　　・特徴
　　・放散
　ギャロップ音
　肺音
脈拍
　強さ
　脈欠損
直腸
　肛門腺
　前立腺
泌尿生殖器
　陰茎／包皮／精巣
　外陰部／腟
筋骨格
　跛行
　筋委縮−全身的／限局的
神経学的
　付録 C 参照
その他の所見

付録C：神経学的検査チャート

動物	飼い主	
日付		
品種	年齢	性別
飼い主の所有期間		

キー：
− ＝ 反射または徴候の消失
＋ ＝ 反射または徴候の低下
＋＋ ＝ 反射または徴候は正常
＋＋＋ ＝ 反射または徴候の亢進

病歴
飼い主の主訴
　発症日
　発症の速さ
　進行（進行性，進退性，後退，安定，発作性）
虚脱／発作エピソード
　前駆症状および聴覚行動
　頻度
　　・群発性か
　　・てんかん重積の病歴はどうであるか
　タイプ
　　・全身性（強直性 - 間代性，間代性，間代性筋攣縮，弛緩性）
　　・焦点性（感覚，運動）
　排尿／排便
　意識の喪失
　タイミングおよび食事や運動との関連性
異常行動
　頭部の押しつけ
　痴呆
　旋回
　その他
運動失調
運動不耐性
全般的な医学的病歴
注意：全般的な病歴を完全に聴取すべきである（付録A参照）．

観察

精神状態（正常，錯乱，抑うつ，混迷，昏睡）				
四肢				
	左前	右前	左後	右後
不全麻痺				
完全麻痺				
浅部痛				
深部痛				
筋肉強度				
	C1-C5	C6-T2	T3-L3	L4-L7
前肢	UMN	LMN	—	—
後肢	UMN	UMN	UMN	LMN

UMN＝上位運動ニューロン，LMN＝下位運動ニューロン

体勢
　斜頚
　姿勢
　旋回
跛行
運動失調
不全麻痺
歩行
不随意運動
触診 / 操作
疼痛
　脊髄−位置決め
　関節
　筋肉
頚部の動き
姿勢反応

	左前	右前	左後	右後
ぴょんぴょんと跳ぶ				
ナックリング				
手押し車				
半側歩行				
姿勢性伸筋突伸反応				
プレーシング（触覚）				

脳神経−正常か，低下か，消失か，左または右か
　非刺激物質に対する嗅覚（Ⅰ）
　瞳孔の大きさ / 瞳孔不同症（網膜，Ⅱ，Ⅲ）
　対光瞳孔反射（PLR）（Ⅱ，Ⅲ，交感神経，網膜）
　威嚇（網膜，Ⅱ，Ⅶ，前脳，小脳）
　角膜反射（Ⅴ，Ⅵ，Ⅶ）
　綿花の落下（Ⅱ）
　聴覚反応（Ⅷ）
　斜視（恒久性：Ⅲ，Ⅳ，Ⅵ；一過性：Ⅷ）

突発性眼振（水平，垂直，回転）
　体位眼振（Ⅲ，Ⅷ）
　眼前庭性（Ⅲ，Ⅳ，Ⅵ，Ⅷ）
　顔面感覚，鼻への刺激（Ⅴ，前脳）
　顔面麻痺（Ⅶ）
　咀嚼筋委縮（Ⅴ）
　眼球（Ⅴ＋Ⅶ）
　嚥下／嘔気（ⅨとⅩ）
　舌（Ⅻ）
　眼心性（Ⅴ，Ⅹ）
　顎の緊張（Ⅴ）
脊髄反射
　前肢逃避反射（C6-T2）
　後肢逃避反射（L6-T2）
　膝蓋腱反射（L4-6）
　腓腹筋反射（L6-S1）
　会陰反射（S1-S2）
　橈側手根伸筋反射（C7-T2）
　尾の動きはどうか
　皮筋反射
排尿機能
　随意排尿か
　膀胱の膨満はどうか
　容易に圧迫排尿できるか

付録 D：心臓科診察フォーム

注意：病歴聴取は付録 A，身体検査は付録 B 参照．

動物　　　　　　　　　　　飼い主
日付
品種　　　　　　年齢　　　　　　性別
飼い主の所有期間

血圧
心電図検査

表 D.1　心電図記録用紙

パラメーター	結　果	犬の正常値	猫の正常値
調律			
心拍数		70～160	120～240
P 波の高さ（mV）		＜ 0.4	＜ 0.2
P 波の幅（s）		＜ 0.04	＜ 0.04
R 波の高さ（mV）		＜ 2.5～3.0	＜ 0.9
QRS 群の幅（s）		＜ 0.06	＜ 0.04
P-R 間隔（s）		0.06～0.13	0.05～0.09
Q-T 間隔（s）		0.15～0.25	0.12～0.18
T 波の高さ（mV）		＜ R 波の高さの 1/4	＜ 0.3mV
S-T 分節		0.2mV 未満の低下	顕著な低下は起こらない
P 波と QRS 群は連動しているか			
QRS 群と P 波は連動しているか			

その他のコメント
ECG 診断
X 線検査
心臓以外／肺構造
側面像
　椎骨心臓スコア（VHS）
　心陰影の幅
　心陰影の高さ
　心腔拡大
　肺パターン
　前葉動脈
　前葉静脈
　後大静脈の幅と位置
　気管の挙上
　主気管支の分離
背腹像
　心臓の幅
　心腔拡大
　気管支の分離（カウボーイサイン）

肺パターン
　　後葉動脈
　　後葉静脈
心エコー検査
（体重毎の正常値は他の成書を参照）
2D
　　心室中隔拡張末期厚（IVSd）
　　心室中隔収縮末期厚（IVSs）
　　拡張期左室内径（LVd）
　　収縮期左室内径（LVs）
　　拡張期左室自由壁厚（LVFWd）
　　収縮期左室自由壁厚（LVFWs）
　　左房（LA）
　　大動脈（Ao）
　　左房：大動脈（LA：Ao）
収縮能
　　左室内径短縮率（FS，％）
　　駆出分画（EF）
　　E点心室中隔距離（EPSS）
　　前駆出時間（PEP）
　　左室駆出時間（LVET）
　　前駆出時間：左駆出時間（PEP：LVET）
　　左室球形指数
拡張能
　　僧帽弁流入速度
　　最大E派
　　最大A派
弁通過速度
　　僧帽弁逆流
　　三尖弁逆流
　　大動脈流出路
　　肺動脈流出路
カラードプラ
　　左房逆流
　　右房逆流
　　心房中隔欠損か
　　心室中隔欠損か
バブルグラムの所見
心膜液
　　タンポナーデによるものか
　　腫瘍によるものか
　　その他の所見

参考図書および参考文献

以下の文献を参考とした．それぞれの疾患のさらなる情報は，これらの文献を見ていただきたい．

Bainbridge, J. & Elliott, J. (1996) *Manual of Canine and Feline Nephrology and Urology*. BSAVA, Cheltenham.
Bistner, S. I., Ford, R. B. & Raffe, M. R. (2000) *Kirk and Bistner's Handbook of Veterinary Procedures and Emergency Treatment*, 7th edn. WB Saunders, Philadelphia.
Bonagura, J. D. & Kirk, R. W. (1995) *Kirk's Current Veterinary Therapy XII Small Animal Practice*. WB Saunders, Philadelphia.
Braund, K. G. (1986) *Clinical Syndromes in Veterinary Neurology*. Williams & Wilkins, Baltimore.
Bush, B. M. (1991) *Interpretation of Laboratory Results for Small Animal Clinicians*. Blackwell Science, Oxford.
Campbell, A. & Chapman, M. (2000) *Handbook of Poisoning in Dogs and Cats*. Blackwell Science, Oxford.
Chrisman, C. L. (1991) *Problems in Small Animal Neurology*, 2nd edn. Lea & Febiger, Philadelphia.
Crispin, S. M. (2005) *Notes on Veterinary Ophthalmology*. Blackwell Science, Oxford.
Davidson, M. G., Else, R. W. & Lumsden, J. H. (1998) *BSAVA Manual of Small Animal Clinical Pathology*. BSAVA, Cheltenham.
Day, M. J., Mackin, A. & Littlewood, J. D. (2000) *BSAVA Manual of Canine and Feline Haematology and Transfusion Medicine*. BSAVA, Cheltenham.
Dennis, R., Kirberger, R. M., Wrigley, R. H. & Barr, F. J. (2001) *Handbook of Small Animal Radiological Differential Diagnosis*. WB Saunders, London.
Dewey, C. W. (2003) *A Practical Guide to Canine and Feline Neurology*. Iowa State Press, Ames.
Dunn, J. K. (1999) *Textbook of Small Animal Medicine*. WB Saunders, London.
Ettinger, S. J. & Feldman, E. C. (2005) *Textbook of Veterinary Internal Medicine*, 6th edn. Elsevier Saunders, St Louis.
Feldman, B. F., Zinkl, J. G. & Jain, N. C. (2000) *Schalm's Veterinary Haematology*, 5th edn. Lippincott, Williams & Wilkins, Philadelphia.
Ford, B. R. (1988) *Clinical Signs and Diagnosis in Small Animal Practice*. Churchill Livingstone, New York.
Foster, A. P. & Foil, C. S. (2003) *BSAVA Manual of Small Animal Dermatology*, 2nd edn. BSAVA, Gloucester.
Fox, P. R., Sisson, D. & Moise, N. S. (1999) *Textbook of Canine and Feline Cardiology: Principles and Clinical Practic*, 2nd edn. W.B. Saunders, Philadelphia.
Gelatt, K. N. (2000) *Essentials of Veterinary Ophthalmology*. Lippincott, Williams & Wilkins, Philadelphia.
Hall, E. J., Simpson, J. W. & Williams, D. A. (2005) *BSAVA Manual of Canine and Feline Gastroenterology* (2nd edn). BSAVA, Gloucester.
Harvey, R. G., Harari, J. & Delauche, A. J. (2001) *Ear Diseases of the Dog and Cat*. Manson Publishing, London.
Hoerlein, B. F. (1978) *Canine Neurology: Diagnosis and Treatment*. WB Saunders Co, Philadelphia.
Houlton, J. E. F. (1994) *BSAVA Manual of Small Animal Arthrology*. BSAVA, Cheltenham.
Kaneko, J. J., Harvey, J. W. & Bruss, M. L. (1997) *Clinical Biochemistry of Domestic Animals*, 5th edn. Academic Press, San Diego.
Kealy, J. K. (1987) *Diagnostic Radiology of the Dog and Cat* (2nd edn)., WB Saunders Co, Philadelphia.
Kittleson, M. D. & Kienle, R. D. (1998) *Small Animal Cardiovascular Medicine*. Mosby, St Louis.
Nelson, R. W. & Couto, C. G. (2003) *Small Animal Internal Medicine*, 3rd edn. Mosby, St Louis.
Nyland, G. T. & Mattoon, J. S. (2002) *Small Animal Diagnostic Ultrasound*, 2nd edn. WB Saunders Co, Philadelphia.

Osborne, C. A. & Stevens, J. B. (1999) *Urinalysis: A Clinical Guide to Compassionate Patient Care.* Bayer, Leverkusen.
Paterson, S. (1998) *Skin diseases of the dog.* Blackwell Science, Oxford.
Petersen-Jones, S. & Crispin, S. (2002) *BSAVA Manual of Small Animal Ophthalmology.* BSAVA, Gloucester.
Pfeiffer, R. L. & Petersen-Jones, S. M. (1997) *Small Animal Ophthalmology: A Problem-oriented Approach.* WB Saunders Co, London.
Ramsey, I. & Tennant, B. R. (2001) *Manual of Canine and Feline Infectious Diseases.* BSAVA, Gloucester.
Scott, D. W., Miller, W. H. & Griffin, C. E. (2001) *Muller & Kirk's Small Animal Dermatology,* 6th edn. WB Saunders Co, Philadelphia.
Sharp, N. J. H. & Wheeler, S. J. (2005) *Small Animal Spinal Disorders — Diagnosis and Surgery,* 2nd edn. Elsevier Mosby, Edinburgh.
Tennant, B. (2005) *BSAVA Small Animal Formulary,* 5th edn. BSAVA, Gloucester.
Thrall, D. E. (2002) *Textbook of Veterinary Diagnostic Radiology,* 4th edn. WB Saunders Co, Philadelphia.
Veterinary Information Network. www.vin.com. Accessed 30.12.05.
White, M. E., Consultant. www.vet.cornell.edu/consultant/consult.asp. Accessed 3.12.05.
 注意：このウェブサイトは多くの鑑別診断を掲載している．ABC 順に病歴と身体所見が並べられている．
Willard, M. D. & Tvedten, H. (2004) *Small Animal Clinical Diagnosis by Laboratory Methods,* 4th edn. Saunders, St Louis.

索 引

◆索引の手引き◆

1. 索引用語が必ずしも該当頁にそのまま記載されているとは限りません.「その用語に関することが記載されている頁」を表わす場合もあります.

2. ある疾患を調べる場合,原則として,その症状や原因から調べるよう配列しました.

3. 臓器の異常の場合,該当臓器名の下にその異常の項目を配列している場合もあります.例えば"心拍数の異常"を調べる場合,該当臓器である"心臓","心室"から探します.

あ

亜鉛 282
顎 148, 166, 224
アシドーシス 12, 308
　（"代謝性アシドーシス","呼吸性アシドーシス"も参照）
足の疾患 75, 77, 78, 80
肢の跛行 81
アスパラギン酸アミノトランスフェラーゼ 265
アミラーゼ 264
アミロイドーシス 111, 113
アラニントランスフェラーゼ 261
アルカリ血症 313
アルカリフォスファターゼ 262
アルカローシス 12
　（"代謝性アルカローシス","呼吸性アルカローシス"も参照）
アルブミン 260
アンチトロンビンIII濃度の減少 301
アンモニア 264

い

胃 197
威嚇反応低下 148
胃送出の遅延 199
胃腸管からの喪失 308
胃腸管疾患
　嘔吐 19, 22
　筋肉の萎縮 165
　血便 31
　サイロキシン減少 333
　食欲不振／食欲欠乏 6
　徐脈 128
　心電図所見 343
　胆管閉塞 245
　洞性徐脈 351
　吐血 30
　吐出 18
　反応性血小板増加症 292
　腹痛 108
　腹部の超音波画像 251, 252
　不適切な排尿および排便 66
　メレナ 29
イレウス 252
インスリノーマ（尿中ケトン） 321
インスリン 335
咽頭（頭部および頸部のX線像） 228
咽頭後部のマス 228

う

ウイルス感染症　→各徴候は本文参照
ウロビリノーゲン（尿中の一） 318
運動失調／固有受容感覚欠如 50
運動不耐性 42

え

栄養疾患　→各徴候は本文参照
ACTH 335
ACTH 刺激試験 365
エストラジオール 337
X線検査　→体の各部位を参照
X線像（図中）
　異物 21
　肝外門脈体循環シャント 267
　肝腫大 195
　上腕骨骨折 75
　腎腫大 168
　心膜液 182
　乳糜胸 176
　尿管結石 210
　猫喘息 173
　肺水腫 176
　肺動脈弁狭窄 127
　肺の腺癌 117
X線造影 203, 207, 210, 234, 371
MRスキャン（図中）
　下垂体腫瘍 65
　甲状腺癌 303
　神経膠腫 46
　脊髄髄膜腫 55
　肉芽腫性髄膜脳脊髄炎 331
　中耳 151
　中耳炎 53
　椎間板突出 58
　副腎 2
エリスロポイエチンの欠乏 287
嚥下困難 3, 17
嚥下反射低下 148
炎症性疾患　→各徴候は本文参照
円柱（尿中の一） 321

お

横隔膜の異常 190
黄疸 111
　診断アルゴリズム 383
嘔吐 4, 15, 19, 104, 120, 309, 311

か

外陰部の分泌物　87
開口障害　166
外耳炎　67, 141, 150
潰瘍性皮膚疾患　140
過換気　314
角化異常　44, 132, 142
角膜の異常　147, 159
過剰な容量負荷（心臓）　182
ガストリン　272
肩の疾患　74, 76
喀血　40
カリウム　307
　（"高カリウム血症"，"低カリウム血症"も参照）
過流涎　14
カルシウム　302
　（"高カルシウム血症"，"低カルシウム血症"も参照）
肝炎
　アラニントランスフェラーゼ増加　261
　アルカリフォスファターゼ増加　262
　肝臓の細胞診　327
　ガンマグルタミルトランスフェラーゼ増加　272
　サイロキシン減少　332
　成長不良　8
　多尿/多飲　1
　胆嚢壁の肥厚　246
　超音波画像　256
肝機能障害
　アンモニア増加　264
　グロブリン減少　274
　コレステロール減少　268
　トリグリセリド増加　279
肝頚静脈逆流陽性　130
眼瞼反射低下　148
肝硬変　111, 113, 262, 272
肝細胞損傷（乳酸脱水素酵素）　277
肝疾患
　（肝臓の病気の項，"肝性−"，"肝−"という用語も参照）
　アスパラギン酸アミノトランスフェラーゼ増加　265
　アラニントランスフェラーゼ増加　261
　アルカリフォスファターゼ増加　262
　黄疸　111
　嘔吐　20, 23
　ガンマグルタミルトランスフェラーゼ増加　271
　血管閉塞　246
　下痢　24
　サイロキシン減少　333
　食欲不振/食欲欠乏　6
　神経原性過換気　314
　脱毛　139
　多病巣性神経学的疾患　68
　低血糖症　274
　吐血　30
　尿の比重低下　316
　脾臓疾患　248
　び漫性−　245
　貧血　285
　腹水　310
　メレナ　29
肝実質疾患（胆汁酸増加）　267
肝腫大
　胃の変位　197
　血小板減少症　291
　呼吸困難/呼吸速拍　117
　小腸変位　200
　体重増加　4
　大腸変位　203
　超音波画像　245
　腹部X線　213
　腹部拡大　108
肝性黄疸　111
肝性脳症
　運動失調/固有受容感覚欠如　50, 51
　行動の変化　65
　失明/視覚障害　71
　振戦/震え　49
　前庭疾患　151
　発作　47
関節炎　???
関節障害　11
関節の変化　222
感染症　→各徴候は本文参照
肝臓
　触診による異常　113
　−の細胞診　327
　−の縮小　114, 195
　−の腫大　113, 194
　腹部X線　194
　腹部の石灰沈着　214
肝胆管疾患
　多尿/多飲　1
　胆管閉塞　245
　腹痛　108

腹部の超音波画像　244
嵌頓包茎　171
眼内出血　158, 164
眼内の疾患　71, 257
肝不全　3, 11, 260
ガンマグルタミルトランスフェラーゼ　271
顔面左右不対称　148
顔面神経の病変　156, 161
肝リピドーシス　111, 113

き

気管／気管支肺胞洗浄　324
気管支炎　172
気管支拡張症　172
気管支肺胞洗浄　324, 354, 355
気管支壁の水腫　172
気管の異常　186
気胸
　　胸部X線　174, 189
　　呼吸困難／呼吸速拍　117
　　呼吸性アシドーシス　312
　　チアノーゼ　121
　　低血圧　104
　　動脈血酸素分圧　315
偽高カリウム血症　307
キサンチン（尿中の－）　322
気縦隔症　192
寄生虫感染症　→各徴候は本文参照
気道疾患　6, 115
キャノンa波　130
丘疹　134
急性呼吸窮迫症候群　118, 175
胸腔穿刺　354, 360
凝固因子欠乏症（喀血）　41
凝固障害
　　アルブミン減少　260
　　肝実質の異常　245
　　眼内出血　164, 257
　　胸部X線　179
　　くしゃみおよび鼻からの分泌物　39
　　グロブリン減少　274
　　血尿　92
　　血便　31
　　再生性貧血　282, 283
　　心室頻拍　348
　　心膜液　237
　　咳　36
　　鉄欠乏性貧血　287
　　鉄減少　276
　　吐血　30

鼻出血　40
腹痛　109
腹腔内コントラストの消失　211
膀胱疾患　250
発作　47
メレナ　28, 29
狭窄音　123
胸水
　　異常な心音　124
　　胃の変異　197
　　液体貯留　4
　　胸部X線　174, 188
　　胸部の超音波画像　236
　　呼吸困難／呼吸速拍　117
　　呼吸性アシドーシス　313
　　食欲不振／食欲欠乏　6
　　チアノーゼ　121
　　動脈血酸素分圧　315
　　ナトリウム減少　311
頬粘膜出血時間　299, 367
強迫性行動　66
胸部X線
　　横隔膜の異常　190
　　過剰な容量負荷　182
　　感染性疾患　177, 178
　　気管支炎　172
　　気管支壁の水腫　172
　　気管の異常　186
　　気胸　189
　　急性呼吸窮迫症候群　175
　　胸水　188
　　胸壁の外傷　184
　　血管パターン　179
　　骨融解　183
　　縦隔の異常　191
　　腫瘍　174, 178
　　循環血液量低下　183
　　食道の異常　184
　　心陰影　181
　　心筋疾患　181
　　短絡　180
　　肺炎　175
　　肺血栓塞栓症　176
　　肺出血　175, 179
　　肺水腫　174
　　肺線維症　179
　　肺の過膨張　180
　　肺の低灌流　180
　　無気肺　174
　　肋骨の異常　183

胸部の超音波画像　236
　　胸水　236
　　左心室駆出期指数　241
　　縦隔のマス　237
　　心腔径の変化　238
　　心膜液　237
強膜うっ血　158
虚弱　11，167
虚脱　8
筋骨格系疾患　42，102
筋骨格系の疼痛　109
筋電図所見　352
筋肉の疾患　165

く

くしゃみおよび鼻からの分泌物　38
グラスゴー昏睡スケール　62
グルコース　274，369
　　（"高血糖症"，"低血糖症"も参照）
　　尿中の－　317
クレアチニン　269
クレアチンキナーゼ　269
クロール　305
グロブリン　273

け

頚部（超音波画像）　258
頚部のX線像　224
痙攣
　　高体温症　98
　　失神／虚脱　10
　　常同症／強迫性行動　66
　　－の鑑別　9
血圧測定　363
　　ドプラ法による－　364
血液（尿中の－）　317
血液塗抹の準備　307
血管炎　141，291
血管緊張性の低下　104
血管障害　63
　　運動失調／固有受容感覚欠如　50～52，55，56
　　失明／視覚障害　71
　　前庭疾患　152
　　多病巣性神経学的疾患　69
　　爪の疾患　146
　　不全麻痺／麻痺　60，61
　　発作　47
血小板機能障害　299
血小板減少症　289

喀血　41
頬粘膜出血時間の延長　299
血便　31
鼻出血　40
メレナ　29
血小板症　40，41
血小板増加症　292
結節　135
結腸炎　251
血糖値曲線　369
血尿　3，91，171，283，287，317，321
血便　31
結膜炎　156
下痢　24
　　ショック　120
　　代謝性アシドーシス　312
　　大腸の内容物　204
　　低血圧　104
　　ナトリウム増加　311
　　リン酸減少　309
原虫感染症　→各徴候は本文参照

こ

高アルブミン血症　302
好塩基球増加症　298
高カリウム血症　307
　　嘔吐　19，23
　　虚弱　12
　　徐脈　128，351
　　振戦／震え　49
　　診断アルゴリズム　385
　　心電図所見　343，345，346
高カルシウム血症　302，322
　　嘔吐　19，23
　　虚弱　11
　　食欲不振／食欲欠乏　6
　　診断アルゴリズム　387
　　心電図所見　346
　　多尿／多飲　1
　　尿比重低下　316
　　腹部の石灰沈着　215
　　便秘／重度の便秘症　32
　　マグネシウム減少　306
後眼球マス（超音波画像）　257
口腔病変　14，17，106，224，225
高グロブリン血症　103
攻撃性　66
高血圧　103
　　異常な心音　124，125，126
　　眼内出血　164，257

胸部X線 182
虚弱 12
くしゃみおよび鼻からの分泌物 39
昏睡/昏迷 63
左心室駆出期指数 242
診断アルゴリズム 388
吐血 30
鼻出血 40
ぶどう膜炎 158
メレナ 29
網膜剥離 163
高血糖症 310, 317
虹彩前癒着 164
好酸球減少症 298
好酸球増加症 297
後肢
　－の跛行 77
　－の浮腫 102, 122
高脂血症 158, 310
甲状腺（超音波画像） 258
甲状腺疾患 103
高体温症 95
　（"発熱"も参照）
　呼吸困難/呼吸速拍 118
　ナトリウム増加 312
　尿素増加 280
　尿中の蛋白増加 319
後大静脈の拡張 246
高蛋白血症 310, 319
好中球減少症 294
好中球増加症 293
行動の変化 64
口内炎 107
高ナトリウム血症 1, 305, 311
　虚弱 12
　発作 47
高粘稠度 103, 164
高ビリルビン血症 318
高マグネシウム血症 306
肛門嚢疾患 111, 146
高リン血症 310
呼吸音（異常な－） 123
呼吸器疾患
　運動不耐性 42
　悪心/嘔気 17
　虚弱 12
　呼吸性アシドーシス 313
　ショック 120
　徐脈 128
　心電図所見 343

洞性徐脈 351
動脈血酸素分圧 314
吐血 30
乳酸脱水素酵素増加 277
メレナ 28
呼吸困難/呼吸速拍 114
呼吸性アシドーシス 306, 312, 315, 320
呼吸性アルカローシス 305, 309, 313, 315
呼吸速拍 114
鼓室包（頭部および頚部のX線像） 225
鼓腸症 35
骨格/関節障害 11
骨格筋の障害 277
骨格のX線検査 215
　関節の変化 222
　骨化遅延 217
　骨減少症 219
　骨折 215
　骨膜反応 218
　骨融解 220
　骨融解/骨形成性病変 221
　小人症 217
　成長板閉鎖の遅延 217
　長骨形状の変化 216
　骨のX線不透過性の増強 217
　骨のマス 218
骨化遅延 217
骨減少症 215, 219, 223
骨髄炎 215, 217
骨髄吸引 359
骨折 215
骨端形成不全 223
骨膜反応 218
骨融解 183, 220
骨融解性関節疾患 223, 224
小人症（骨格のX線検査） 217
固有受容感覚欠如 50
コルチゾール 334
コレステロール 268
昏睡/昏迷 61, 99

さ

細菌感染症　→各徴候は本文参照
細針吸引 331, 354
サイロキシン 332
右左短絡 180
酸塩基不均衡 50, 104
　（"アシドーシス","アルカローシス"も参照）
酸血症 312

三叉神経の病変　156, 161

し

C反応蛋白　268
視覚障害　5, 70
歯牙原性嚢胞　224
磁気共鳴画像　357
色素異常　137
色素過剰症　138
色素脱失　137
子宮
　触診による異常　170
　－の腫大　4, 108, 204, 206
　腹部X線　213
　腹部の超音波画像　253
糸球体濾過の減少　265, 278
視神経疾患　70
視神経乳頭の浮腫　163
シスチン（尿中の－）　322
失神／虚脱　8
失神の鑑別　9
失明／視覚障害　5, 70
歯肉炎　106
しぶり（テネスムス）／排便困難　34
斜視　149
縦隔の異常　191
縦隔変位　187, 191
収縮能の低下（心臓）　119
重炭酸　315
重度の便秘症　→便秘／重度の便秘症を参照
手根の疾患　74, 76
出血
　再生性貧血　282
　ショック　120
　低血圧　104
　反応性血小板増加症　292
出血性疾患（単球増加症）　297
出血性心膜液　237
腫瘍　→各徴候は本文参照
循環血液量低下　120
　右心房縮小　241
　胸部X線　183
　減弱した脈　131
　呼吸困難／呼吸速拍　118
　左心室駆出期指数　241
　左心室縮小　239
消化器疾患（広範性疼痛）　101
消化器内視鏡バイオプシー　355
小肝症　204, 245
硝酸（尿中の－）　318

上室頻拍　129, 348
小腸の疾患　3, 199, 311
常同症／強迫性行動　66
小脳疾患　48, 52
上皮小体機能亢進症　81, 224, 303
静脈うっ血　113, 194
静脈性尿路造影　372
食道の異常　184
食欲欠乏　5
食欲不振　3, 5, 13
ショック　119
　異常な心音　124
　胸部X線　183
　呼吸困難／呼吸速拍　118
　失神／虚脱　8
　代謝性アシドーシス　312
　チアノーゼ　121
　尿素増加　279
　尿の比重上昇　316
　反応性血小板増加症　292
　脾臓の大きさの減少　197
　無尿／乏尿　91
　メレナ　29
徐脈　128
　左心室拡張　239
　診断アルゴリズム　378
　心電図所見　346
　心ブロック　351
　反応性血小板増加症　292
徐脈性不整脈　8, 12
シリカ（尿中の－）　322
シルマー涙液試験　370
心因性疾患　145, 169
心拡大　181
真菌（尿中の－）　323
真菌感染症　→各徴候は本文参照
心筋疾患　181
心筋症　242, 276
神経学的検査　393
神経学的疾患／機能不全
　咽頭疾患　6
　角膜潰瘍／糜爛　161
　結膜炎　156
　広範性疼痛　102
　失神／虚脱　9
　振戦／震え　48
　瘙痒　44
　低血圧　104
　流涎／過流涎　15
神経筋疾患／機能不全

運動不耐性　42
嚥下困難　17
悪心／嘔気　16
虚弱　13
呼吸性アシドーシス　312
動脈血酸素分圧　314
跛行　81
便秘／重度の便秘症　33
神経伝導速度所見　352
心血管系疾患／機能不全
　運動不耐性　42
　喀血　41
　虚弱　12
　失神／虚脱　8
　チアノーゼ　121
心原性ショック　119
腎後性疾患　278，281
腎後性腎不全　308，310
心室
　大きさの変化　239
　心拍数の異常　129
　調律の変化　348，349，350
心疾患　41，42，99，128，314
腎疾患
　嘔吐　20，23
　下痢　24
　高血圧　103
　食欲不振／食欲欠乏　6
　脱毛　139
　多尿／多飲　1
　多病巣性神経学的疾患　68
　鉄減少　276
　脾臓疾患　248
　頻尿／排尿困難／有痛性排尿困難　90
　腹部の超音波画像　242
　マグネシウム減少　307
腎腫大
　小腸の変位　200
　体重増加　4
　大腸の変位　203
　腹部X線　213
　腹部の超音波画像　242
　滲出液　3，104，237，261
　　（"胸水"も参照）
新生子死亡　89
腎石灰沈着症　210
腎前性疾患　278
腎前性腎不全　310
振戦／震え　48
心臓

　（"心疾患"，"心血管系疾患"も参照）
　異常な心音　124
　心腔径の変化　238
　心拍数の異常　128
　－の疾患　42，99，128，314
腎臓
　（"腎性－"，"腎－"という用語も参照）
　－萎縮　168
　X線造影　210
　触診による異常　167
　腎盂の拡張　210，243
　多嚢胞性腎疾患（黄疸）　111
　小さい－　209，242
　－の細胞診　328
　－の腫大　108，167，209
　腹部X線　208
　腹部の超音波画像　242
心臓科診察フォーム　396
診断アルゴリズム　377
心タンポナーデ　256
心電図　341，356
心不整脈　347
腎不全　170
　（"腎臓"も参照）
　ガストリン増加　272
　カリウム増加　307，308
　カルシウム増加　302
　急性および慢性の鑑別　280
　虚弱　11
　巨大食道症　184
　グルコース減少　274
　グルコース増加　275
　クレアチニン増加　269
　クロール増加　305
　行動の変化　65
　サイロキシン減少　332
　ショック　120
　腎臓のX線不透過性の増強　210
　心房性ナトリウム利尿ペプチド増加　337
　代謝性アシドーシス　312
　体重減少　3
　多尿／多飲　1
　蛋白増加　319
　ナトリウム減少　310
　ナトリウム増加　311
　尿素増加　279，281
　尿中の円柱　321
　尿の比重低下　316
　尿路感染症の素因　323
　貧血　285

腹部の石灰沈着　215
　　発作　47
　　マグネシウム増加　306
　　無尿／乏尿　91
　　リン酸増加　310
心房
　　大きさの変化　238, 240
　　調律の変化　347
心房性ナトリウム利尿ペプチド　337
心膜穿刺　354, 361

す

水腎症（腎盂の拡張）　210
膵臓　215
膵臓疾患
　　アミラーゼ増加　265
　　腹痛　109
　　腹部の石灰沈着　215
　　腹部の超音波画像　248
　　リパーゼ増加　278
髄膜脳炎　51
ストラバイト（尿中の-）　322

せ

整形外科的疾患　165
生殖器系の徴候　82
精巣
　　超音波画像　256
　　-の異常　170
成長板閉鎖の遅延　217
成長不良　7
生理食塩水凝集試験　366
咳　36
脊髄疾患　53, 153
　　虚弱　13
　　筋肉の萎縮　166
　　広範性疼痛　102
　　不全麻痺／麻痺　58
　　膀胱閉塞　169
　　ホルネル症候群　153
脊髄造影　234, 354, 374
　　椎間板虚脱　235, 236
脊椎炎　231
脊椎のX線像　230
　　X線造影　234
前眼房の外観異常　164
前肢
　　-の跛行　74
　　-の浮腫　102, 122
全身性疾患　→各徴候は本文参照

前庭-眼球反射低下　149
前庭疾患　13, 149
先天性疾患　→各徴候は本文参照
前頭洞　227
前脳機能不全　50, 66, 153
前房出血　72, 164
前房蓄膿　164
喘鳴音　123
前立腺　170, 213
前立腺疾患
　　陰茎出血　171
　　雄の不妊症　85
　　しぶり（テネスムス）／排便困難　34
　　頻尿／排尿困難／有痛性排尿困難　90
　　腹部の超音波画像　253

そ

臓器破裂　109
増殖性関節疾患　219, 223, 224
蒼白　119
瘙痒　43, 146
藻類感染症　→各徴候は本文参照
足皮膚炎　143
粟粒性皮膚炎　134

た

代謝性アシドーシス　312, 320
　　呼吸困難／呼吸速拍　118
　　重炭酸減少　315
　　リン酸減少　309
　　リン酸増加　310
代謝性アルカローシス　313, 315, 320
代謝性疾患　→各徴候は本文参照
体重減少　3
体重増加　4
大腸　203
大腸炎　19, 34
大理石骨症　217
多飲　1, 91, 94, 281, 337
多飲を伴わない多尿（低血圧）　104
唾液腺疾患　15, 18, 107, 259
多血症　103, 274, 288, 292
多食　4
脱毛　139
多尿／多飲　1, 91, 94, 281, 337
　　腎不全　1
多発性の関節／肢の跛行　81
多病巣性神経学的疾患　68
胆管炎　261
胆管肝炎

アラニントランスフェラーゼ増加　261
アルカリフォスファターゼ増加　262
　肝臓の細胞診　327
　多尿 / 多飲　1
　超音波画像　256
胆管閉塞　112, 245, 266
単球増加症　296
胆汁うっ滞
　肝臓腫大　194
　肝臓の細胞診　327
　コレステロール増加　268
　触診による肝臓の異常　113
　胆汁酸増加　267
　ビリルビン増加　266
　マグネシウム減少　306
胆汁塩欠乏　3
胆汁酸　267
胆汁酸刺激試験　366
胆嚢（超音波画像）　246
胆嚢炎　246
蛋白喪失性腎症　261, 302
蛋白喪失性腸症　268, 274
蛋白尿　321

ち

チアノーゼ　120
腟 / 外陰部の分泌物　87
中心静脈圧上昇　102, 122
中心静脈圧測定　363
中枢神経系疾患　63
　高血圧　103
　呼吸性アシドーシス　312
　失明 / 視覚障害　70
　神経原性過換気　314
　心電図所見　346
　動脈血酸素分圧　314
　動脈血酸素分圧減少　314
　便失禁　35
超音波ガイド下バイオプシー　354, 358
超音波画像（図中）
　炎症性腸疾患　252
　拡張型心筋症　241
　肝臓のリンパ腫　246
　左心房拡張　238
　腎臓　244
　心房血栓　238
　心膜液　237
　前立腺癌　254
　肺動脈弁狭窄　240
　播種性胸腺腫　118

腹部マス　251
超音波検査　→体の各部位を参照
聴覚反応低下　147
腸管寄生虫　3
腸管出血　283, 287
腸管膜緊張 / 牽引 / 捻転　109
長骨（骨格のX線検査）　216

つ

椎間腔の異常　233
椎体　230
椎体形成異常　54
爪の疾患　75, 77, 79, 80, 145

て

低アルブミン血症
　カルシウム減少　304
　診断アルゴリズム　380
　胆嚢壁の肥厚　246
　超音波画像　256
　腹腔内コントラストの消失　212
　末梢浮腫　102, 122
低カリウム血症　308
　嘔吐　19, 23
　虚弱　12
　失神 / 虚脱　10
　食欲不振 / 食欲欠乏　6
　心電図所見　343, 346
　診断アルゴリズム　384
　尿の比重低下　316
　便秘 / 重度の便秘症　32
　マグネシウム減少　306
低カルシウム血症　304
　嘔吐　19, 23
　虚弱　11
　行動の変化　65
　振戦 / 震え　49
　心電図所見　346
　診断アルゴリズム　386
　難産　88
　脳波検査所見　353
　発作　47
低クロール血症　306
低血圧　12, 104
低血糖症
　運動失調 / 固有受容感覚欠如　50
　運動不耐性　42
　虚弱　11
　行動の変化　65
　昏睡 / 昏迷　63

失神／虚脱　10
　　徐脈　128
　　振戦／震え　49
　　多病巣性神経学的疾患　68
　　洞性徐脈　351
　　フルクトサミン減少　271
　　発作　47
低酸素症
　　呼吸性アルカローシス　313
　　ショック　120
　　中枢性チアノーゼ　121
低酸素性疾患（失神／虚脱）　9
低体温症　99
　　カリウムの移動　308
　　心電図所見　346
　　チアノーゼ　120
　　尿素の増加　280
　　尿中の蛋白増加　319
　　マグネシウム減少　307
　　リン酸減少　309
低蛋白血症　120
　　胸水　189
　　咳　37
低ナトリウム血症　310
　　虚弱　12
　　発作　47
低マグネシウム血症　304, 306
低用量デキサメサゾン抑制試験　365
低リン血症　309
テープ押圧検査　329
テストステロン　336
鉄　276
鉄欠乏性疾患　270, 287
テネスムス　34, 111
電解質異常　63
　　運動失調／固有受容感覚欠如　50, 51
　　小腸　201, 202, 203
　　心電図所見　343, 345
　　前庭疾患　151
　　多尿／多飲　1
　　低血圧　104
電解質調律の変化（洞ブロック）　347
てんかん　13

と

洞炎　227
頭頸部の浮腫　102, 122
瞳孔光反射低下　148
瞳孔不同症　147
洞性徐脈　351

疼痛　101, 108, 114
洞頻脈　9, 129, 350
頭部のX線像　224
洞ブロック　347
動脈血酸素分圧　314
動脈血の採血　368
動脈拍動の変化　130
吐血　3, 30, 283, 287
吐出　4, 18
突発性眼振　148
ドプラ法による血圧測定法　364
トリグリセリド　278
トリプシン様免疫活性　279

な

内分泌疾患　→各徴候は本文参照
ナトリウム　310
　　（"高ナトリウム血症", "低ナトリウム血症"
　　も参照）
軟口蓋の肥厚　228
難産　88
難聴　67, 147

に

臭いへの反応欠如　148
二酸化炭素　315
乳酸脱水素酵素　276
尿管　205
尿検査　315
　　（"尿"に関する項目を参照）
尿酸（尿中の一）　322
尿失禁／不適切な排尿　93
尿素　279
尿素増加　279
尿中のウロビリノーゲン　318
尿中の円柱　321
尿中のカルシウム　322
尿中のキサンチン　322
尿中の細菌　323
尿中の硝酸　318
尿中のシリカ　322
尿中の真菌　323
尿中のストラバイト　322
尿中の蛋白増加　319
尿中の尿酸　322
尿中のビリルビン　318
尿道　208
尿毒症
　　胃送出の遅延　199
　　胸部X線　179

口腔病変　106
　　心室頻拍　349
　　振戦／震え　49
　　吐血　30
　　尿路感染症の素因　324
　　メレナ　29
尿毒症性胃炎　214, 251
尿毒症性脳症　50, 51, 63, 151
尿の比重　315
尿路感染症の素因　323
尿路系　110, 215

の

脳炎　50
脳幹病変　50, 66
脳神経　147
脳神経検査　375
脳脊髄液分析　329, 354, 359
脳波検査所見　353
膿疱　134

は

肺炎　315
　　胸部X線　175
　　呼吸性アシドーシス　313
　　食欲不振／食欲欠乏　6
敗血症　294, 296, 314
肺血栓塞栓症　176
肺疾患（喀血）　40
肺出血　36, 175, 179
肺静脈のサイズ増大　180
肺水腫
　　異常な呼吸音　123
　　喀血　41
　　胸部X線　174
　　虚弱　12
　　呼吸困難／呼吸速拍　116
　　呼吸性アシドーシス　313
　　咳　36
　　チアノーゼ　121
　　動脈血酸素分圧　315
肺線維症　179
肺動脈のサイズ増大　179, 180
排尿（不適切な−）　66
排尿困難　90
肺の過膨張　180
胚の早期死亡　82
胚の早期喪失　84
肺の低灌流　180
排便（不適切な−）　66

排便困難　34
廃用萎縮（筋肉の−）　165
白内障　72, 158, 161
発情　82
発熱
　　（"高体温症"も参照）
　　異常な心音　124, 126
　　虚弱　13
　　原因不明熱　98
　　食欲不振／食欲欠乏　6
　　体重減少　3
　　洞頻脈　129, 350
　　尿中の蛋白増加　319
　　反跳した脈　131
鼻からの分泌物　38
バリウム食／嚥下　371

ひ

鼻炎　6, 227
鼻腔（頭部および頚部のX線像）　226
鼻腔疾患　28, 30, 39, 115
鼻腔洗浄液細胞診　326, 370
鼻腔バイオプシー　371
膝の疾患　78
肘の疾患　74, 76
脾腫大　196, 247
　　血小板減少症　291
　　小腸変位　200
　　体重増加　4
　　大腸変位　204
　　腹部X線　214
　　腹部拡大　108
鼻出血　3, 39, 226, 283, 287
脾臓　196, 247
脾臓疾患　247
ビタミンB_{12}　282
ビタミンD　335
泌尿器疾患　102
鼻粘膜刺激への反応低下　148
皮膚疾患　319, 333
皮膚瘙痒　329, 370
被毛の成長不良　139
被毛引き抜き　329
表皮剥離性皮膚症　132
病歴の記録　389
糜爛　140
ビリルビン　93, 266, 318
貧血
　　異常な心音　124, 125, 126
　　右心房　240

エリスロポイエチンの欠乏　287
虚弱　12
高血圧　103
呼吸困難/呼吸速拍　118
呼吸性アルカローシス　313
骨髄形成異常　286
骨髄障害　286
昏睡/昏迷　63
再生性－　282
　　診断アルゴリズム　382
再生性と非再生性の鑑別　283
再生不良性－　286
左心室拡張　239
ショック　120
心室頻拍　348
赤芽球癆　286
脊髄癆　286
全身性疾患に伴う－　285
造血器腫瘍　287
蒼白　119
鉄欠乏　287
洞頻脈　129, 350
反跳した脈　131
非再生性－　285
　　診断アルゴリズム　381
ヌクレオチド合成の欠如　287
ヘモグロビン合成の欠如　287
慢性疾患に伴う－　285
溶血性－　12, 111
頻尿/排尿困難/有痛性排尿困難　90
頻脈　129, 350
　　異常な心音　124
　　診断アルゴリズム　379
頻脈性不整脈　8, 12, 132, 239

ふ

フィブリノーゲン　270, 301
フィブリン分解産物の増加　301
フェリチン　270
副腎疾患　2, 103, 249
腹水　122
　　呼吸困難/呼吸速拍　117
　　ショック　120
　　体重増加　4
　　腹痛　109
　　腹部拡大　108
　　腹部の超音波画像　254
　　腹腔内コントラストの消失　211
腹痛　102, 108
腹部X線

胃　197
肝臓　194
子宮　213
小腸　199
腎臓　208
前立腺　213
大腸　203
尿管　205
尿道　208
脾臓　196
腹部の石灰沈着　214
腹腔内コントラストの消失　211
腹腔内のマス　213
膀胱　205
腹部拡大　108
腹部の石灰沈着　214
腹部の超音波画像
　　胃腸管疾患　251
　　肝胆管疾患　244
　　子宮の疾患　253
　　腎疾患　242
　　前立腺の疾患　253
　　脾臓疾患　247
　　腹水　254
　　膀胱疾患　249
　　卵巣の疾患　253
腹膜炎　212, 255
腹膜腔の液体（腹腔内コントラストの消失）　211
腹膜洗浄　354, 362
不整脈　104, 120, 128
腹腔穿刺　362
腹腔内コントラストの消失　211
腹腔内のマス　213
不適切な排尿　93
不適切な排尿および排便　66
ぶどう膜炎　157
　　失明/視覚障害　72
　　水晶体病変　162
　　前眼房の外観異常　164
不妊（雄の－）　85
不妊（雌の－）　82
プリオン　64
震え　48
フルクトサミン　271
プロゲステロン　336
プロトロンビン時間の延長　300
糞便寄生虫　338
糞便検査　338
糞便中の血液　338

へ

閉塞　25, 26, 32, 33, 123, 204
pH　312
　尿の—　320
ヘモグロビン尿　93, 317, 321
便失禁　35
変性性疾患　→各徴候は本文参照
便秘／重度の便秘　32
　嘔吐　19, 23
　大腸拡張　204
　大腸の内容物　204
　腹痛　108
　腹部拡大　108
　膀胱変位　206

ほ

膀胱
　X線造影　207
　—拡張　108
　—の異常　169, 200, 205
　腹部X線　205, 214
　腹部の超音波画像　249
膀胱疾患　249
膀胱穿刺　362
膀胱造影　373
房室ブロック　347
乏尿　91
膨満／鼓腸症　35
発作　45
ホルネル症候群　153

ま

マイコプラズマ感染症　→各徴候は本文参照
マグネシウム　304, 306
末梢神経の疾患　55, 60
末梢性ニューロパシー　42, 49, 166
末梢浮腫　4, 102, 122

み

ミオグロビン尿　93, 318, 321
ミオパシー　11, 165, 265
水制限試験　337, 368

む

無気肺　174
無尿／乏尿　91

め

眼
　（個々の疾患も参照）
　水晶体病変　161
　前眼房の外観異常　164
　超音波画像　257
迷走神経刺激への反応低下　148
雌の不妊　82
メレナ　3, 28
免疫介在性疾患　→各徴候は本文参照
免疫不全症候群　97, 144, 293

も

網膜出血　72, 163
網膜剥離　72, 162, 164, 257
網膜病変　162
網膜変性　72, 161

や

薬剤／中毒　→各徴候は本文参照

ゆ

有痛性排尿困難　90
幽門流出閉塞　199

よ

溶血　283, 317
　アスパラギン酸アミノトランスフェラーゼ増
　　加　265
　好中球増加症　293
　単球増加症　297
　リン酸増加　310
葉酸　271
容量負荷（過剰な—）　182

ら

卵巣疾患　82, 253

り

リケッチア感染症　→各徴候は本文参照
リパーゼ　277
リパーゼ増加　278
流産　87
流涎／過流涎　14
流涙症／涙液過剰　73
緑内障　158, 161, 163
リン酸　309
鱗屑　132
リンパ球減少症　295
リンパ球増加症　295
リンパ節　100, 214, 258
リンパ節腫大　203, 204, 206

リンパ節腫脹　245
リンパ節症　101，193

る
涙液過剰　73

れ
レッドアイ　156

ろ
ロックジョー　166
肋骨の異常　183

伴侶動物医療のための鑑別診断　　　　　定価（本体 12,000 円＋税）

2010 年 2 月 1 日　第 1 版第 1 刷発行　　　　　　　　　　　＜検印省略＞

　　　　　　　　　　　　監　訳　　竹　村　直　行
　　　　　　　　　　　　発行者　　永　井　富　久
　　　　　　　　　　　　印　刷　　㈱　平　河　工　業　社
　　　　　　　　　　　　製　本　　田　中　製　本　印　刷　㈱
　　　　　　　　　　　発行　**文 永 堂 出 版 株 式 会 社**
　　　　　　　　　　　〒113-0033　東京都文京区本郷 2 丁目 27 番 3 号
　　　　　　　　　　　　　TEL　03-3814-3321　FAX　03-3814-9407
　　　　　　　　　　　　　　振替　00100-8-114601 番

Ⓒ 2010　竹村直行

ISBN　978-4-8300-3223-3